SITZHALTUNG · SITZSCHADEN · SITZMÖBEL

SITZHALTUNG · SITZSCHADEN SITZMÖBEL

VON

PRIVATDOZENT DR. MED.

HANNS SCHOBERTH

ERLANGEN

MIT EINEM GELEITWORT VON

PROF. DR. G. HEGEMANN

ERLANGEN

MIT 131 ABBILDUNGEN

SPRINGER-VERLAG

BERLIN · GÖTTINGEN · HEIDELBERG

1962

ISBN-13: 978-3-642-49057-6 e-ISBN-13: 978-3-642-92846-8
DOI: 10.1007/978-3-642-92846-8

Softcover reprint of the hardcover 1st edition 1962

Library of Congress Catalog Card Number 62—18360

Geleitwort

Die Technisierung des Lebens hat viele Änderungen unserer Gewohnheiten mit sich gebracht, welche die Übung und Leistung des Haltungs- und Bewegungsapparates einschränken.

Der Mensch fährt in seiner Freizeit Auto statt zu wandern. Auch beim Arbeiten steuert er sitzend eine Maschine, die ihm früher erforderliche körperliche Betätigung abnimmt. Das Fehlen physiologischer Anstrengungen und Bewegungen führt allgemein, besonders aber an Muskeln, Bändern und Gelenken zur Leistungsminderung, bei Jugendlichen sogar zur Störung der Entwicklung. Die häufigen Klagen von Patienten, die im Sitzen arbeiten müssen, lassen die Wichtigkeit dieser Frage erkennen.

Herr Schoberth hat sich in eingehenden Untersuchungen mit der Physiologie des Sitzens, mit den Sitzschäden und mit den Maßnahmen zu ihrer Verhütung befaßt. Er konnte viele neue Befunde erheben. Die Formänderungen der Wirbelsäule beim Sitzen führen zu einseitiger statischer Beanspruchung. Dabei müssen die Muskeln des Schultergürtels, des Rückens und des Bauches unter ungünstigen Bedingungen vermehrt Haltearbeit leisten. Auf Grund der Beobachtungen über das Sitzen bei Gesunden und Kranken werden schließlich Richtlinien für den Bau von zweckmäßigen Sitzmöbeln aufgestellt. Die Kenntnis der Gefahren längerdauernden Sitzens ist für die Organisation des Unterrichts in der Schule und für den ökonomischen Einsatz im Arbeitsprozeß von weitgehender Bedeutung.

Schoberths Buch ist die erste grundlegende deutschsprachige Darstellung über das Sitzproblem. Ich bin überzeugt, daß diese Arbeit meines langjährigen Mitarbeiters nicht nur für sein engeres Fachgebiet, die Orthopädie, sondern auch für den Physiologen, Arbeitsmediziner und nicht zuletzt für den Möbelkonstrukteur von Bedeutung sein wird.

Erlangen, im April 1962 G. Hegemann

Inhaltsverzeichnis

A. Einleitung und Problemstellung

Das Leben auf der Welt stellt das Individuum in das Gravitationsfeld, schmiedet, wievon BAEYER sagt, den Körper an die ewigen Gesetze der Mechanik. Solange er lebt, hat sich der Körper mit diesen Kräften auseinanderzusetzen, um sich in einem Gleichgewichtszustand zu halten und um sich zu bewegen. Er wird durch einen Haltungs- und Bewegungsapparat dazu befähigt, in dem statische und dynamische Strukturen sinnvoll zu einem Ganzen vereint sind. Eine Analyse der menschlichen Haltung kann sich darum nicht auf Betrachtung der Skeletanteile und die sie verbindenden Bänder beschränken, so wichtig deren formale Gestaltung auch sein mag. Die Behauptung einer Position in Raum und Zeit wird entscheidend mitbestimmt durch die zu aktiver Bewegungs- und Haltearbeit begabte Muskulatur; sie hängt ab von dem Funktionieren des reizempfangenden, reizbildenden und reizleitenden Nervensystems. Schließlich wird die Körperhaltung entscheidend von psychischen Faktoren beeinflußt. Unter den Schwachsinnigen trifft man kaum jemals eine aufrechte Haltung an. Der hängende Schultergürtel, die verstärkte Brustkyphose und der vorgestreckte Bauch lassen schon äußerlich, gewissermaßen mit dem ersten Blick, auf die mangelnde Selbstbeherrschung schließen. Neben den verschrobenen, geziert erscheinenden Bewegungen ist die Körperform für die Diagnose bestimmter endogener Psychosen, wie Schizophrenie und progressive Paralyse, wichtig. Aber auch individuelle, zeitlich begrenzte Stimmungsschwankungen, wie Trauer und Sorge einerseits, Freude und Selbstsicherheit andererseits, lassen das Bild der Haltung wechselhaft erscheinen. Verschiedene Zeitepochen der Menschheitsgeschichte haben ihre typische Haltung. Der Überbetonung einer aufrechten, soldatischen Positur folgte in unserer Zeit das schlampige, fast hyperkinetisch hypotone Gehabe pseudoexistenzialistischer Fans. Dabei spielen unverkennbar die augenblicklich gefeierten Idole, deren Art sich zu geben bewußt oder unbewußt nachgeahmt wird, eine große Rolle. So wie seinerzeit die Gestalt des jungen Werther Kleidung und Geisteshaltung, vor allem der Jugend, bestimmte, wirkt sich heute der Sportheld oder der Filmstar, je nach Mentalität und Neigung des einzelnen Menschen, auf sein Haltungsbild aus.

Entsprechend der physischen und psychischen Reifung ändert sich die Haltung im Laufe des menschlichen Lebens. Beim Kind imponiert die Freude an der Bewegung, die Dynamik überwiegt eindeutig gegenüber der Statik. Andererseits ist beim Greis die Bewegung schwerfällig geworden; er zieht sich in seine Ruhehaltung, in die Statik zurück. BUYTENDIJK (1956) hat in seiner ausgezeichneten Monographie über die menschliche Haltung und Bewegung auf diese Zusammenhänge hingewiesen.

In dem Bestreben die Leistungen seiner Muskulatur möglichst zu verringern, trachtet der Körper nach einer Stabilisierung seiner Stellung im Raum durch

Einschaltung passiver Haltungsmechanismen. Dadurch wird es ihm möglich, in einer Position über längere Zeit zu verharren, sich auszuruhen. Durch aktive Betätigung des Muskelapparates ist aus dieser Ruhehaltung die Aufrichtung möglich. Sie geht stets einher mit Anspannung der Muskulatur, die gegen die Schwerkraft wirksam wird. Zwischen den beiden Extremen, der Ruhehaltung und der Aufrichtung, liegen die zahllosen Haltungsbilder als Produkt der beiden gegensinnig wirkenden Kräfte, der Muskelkraft und der Schwerkraft.

Unter den Ruhehaltungen des Menschen nimmt das Sitzen eine besondere Stellung ein. Neben dem Liegen ist es die Position, in der viele Menschen die meiste Zeit des Tages verbringen. In zunehmendem Maße ist heute auch der Handarbeiter an der Maschine oder am Fließband im Sitzen tätig. Mit der gleichförmigen Körperhaltung, die oft ohne längere Unterbrechung über Stunden eingenommen wird, mehren sich Klagen von Patienten über Schmerzen in Rücken, Nacken und Armen, die von ihnen auf die sitzende Arbeitsweise bezogen werden. Die Klärung der vielen Fragen, die in der Prophylaxe und Behandlung derartiger Krankheitsbilder auftauchen, ließ eine wissenschaftliche Untersuchung über das Sitzen notwendig erscheinen. Für die vorliegende Arbeit, die aus dem Gesichtswinkel der Orthopädie erfolgt ist, ergeben sich im wesentlichen drei *Fragekomplexe*, die Gegenstand eigener Untersuchungen sind.

1. Welche Form nimmt die Wirbelsäule im Sitzen ein und wodurch ist diese bedingt?
2. Welche Schäden am Haltungs- und Bewegungsapparat können durch das Sitzen entstehen?
3. Welche Forderungen müssen beim Bau eines zweckmäßigen Sitzmöbels berücksichtigt werden?

B. Die phylogenetische Entwicklung des Sitzens

Die sitzende Körperhaltung ist keine Neuerwerbung der Menschen. Ähnliche oder gleiche Stellungen werden nicht selten auch im Tierreich beobachtet. Zunächst ist es notwendig das Sitzen gegen andere, ähnlich scheinende Positionen abzugrenzen.

Das wesentliche Merkmal des Sitzens besteht darin, daß beim Sitzen die Rumpflast über das Becken und die umgebenden Weichteile direkt, d. h. unter Ausschaltung der Beckengliedmaßen auf die Unterlage übertragen wird. Die Beine werden dabei entweder überhaupt nicht belastet oder nehmen doch nur einen unwesentlichen Teil des Rumpfgewichtes auf. Damit ist das Sitzen grundsätzlich von dem nach dem äußeren Aspekt verwandten Hocken unterschieden. Beim Hocken nämlich wird das Körpergewicht von den Füßen bzw. den Zehen aufgenommen, wobei Knie- und Hüftgelenke in maximale Flexion geraten.

I. Die Entwicklung des Beckengürtels

Die Entwicklung eines Schulter- und Beckengürtels ist ein Früherwerb der landbewohnenden Wirbeltiere. Der überwiegende Aufenthalt auf dem Festlande macht es erforderlich, die Extremitäten auch skeletal mit dem Achsenstab zu verbinden. Besondere Bedeutung kommt dabei naturgemäß den hinteren Extremitäten zu. Sie haben den zur Fortbewegung notwendigen Schub zu leisten und diese Kraft der Rumpfwalze zu übertragen. Schon bei den höheren Fischen findet sich eine Querverbindung der beiden Bauchflossen. Aus ihr geht im Laufe der phylogenetischen Entwicklung die Pars ischiopubica des Hüftbeines hervor. Beim Landbewohner ergibt sich die Notwendigkeit, dieses Querstück nunmehr fest mit der Wirbelsäule, als dem Achsenstab des Rumpfes, zu verbinden. Dies geschieht in der Weise, daß zwischen Pars ischiopubica und der Wirbelsäule die Pars iliaca eingeschaltet wird.

Bei den Amphibien findet erstmalig ein solcher Kontakt zwischen Beckengürtel und Wirbelsäule statt; die knöcherne Brücke bildet eine zunächst noch bewegliche Sacralrippe. Bei den Reptilien ist sie, der vermehrten statischen Beanspruchung Rechnung tragend, bereits ossär mit den Wirbelkörpern verbunden. Damit erfährt nun aber auch das Verbindungsstück am Achsenstab eine formale Umgestaltung. Zwischen Rumpf und Schwanzwirbelsäule ist ein besonderer Skeletabschnitt eingeschaltet, der Sacralteil, der die hintere Extremität trägt. Bei den Amphibien ist in der Regel nur ein Sacralwirbel vorhanden. Mit Zunahme des Körpergewichtes wird es notwendig, den Verbindungsteil kräftiger auszubilden. Das geschieht durch Einbeziehung von mehreren Wirbeln in den Sacralteil. Die Zahl schwankt beim Vierfüßler zwischen zwei und sechs (Braus-Elze 1954). Im Interesse ihrer statischen Aufgabe werden die einzelnen Wirbel knöchern verbunden, sie verschmelzen zu einem, beim erwachsenen Individuum nicht mehr zu trennenden einheitlichen Knochen, dem Kreuzbein.

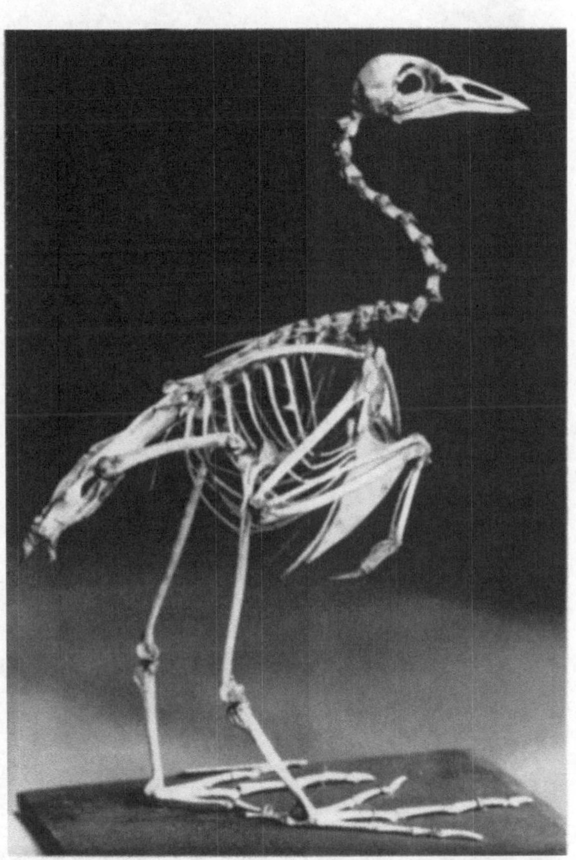

Abb. 1. Skelet eines Bläßhuhnes (Fulica atra). Zwischen Rumpf und Schwanzwirbelsäule der mächtig entwickelte Sacralteil. (Sammlung Zoologisches Institut der Universität Erlangen.)

Die Vögel, die wie der höher entwickelte Affe und der Mensch auf zwei Beinen stehen, besitzen ein besonders mächtig ausgebildetes Sacrum. Mit ihm sind die Hüftbeine knöchern fest verbunden (Abb. 1).

Die Festigung der dorsalen Beckenverbindungen gestattet eine Lockerung an der ventralen Seite; sie ist charakterisiert durch ein Auseinandertreten der Schambeinsynchondrosen. Dieses so entstehende Spaltbecken, das bei allen

Vögeln und bei manchen Säugern, z. B. beim Maulwurf und vielen Fledermäusen, physiologisch ist, wird als Hemmungsmißbildung auch beim Menschen beobachtet.

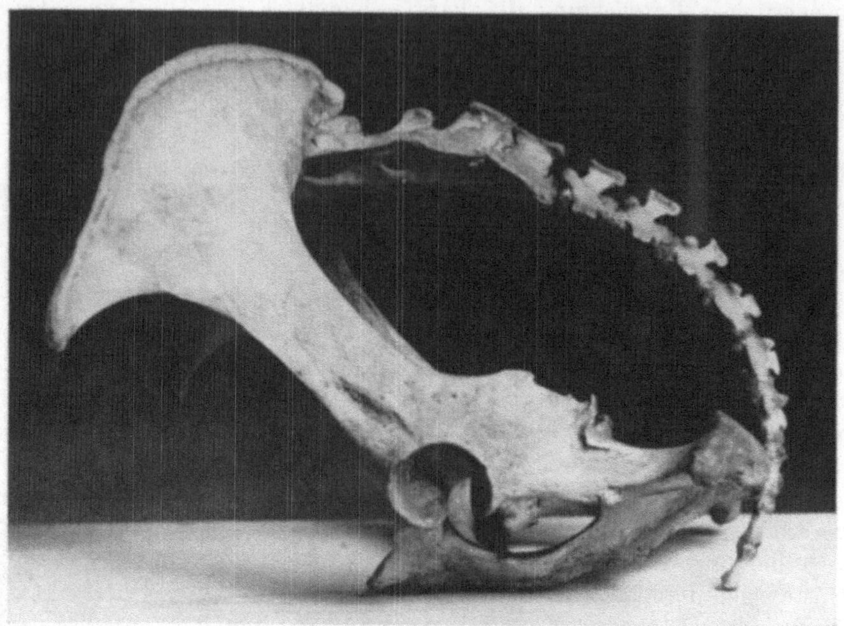

Abb. 2. Dromedarbecken. Das Hüftbein steht mehr senkrecht zum Kreuzbein. Statisches Becken. (Sammlung Zoologisches Institut der Universität Erlangen.)

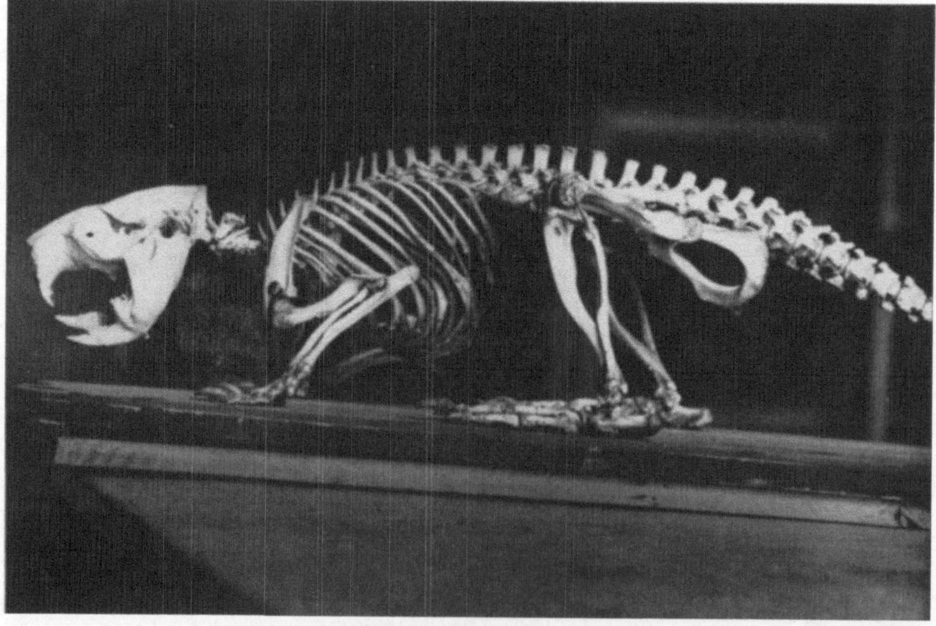

Abb. 3. Biberskelet. Das Hüftbein ist langgestreckt und liegt fast parallel der Wirbelsäule an. (Sammlung Zoologisches Institut der Universität Erlangen.)

In diesem Zusammenhang verdient Erwähnung, daß ein Spaltbeckenträger keine Einbuße seiner Fortbewegungsfähigkeit erleiden muß, sondern daß vielmehr der Gang ungestört sein und bleiben kann.

Das Kernstück des Beckens ist die Hüftgelenkspfanne, die statisches und lokomotorisches Übertragungsmittel (von Meyer 1891) wird. Je nach der Betonung der einen oder der anderen Aufgabe ändert sich die Form des Hüftbeines. Bei den schwerfälligen Vierfüßlern wie bei Elefant und Nilpferd, aber auch beim Paarhufer ist es kräftig ausgebildet und steht mehr senkrecht zur Wirbelsäule (Abb. 2).

Beim flüchtigen Tier, beim Biber z. B., kann es lang gestreckt sein und fast parallel der Wirbelsäule anliegen (Abb. 3).

An der Bildung der Hüftgelenkspfanne sind alle drei Knochen, die das Os coxae bilden, beteiligt. Die beiden Darmbeine sind durch ihren kranialen Abschnitt direkt mit dem Sacralteil der Wirbelsäule verbunden. Die Schambeine vereinigen sich bei den meisten Säugern in einer Synchondrose, der Symphysis ossis pubis, durch welche der knöcherne Beckenring ventral geschlossen wird. Nach caudal geht der absteigende Schambeinast in das Sitzbein über. Dieser bumerangförmige Knochen trägt an seinem am weitesten ventral gelegenen Abschnitt eine oft mächtige Verdickung, das Tuber ossis ischii. Der Sitzbeinhöcker dient beim Vierfüßler als Ursprungsort für zum Teil kräftig entwickelte Extremitätenmuskeln. Er hat keine statische Aufgabe. Aus diesem Grunde divergieren die Tubera oft sehr erheblich, wie am Becken des Hundes deutlich zu sehen ist (Abb. 4).

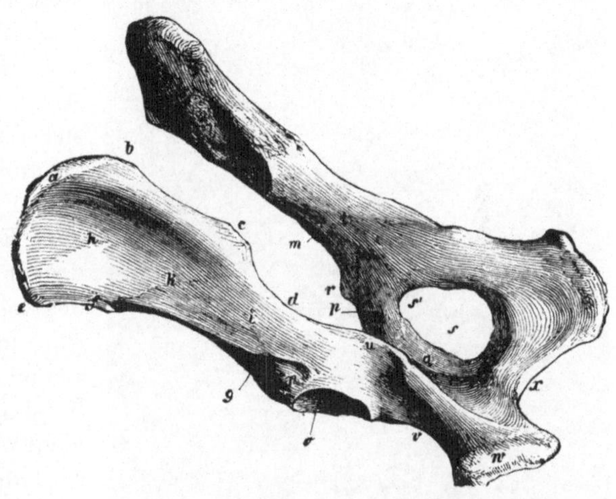

Abb. 4. Becken des Hundes. Beispiel des Quadrupedenbeckens. (Aus Ellenberger-Baum 1943.)

Beim anthropoiden Affen und beim Menschen bilden die Sitzbeinhöcker die eigentliche knöcherne Unterstützungsfläche für den Rumpf beim Sitzen, was dem ganzen Knochen den Namen gegeben hat. Damit das Sitzbein seine Stützfunktion ausüben kann, wird es beim sitzenden Individuum möglichst in die Vertikale gedreht. So steht der aufsteigende Sitzbeinast, der vom Tuber ossis ischii ausgeht und die Hüftgelenkspfanne erreicht, im allgemeinen senkrecht. Die Ausbildung der Sitzbeinhöcker als anatomische Voraussetzung für die sitzende Haltung ist bereits bei den höher entwickelten Säugetieren, speziell bei den Primaten, abgeschlossen.

II. Die Aufrichtung des Rumpfes

Bei den landbewohnenden Vertebraten bildet die Rumpfwirbelsäule zunächst einen nach dorsal konvex gekrümmten Stab. An ihrem kranialen Ende trägt sie den Schultergürtel. Dieser ist im Gegensatz zum Becken nur durch einen, allerdings sehr kräftigen, Muskelapparat mit dem knöchernen Achsenstab verbunden. Die Körperlast des Quadrupeden ruht auf vier mehr oder minder kräftigen Säulen, den Beinen. Durch die große Unterstützungsfläche wird eine stabile Gleichgewichtslage im Stehen garantiert, zumal der Rumpfschwerpunkt nahezu in der Mitte zwischen Vorder- und Hinterhand liegt. Der Kopf wird von der sehr beweglichen Halswirbelsäule getragen. Diese ragt gewissermaßen als Stiel des Schädels kranial aus dem Rumpf hervor. Je nach den Erfordernissen des Tieres kann sie nach allen Richtungen, vor allem nach abwärts und aufwärts, bewegt werden. Besonders die Erhebung nach oben ist für das Einzelindividuum von großem Wert. So kann das Tier Ausschau nach der Beute halten, ohne sich durch Tritte bemerkbar machen zu müssen. Besonders wichtig ist die freie Exkursionsfähigkeit des Kopfes zur Erkennung einer unmittelbar drohenden Gefahr, durch Erspähen des lauernden Feindes. Weil die Nahrung in der Regel mit dem Maul am Boden ergriffen werden muß, ist die Kyphosierung zur Senkung des Kopfes nicht weniger bedeutsam. In Ruhelage wird der Kopf meist in einer Mittelstellung, oft in Verlängerung des Rumpfes gehalten. Im Interesse der Ökonomie der Kräfte können ligamentäre Trage- und Halteorgane eingeschaltet werden, wobei vor allem die Ausbildung des Nackenbandes große Bedeutung erlangt. Die Halswirbelsäule zeigt aber nicht selten bereits eine gegensinnige Krümmung im Vergleich zur Rumpfwirbelsäule. Die Lordose ist der früheste Aufrichtungsversuch in der phylogenetischen Entwicklung zum Stand.

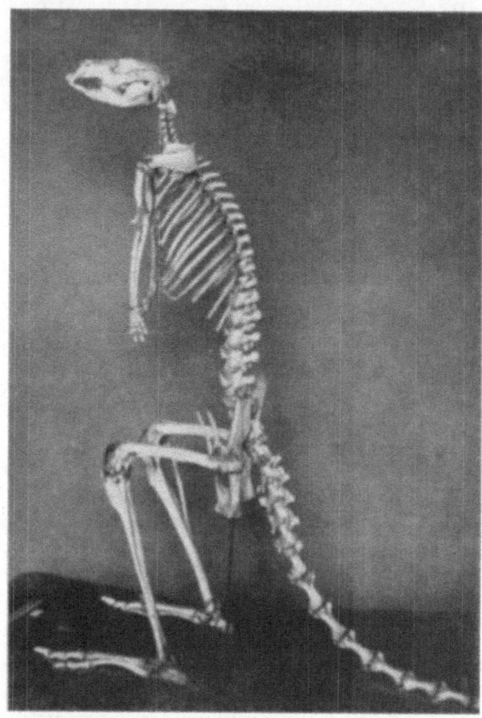

Abb. 5. Skelet eines Känguruhs. Beine, Becken und Wirbelsäulenhaltung entsprechen der Haltung des sitzenden Menschen. Dritter Unterstützungspunkt ist hier die kräftige Schwanzwirbelsäule. (Aus GOTTLIEB 1915.)

Das Ausspähen nach der Beute oder die Erkundung des Geländes führen nicht selten auch zur Aufrichtung des ganzen Rumpfes. Durch Verlagerung der Körperlast auf die Hinterbeine werden die vorderen Extremitäten zum Ergreifen und Festhalten der Nahrung frei.

Bei den Beuteltieren (Marsupialia) führt die aufgerichtete Position zur Verkümmerung der vorderen Extremitäten (Abb. 5).

Die Haltung der Beine, des Beckens und der Wirbelsäule gleicht beim Känguruh weitgehend der des sitzenden Menschen. Während bei diesem das Becken über die Sitzbeinhöcker direkten Kontakt mit der Unterlage findet, stützt sich das Känguruh auf die stark entwickelte Schwanzwirbelsäule. Interessant ist ferner die

a b

Abb. 6a u. b Eisbär in Aufrichtung des Rumpfes mit (a) gestreckten und (b) gebeugten Kniegelenken. (Eigene Beobachtung Tiergarten Nürnberg.)

Tatsache, daß das Känguruh bereits eine ausgeprägte Lendenlordose besitzt, die wir sonst nur noch bei der Giraffe im Tierreich antreffen.

Durch Dressur ist es möglich auch andere Vierbeiner, wie das Pferd und den Hund, für kürzere oder längere Zeit zum Stehen auf zwei Beinen zu bewegen. Die Gleichgewichtslage in dieser Haltung wird dadurch erreicht, daß der Körperschwerpunkt, der im Vierfüßlerstand kranial vor den Hüftgelenken liegt, nach rückwärts und oben gebracht wird. Die Erhebung des Rumpfes durch Streckbewegung in der

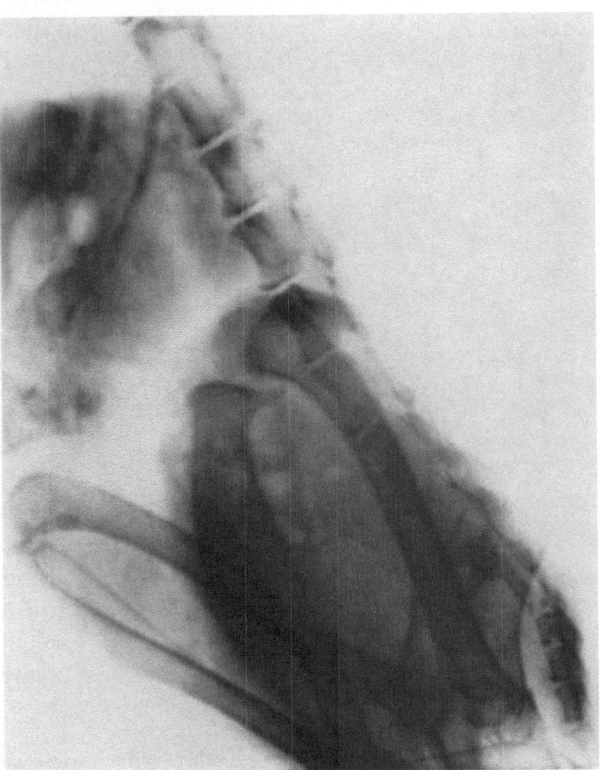

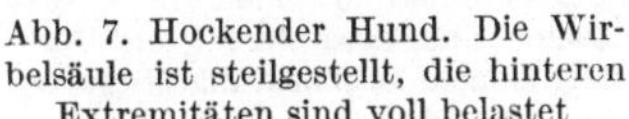

Abb. 7. Hockender Hund. Die Wirbelsäule ist steilgestellt, die hinteren Extremitäten sind voll belastet

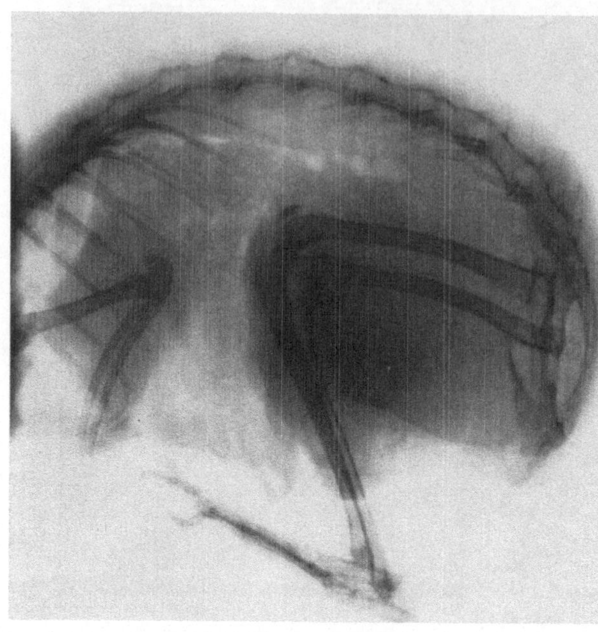

Abb. 8. Hockendes Kaninchen im Röntgenbild. Starke Beugung in Hüft- und Kniegelenk

Wirbelsäule selbst ist nur in geringem Umfange möglich. Die Aufrichtung durch Strecken der Beine in den Hüften, wie beim Menschen, scheitert an den anatomischen Gegebenheiten. So bleibt für die Rückführung des Rumpfes nur die Beugung in den Gelenken der hinteren Extremität. Das Pferd, das in der Reitbahn oder bei der Hohen Schule seine Vorderhand erhebt, nähert aus diesem Grund zunächst die Sitzbeine dem Boden. Aus dieser Haltung, die man als Kauerstellung vor dem Absprung über ein Hindernis auffassen kann, ist durch Streckung in den Kniegelenken und vermehrte Plantarflexion in den oberen Sprunggelenken eine volle Erhebung möglich, wie auch das Foto des Eisbären zeigt (Abb. 6a und b). Weil aber diese Haltung nur mit erheblicher Arbeitsleistung der Beinmuskulatur möglich ist, sinkt das Tier bald wieder in seine Ruheposition zurück. Außer der Rückkehr in den Vierfüßlerstand ist theoretisch auch eine gegensinnige Bewegung des Rumpfes denkbar. Bei vielen Raubtieren, aber auch bei den Nagern, geschieht die Aufrichtung der Wirbelsäule und die Erhebung des Kopfes durch Senken des Beckens. Hüft- und Kniegelenke sind maximal gebeugt, der Fuß im Sprunggelenk extrem dorsalflektiert. In dieser Haltung, dem Hocken, kann das Tier über lange Zeit still verharren. Die Vorderbeine sind

Abb. 9. Sitzender Braunbär, der eine Stufe als Sitz benützt. Die Beine sind ausgestreckt, die Hüftgelenke entlastet. (Eigene Beobachtung Tiergarten Nürnberg.)

häufig noch als Stützpfeiler des Vorderrumpfes auf den Boden aufgestützt. Da sie aber nur noch einen geringen Anteil des Rumpfgewichtes zu tragen haben, können sie leicht vorübergehend von der Unterlage gelöst werden. Diese Ruheposition gleicht äußerlich wohl dem Sitzen. Wie das Röntgenbild eines „sitzenden Hundes“ (Abb. 7) und eines Kaninchens (Abb. 8) zeigen, wird die Körperlast aber wie beim Stehen unter Vermittlung der Beingelenke dem Boden übertragen. Eine Ausnahme unter den Raubtieren bilden die Bären, die sich zwar als Quadrupeden auf vier Beinen fortbewegen, die aber in Ruhe gar nicht ganz selten eine Sitzhaltung einzunehmen scheinen. Jedenfalls zeigt das Bild des Braunbären aus dem Nürnberger Zoologischen Garten, der eine Stufe als Sitz benutzt, eine Streckhaltung der Beine und die Entlastung der Hüftgelenke (Abb. 9).

Abb. 10. Sitzender Pavian. Die Rumpflast wird über die Sitzbeinhöcker übertragen. Die Beine dienen als Gegenstütze. (Eigene Beobachtung Tiergarten Nürnberg.)

Die Erhebung vom Boden, deren erste Etappe die Lordosierung der Halswirbelsäule ist, wird erst vollkommen durch die Aufrichtung des Rumpfes. Sie beginnt stets im kranialen Wirbelsäulenabschnitt. Die Streckhaltung kann sich dabei bis zur mittleren Brustwirbelsäule fortsetzen. Dieses Stadium ist bei den Halbaffen, die praktisch nie als Zweifüßler über längere Strecken laufen, erreicht. Wegen der Fähigkeit, den Kopf aufrecht auf der Wirbelsäule zu balancieren, sind sie relativ leicht in der Lage, eine sitzende Haltung als Ruheposition einzunehmen. Dem Sitzen kommt gerade beim Primaten besondere Bedeutung zu (Abb. 10). Das Baumleben macht es nämlich nötig, die vorderen Extremitäten zu Greiforganen umzubilden. Die Körperlast muß beim Klettern und Springen fast ausschließlich von den Schwanzgliedmaßen her nach vorne geschnellt oder geschoben werden. Diese sind für ihre Bewegungsarbeit mit rasch reagierenden, dafür aber schnell ermüdenden Muskeln ausgestattet.

Die Differenzierung von Vorder- und Hinterextremität lassen erstere für die statische Haltearbeit ungeeignet erscheinen. Aus diesem Grunde wird die Sitzposition als Dauerruhehaltung gewählt. Die Tubera ossis ischii bilden den skeletalen Stützpunkt des Rumpfes, während die Füße nur noch das Gewicht der Beine zu tragen haben, falls diese nicht frei hängen, was allerdings in der Natur nur selten vorzukommen scheint. Damit die Sitzbeinhöcker ihrer statischen Arbeit gerecht werden können, erfahren sie eine formale Umgestaltung. Sie sind verbreitert und an ihrem oberen Ende zu einer flächenhaften Knochenplatte ausgebildet (Abb. 11).

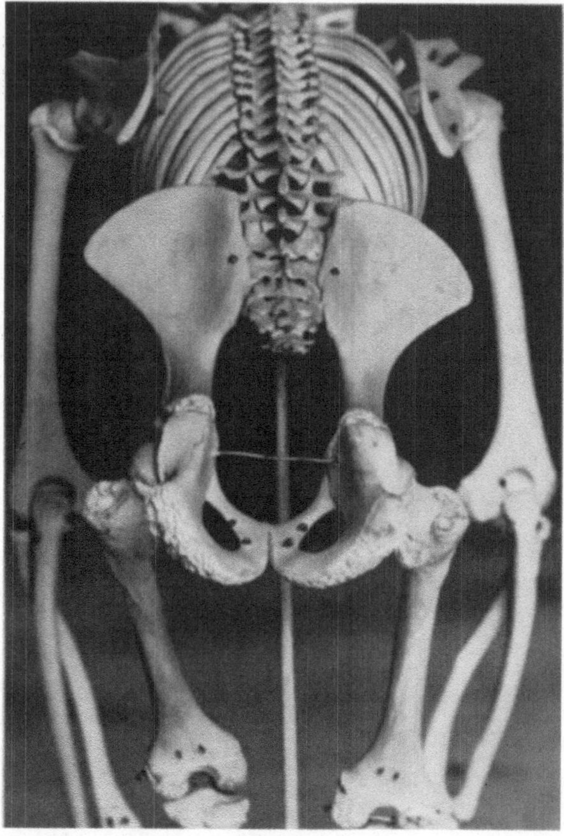

Abb. 11. Knöchernes Becken eines Affen. Mächtig entwickelte und distal verbreiterte Sitzbeinhöcker. (Zoologisches Institut der Universität Erlangen.)

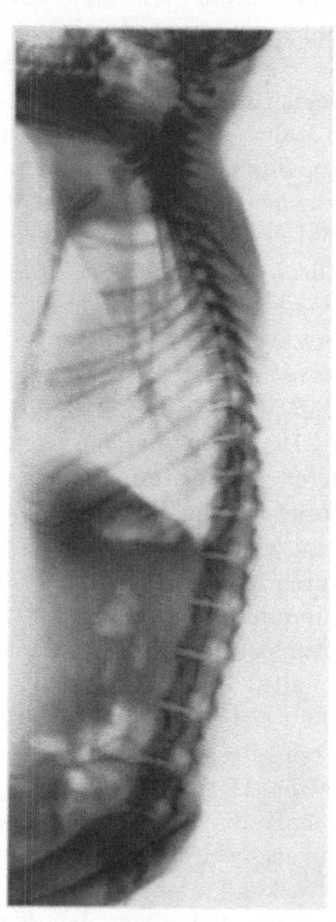

Abb. 12. Röntgenbild eines sitzenden Rhesusaffen

Diese stempelartige Verdickung ist von einer derben Weichteilschwiele überzogen. Die Wirbelsäule zeigt vor allem bei den niederen Affen noch ganz die beim Quadrupeden vorherrschende Form. Vergleicht man das seitliche Röntgenbild eines Rhesusaffen (Abb. 12) mit dem eines Menschen, dann fällt vor allem das fehlende Promontorium sofort ins Auge. Das Kreuzbein ist flach und geht ohne Knickbildung in die Lendenwirbelsäule über. Diese läßt selbst beim Schimpansen eine Lordose vermissen.

Beim Sitzen bildet die Wirbelsäule, wie die Fotos eines Schimpansenweibchens aus dem Nürnberger Zoologischen Garten zeigen (Abb. 13a und b), einen kontinuierlichen kyphotischen Bogen, der beim Senken des Kopfes auch die Halswirbel-

a b

Abb. 13a u. b. Schimpanse in (a) lockerer und (b) aufrechter Sitzhaltung. (Eigene Beobachtung Tiergarten Nürnberg.)

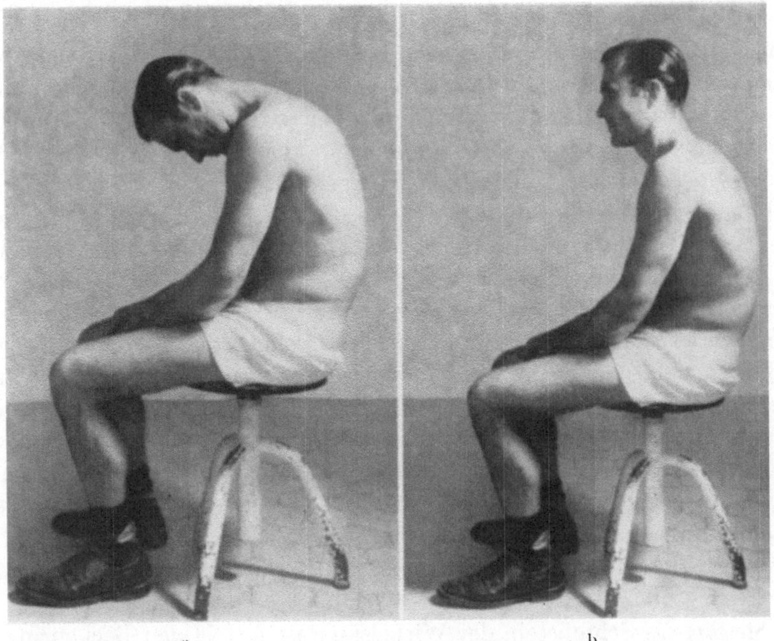

a b

Abb. 14a u. b. 24jähriger Mann (a) in lockerer und (b) aufrechter Sitzhaltung

säule mit einbezieht. Durch aktive Anspannung der Rückenmuskulatur kann sich der höher entwickelte Affe etwas erheben und dabei die Wirbelsäulenkyphose mäßig abflachen. Vergleicht man die Sitzhaltung von Affen und Menschen (Abb. 14a und b), findet man eine fast völlige Übereinstimmung in Rückenform und Beinhaltung.

Selbst die starke Rundrückenbildung in erschlaffter Sitzposition ist beim Menschen nicht unbekannt und besonders bei Kindern häufig anzutreffen. Die Ähnlichkeit der Wirbelsäulenform beim Sitzen ist durch die gleichartige Stellung des Beckens auf der Sitzunterlage bedingt.

Die aufrechte Haltung des Vierfüßlers unterscheidet sich vom Stehen des Menschen in erster Linie dadurch, daß die Kniegelenke gebeugt bleiben und die Rumpfwirbelsäule ihre kyphotische Form behält. In Wirklichkeit ist die Aufrichtung des Tieres also nichts anderes als eine Stellungsänderung des Rumpfes (von Meyer 1891), ohne daß die Biegungen der Wirbelsäule nennenswert geändert werden müssen.

C. Anatomie und Ontogenese des Beckens und der Wirbelsäule

I. Anatomie des Beckens

Beim Studium des Säugerbeckens fällt die gleichartige Formung der unter der Hüftgelenkspfanne gelegenen Teile auf. Am eindrucksvollsten läßt sich diese Übereinstimmung demonstrieren, wenn man den Winkel vergleicht, den Sitz- und Schambeinachsen miteinander bilden (Abb. 15).

Demgegenüber erfährt das Darmbein im Laufe der phylogenetischen Entwicklung eine weitgehende Umgestaltung. Während das Ileum beim Vierfüßler der seitlichen Bauchwand anliegt und schildförmig die Eingeweide schützt (Braus-Elze 1954), hat es diese beim aufrechtgehenden Menschen mit zu tragen. Deshalb besitzt der Mensch die weitausladenden Darmbeinschaufeln, die wie Schalen die Darmschlingen aufnehmen können. Im Laufe der Entwicklung dreht sich das Darmbein auf die Sitzbeinachse zu. Schambein und Darmbeinachse bilden beim Hylobatiden einen Winkel von etwa 65°. Wie Weidenreich (1913) zeigen konnte, verringert sich dieser Winkel auf 45° beim Orang-Utan, um beim Menschen schließlich einen Wert von etwa 20° zu erreichen. Die Drehung des Darmbeines gegen das kleine Becken zieht eine Reihe von Veränderungen nach sich, welche das menschliche Os coxae auszeichnen. Am Übergang zum Sitzbein entsteht eine Incissura ischiadica major, die beim anthropoiden Affen nur andeutungsweise vorhanden ist. Die starken Bandzüge vom Sacrum zum Os ischii lassen an der coxalen Anheftungsstelle eine Knochennase, die Spina ossis ischii entstehen und bedingen eine Umgestaltung des Sitzbeinknorrens. Mit der Drehung des Darmbeines ändert sich beim Menschen auch die Lagebezeichnung des Kreuzbeines zum Becken.

Das *Sacrum* als Schlußstein der Wirbelsäule ist fest in den Beckenring einbezogen. Die Verbindung ist, wie bei den Säugetieren, nicht knöchern, sondern erfolgt durch Zwischenschaltung der als Stoßfuge ausgebildeten Ileo-sacralgelenke. Am Sacrum werden die artikulierenden Flächen von den Massae laterales getragen. Diese entstehen aus den Rippenrudimenten der Kreuzbeinwirbel. Wie das korrespondierende Feld am Darmbein ist auch die Kreuzbeingelenkfläche einer Ohrmuschel ähnlich. Von besonderem Interesse für die Funktion ist eine am Darmbein vorhandene Wulstung der Facies auricularis, die in eine entsprechende Vertiefung am Sacrum paßt. Dadurch bekommt das Kreuzbein in seiner Verbindung mit den Hüftbeinen bei der Belastung einen außerordentlich großen Halt. Die Kreuzbein-Darmbein-Synchondrose wird der Einstellung des Beckens im Raum entsprechend überwiegend auf Zug und weniger auf Druck beansprucht.

Die feste Skeletverbindung ist durch stark entwickelte *Bandzüge* verstärkt. Ventral haben sie mehr membranartigen Charakter und können als Verstärkung der Gelenkkapsel aufgefaßt werden. Dorsal vom Gelenkspalt füllen mächtige Bandmassen den Raum zwischen Darmbein und Kreuzbein aus, die Ligamenta sacro-iliaca interossea. Die Bandzüge haben das Aussehen von Scheiben und bestehen aus lauter kurzen, rundlichen, zum Teil sich kreuzenden Faserbündeln, zwischen denen sich lockeres Fettgewebe befindet (FICK 1911). Der straffen Verbindungen wegen sprachen die alten Anatomen von einer Kreuz- und Darmbein-Symphyse. Vom hinteren oberen Darmbeinstachel geht ein etwa 1 cm breiter rundlicher Bandzug, das Ligamentum sacro-iliacum posterior longus aus, das sich an den seitlichen Fortsätzen des Kreuzbeines anheftet. An seinem medialen Rande steht es mit dem tiefen Blatt der Fascia lumbodorsalis in Verbindung. Die Sitzbein-Kreuzbeinbänder endlich schließen den caudalen Beckenring, indem sie die Lücke zwischen Sitzbein und Kreuzbein überbrücken. Das Ligamentum sacro-tuberale entspringt breitflächig vom hinteren oberen Darmbeinstachel bis zum zweiten Steißbeinwirbel. Es verschmälert sich auf dem Weg zum Sitzbein hin bis auf 1 cm, um dann am Sitzbeinknorren wieder fächerförmig zu divergieren, bevor es am medialen und unteren Rand des Tuber ossis ischii ansetzt. Einzelne Faserzüge haben nach distal direkte Verbindung mit dem Biceps femoris und dem Semimembranaceus. Das Ligamentum sacro-spinale, ventral vom Knorrenband gelegen, spannt sich zwischen dem Kreuzbein und dem Sitzbeinstachel aus.

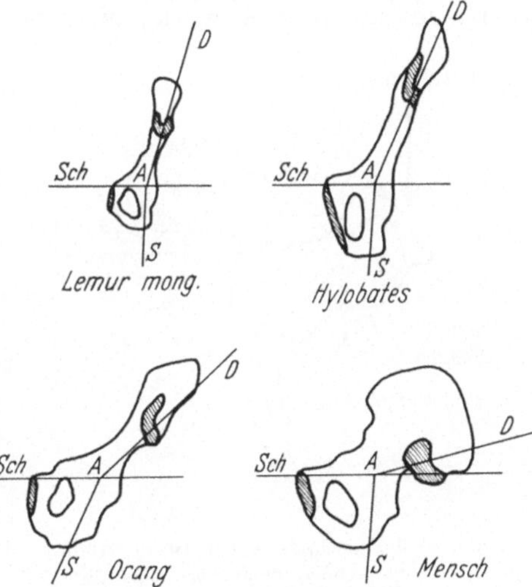

Abb. 15. Entwicklung der Hüftbeinform vom Halbaffen bis zum Menschen, Os coxae bei horizontal gestellter Schambeinachse von innen gesehen. (Umzeichnung nach WEIDENREICH) *D* Darmbeinachse; *S* Sitzbeinachse; *Sch* Schambeinachse; *A* Acetabulum

Bei der Belastung der sacro-iliacalen Gelenkverbindungen im Stehen und im Sitzen werden die Kreuzdarmbeinbänder angespannt. Sie wirken einem Absinken des Kreuzbeines in ventraler und caudaler Richtung entgegen. Gleichzeitig kommt ihnen ein antagonistischer Effekt gegenüber den Sitz-Kreuzbeinbändern zu. Der nach ventral gerichtete Zug des Ligamentum sacro-tuberale und sacro-spinale wird durch den Zug der Ligamenta sacro-iliaca interossea und von Faserteilen des

Erector trunci kompensiert. Unter diesem doppelten Einfluß von Kräften ist das Kreuzbein gekrümmt, so daß caudales und kraniales Ende nach ventral gerichtet sind (Abb. 16).

Durch diese anatomischen Gegebenheiten läßt sich die oft diskutierte Frage nach der *Gewölbekonstruktion des Beckens* beantworten. Sie gründet sich auf die isolierte Betrachtung des aus seinem Verband gelösten Kreuzbeines. Dieses ist in der Tat von dreieckiger Form, so daß eine Ähnlichkeit mit einem Gewölbeschlußstein nicht abzuleugnen ist. Auch die Gelenkflächen des Darmbeines konvergieren etwas nach caudal. Die Schrägstellung ist aber nirgends so erheblich, daß dadurch das infolge der Belastung nach abwärts gedrängte Kreuzbein eine Feststellung erfahren könnte (STRASSER 1913). Die Stabilität im Beckengefüge kann nur durch Anspannung der dorsalen Bandmassen erreicht werden. Sie setzen aber nicht nur dem Abwärtsgleiten des Kreuzbeines einen Widerstand entgegen, durch ihren Zug werden gleichzeitig die Darmbeingelenkflächen einander genähert, das Kreuzbein also gewissermaßen eingeklemmt. Gegenüber diesen Zug- und Biegungskräften spielen Druckkräfte im Ileo-sacralgelenk keine nennenswerte Rolle. Die federnde Aufhängung entspricht auch besser den statisch dynamischen Anforderungen als eine eventuelle Gewölbekonstruktion.

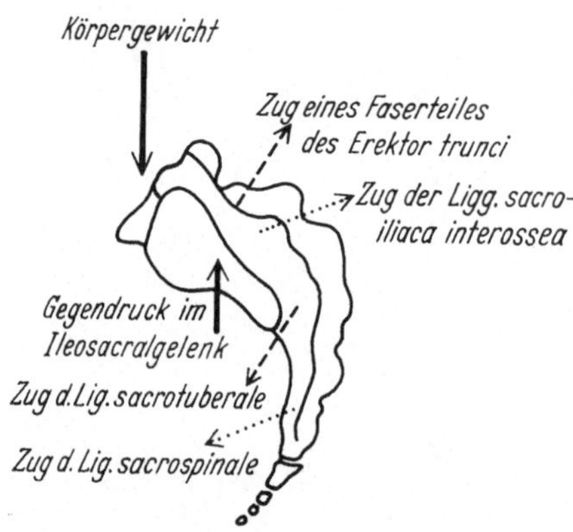

Abb. 16. Schema der in der Vertikalebene auf das Kreuzbein einwirkenden Belastungskräfte. (Umzeichnung nach SCHWABE.)

Von geringen, praktisch unbedeutenden Bewegungen abgesehen, stellt das Becken einen in sich fest geschlossenen Ring dar. Zum Ausgleich der einwirkenden Druck- und Biegungsbeanspruchung sind ventral und dorsal Knorpelfugen und Gelenkverbindungen eingeschaltet. In ihnen kann die notwendige Zersplitterung der Kräfte erfolgen. Läßt die Widerstandskraft des Knochens nach, wie bei der Osteomalacie, so entstehen an den dünnsten Stellen, das sind die ventralen Wandungen des kleinen Beckens, Umbauzonen als Ausdruck der funktionellen Überbelastung.

Mit dem Kreuzbein ist die Basis der Wirbelsäule in den Beckenring einbezogen. Bedingt durch die straffe Bandsicherung muß sich jede Änderung der Beckenstellung im Raume auch auf die Stellung des Kreuzbeines auswirken und damit zu einer Änderung der Wirbelsäulenform führen.

Die **Stellungsänderung des Beckens** erfolgt durch Bewegung in den Hüftgelenken um eine quere Achse. Dabei wird mit zunehmender Streckung das Kreuzbein auf einem Kreisbogen von ventral-kranial nach dorsal-caudal aus der Horizontalen in die Vertikale geführt. Je nach dem Grad der Beckenkippung erscheint das Sacrum flach oder steil gestellt (Abb. 17a bis c).

Die Beckenhaltung im Stehen wird durch die Lage des Schwerpunktes bestimmt. Eine Ruhestellung ohne wesentliche Muskelarbeit ist nur dann zu erreichen, wenn der Schwerpunkt des Rumpfes über der queren Hüftgelenksachse liegt. Gegen eine Schwerpunktverlagerung nach dorsal ist eine ausgiebige Sicherung durch das Ligamentum ileo-femorale vorhanden. Die Sicherung nach ventral geschieht fast ausschließlich durch die dorsal gelegene Gesäßmuskulatur. Im gleichen Sinne wirken die ischiocruralen Muskeln, die dem Höhertreten des Sitzbeinknorrens zunehmenden Widerstand entgegensetzen.

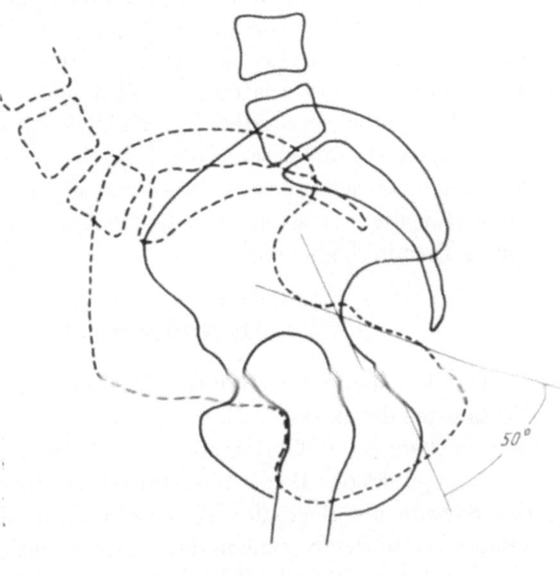

Die Beckenneigung schwankt, je nach der Körperhaltung, unter Umständen beträchtlich. Man kann die Inklination des Beckens auf verschiedene Weise definieren. Weil in der Literatur unterschiedliche Hilfslinien zur Bestimmung der jeweiligen Position angewandt wurden, ist eine Sprachverwirrung entstanden. Am gebräuchlichsten ist die Orientierung nach der Verbindung zwischen dem Oberrand der Symphyse und dem Promon-

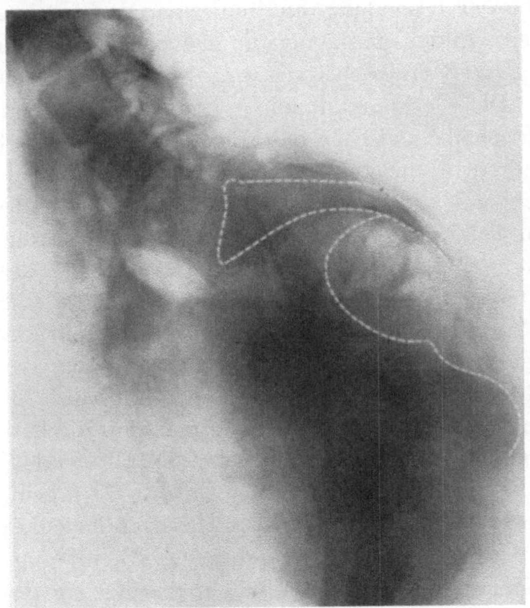

b

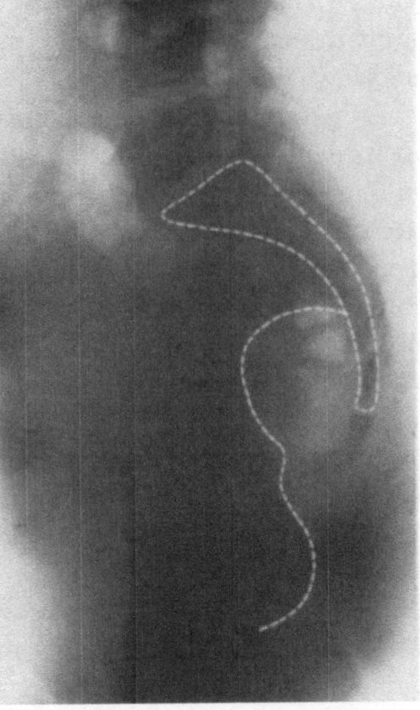

c

Abb. 17a—c. Bei der Rückdrehung des Beckens wird das Kreuzbein aus einer mehr horizontalen in eine vertikale Einstellung gebracht. Seitliche Röntgenaufnahme im Stehen. b) In Vordrehung des Beckens, c) in Rückdrehung

torium, der Conjugata anatomica. Nähert sich diese Linie der Vertikalen, spricht man vom steilgestellten Becken, sinkt sie nach der Horizontalen ab, ist das Becken flachgestellt. Beim steilgestellten Becken steht das Sacrum horizontal oder flach, während es umgekehrt beim flachgestellten Becken vertikal oder steil steht. Die Hüftgelenke sind beim steilgestellten Becken gebeugt, beim flachgestellten gestreckt. Die Beckenneigung schwankt je nach Alter, Geschlecht und Körperhaltung zwischen 30° (von Schubert 1929) und 75°, wobei der Winkel zwischen Conjugata anatomica und der Horizontalen gemessen wird. Für orthopädische Zwecke, besonders im Hinblick auf die einzuschlagende Übungsbehandlung, scheint es uns besser von einer Beckenkippung zu sprechen. Die Beckenvordrehung entspricht einer Steilstellung, die Rückdrehung einer Flachstellung. Vor allem für die Erfassung der Beckenbewegungen beim Sitzen werden wir uns dieser Termini bedienen.

II. Anatomie der Wirbelsäule

Durch seine festen Bandverbindungen ist das Kreuzbein ein integrierender Bestandteil des Beckens. Entwicklungsgeschichtlich ist es als Verbindung zwischen den Beckengliedmaßen einerseits und der Rumpfwirbelsäule andererseits Übertragungspunkt der Belastungskräfte von Oberkörper und Bein. Gleichzeitig stellt das Sacrum die Basis der Wirbelsäule dar, die beim Menschen grob betrachtet senkrecht auf der Kreuzbeindeckplatte steht.

Eine Darstellung der Wirbelsäulenbeckenverbindungen wäre ohne Erörterung der Verankerung des letzten freien Lendenwirbels, das ist in der Regel der fünfte Lendenwirbel, unvollständig. Wegen der besonderen anatomischen Verhältnisse nimmt dieser eine Zwitterstellung ein. Einmal besitzt er die gleichen gelenkigen und elastischen Verbindungen zum ersten Sacralwirbel, wie wir sie von den anderen Bewegungssegmenten her kennen. Die Gelenkexkursionen können hier sogar außerordentlich groß sein. Die Bandscheibe zwischen dem fünften Lendenwirbel und dem ersten Kreuzbeinwirbel ist ventral meistens bedeutend höher als dorsal. Durch ihre Keilform ist sie in der Lage, die Neigung der Kreuzbeindeckplatte gegen den Horizont im Stehen zum Teil zu kompensieren. Zum anderen spannt sich aber zwischen den Querfortsätzen des fünften und zum Teil auch noch des vierten Lendenwirbels einerseits und den Darmbeinschaufeln andererseits eine Bandmasse aus, die schon durch die Anordnung ihrer Faserzüge, die sich mehrfach überkreuzen, auf die besondere Haltefunktion schließen lassen. Das wegen der Anordnung seiner Faserzüge nicht einheitliche Ligamentum ileo-lumbale läßt mehrere Züge und Blätter erkennen. Nach oben steht die Bandmasse in direkter Verbindung zur Fascie des Musculus quadratus lumborum, nach ventral mit dem Psoas major und minor. Seitlich heften sich die Faserzüge an die Darmbeinkämme, sowie den ventralen und dorsalen Teil der Kapsel des Ileo-sacralgelenkes an. Der fünfte Lendenwirbel ist mit der ganzen Wirbelsäule durch die Bänderzüge an den beiden Beckenkämmen aufgehängt. Sie verhindern ein Abrutschen des Wirbels nach ventral und caudal, solange die Kontinuität der Bogenanteile gewahrt bleibt. Nur wenn in der Interartikularportion eine Trennung der Knochenspange, z. B. durch Spaltbildung (Spondylolyse) vorliegt, kann ein Wirbelgleiten erfolgen.

Die je nach Beckenneigung unterschiedliche Stellung der Kreuzbeindeckplatte muß durch kompensatorische Bewegung der Wirbelsäule ausgeglichen werden.

Zur Erfüllung der Bewegungsaufgabe ist das Achsenskelet mit einem komplizierten Band- und Gelenkapparat ausgestattet.

Die einzelnen Wirbelkörper sind durch die *Zwischenwirbelscheiben* beweglich miteinander verbunden. In der Bandscheibe sind zwei antagonistisch wirkende Systeme vereint. Der *Gallertkern* stellt das Bewegungszentrum für alle Bewegungen im Wirbelsegment dar. Dazu ist er durch seine Kugelgestalt sehr wohl in der Lage. Durch ihn laufen, wenigstens an Brust- und Lendenwirbelsäule, die Achsen aller möglichen Bewegungen (GÜNTZ 1957). Durch seinen Innendruck, seine Sprengkraft, drängt er gleichzeitig die Wirbelkörper auseinander.

Der *Anulus fibrosus* hält das Wirbelsäulengefüge durch ein sich mehrfach kreuzendes Fasersystem zusammen. Normalerweise stehen Sprengkraft des Gallertkernes und Zugspannung des Anulus fibrosus im Gleichgewicht. Je größer die Sprengkraft des Nucleus pulposus wird, desto stärker wird auch der Zug des Faserringes. Läßt dagegen der Quellungsdruck im Kern nach, dann beginnt der

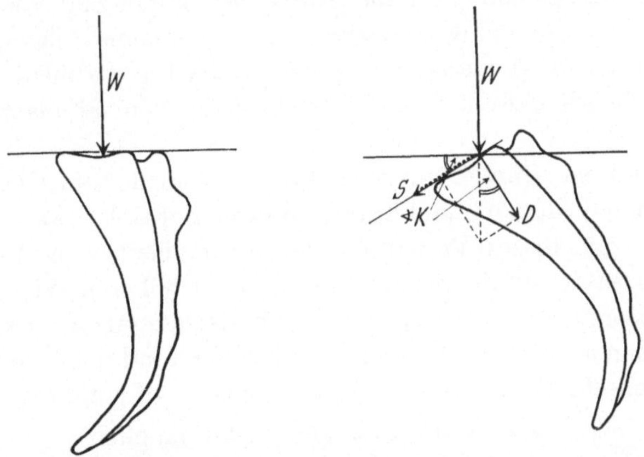

Abb. 18. Einwirkende Belastungskräfte auf die Kreuzbeindeckplatte bei Horizontalstellung und Neigung von 30°. Fall A: Kreuzbeinneigungswinkel $K = 0°$, Schub in der Bandscheibe $S = 0°$, Druck auf die Bandscheibe D = W (Wirbelsäulendruck). Fall B: Kreuzbeinneigungswinkel K nicht gleich 0° (Beispiel 30°), Schub in der Bandscheibe $S = \sin \sphericalangle K \cdot W$, Beispiel für $\sphericalangle K = 30°$, $S = 0{,}5$ W; Druck auf die Bandscheibe $D = \cos \sphericalangle K \cdot W$, Beispeil: $D = 0{,}87 \cdot W$

Anulus fibrosus zu erschlaffen. Die Folge dieses Funktionsabbaues ist eine Zunahme der Beweglichkeit im betroffenen Bewegungssegment (JUNGHANNS), die über das physiologische Maß hinausgehen kann.

Im Zusammenwirken stellen Gallertkerne und Faserring bewegliche Puffer dar. Sie haben die Aufgabe, alle in der Vertikalebene angreifenden Stöße abzufangen und die Druckkräfte elastisch zu zersplittern. Unter diesem Gesichtswinkel ist die Neigung der Kreuzbeindeckplatte gegen den Horizont von großer praktischer Bedeutung. Sie gewährleistet eine Entlastung der Bandscheibe, indem sie diese vor zu starker Druckbelastung schützt. Eine Vorstellung von der Wirkung der Belastungskräfte auf die Zwichenswirbelscheibe gibt die Abb. 18. Bei Horizontalstellung der Kreuzbeindeckplatte treffen alle einwirkenden Belastungskräfte die Bandscheibe, während der Schub gleich Null ist. Im Falle einer Neigung gegen den Horizont von 30° sinkt der Belastungsdruck auf 0,87 mal W (Wirbelsäulendruck), also um $^1/_8$ ab.

Mit Recht verwirft darum ERDMANN (1956) die Vorstellung vom geknickten Schlagbaum, wodurch nach VON ARX (1922) die unvollkommene Aufrichtung des Menschen kompensiert wird. Die Wirbelsäulenkrümmungen in der Sagittalebene schalten überdies den *Bandapparat* in die statische Haltearbeit ein und vermindern durch elastisches Nachgeben den vertebralen Belastungsdruck wie eine Schwanenhalsfeder (VON MEYER 1873). Von der Vorderfläche des Wirbelbogenrandes verlaufen die aus einem dicht gefügten Netz von elastischen Fasern bestehenden gelben Bänder nach caudal. Sie heften sich am oberen und rückwärtigen Rand des darunter gelegenen Bogens an. Nach FICK (1911) stellen sie das reinste elastische Gewebe des menschlichen Körpers dar. Wie BENNINGHOFF (1954) glaubt, stehen die Ligamenta flava durch ein Zurückbleiben im Wachstum gegenüber der Wirbelkörperreihe unter ständiger Spannung. Dies wird deutlich, wenn man die Wirbelbogen mit den Bändern von den Wirbelkörpern abtrennt. Durch ihre elastische Kraft verkürzt sich die so isolierte Bogenreihe gegenüber der Körperreihe um einige Zentimeter (3,5 bis 4,5 cm nach BENNINGHOFF). Zur Wiederausdenhung in die alte Lage ist ein Zug von 2 kg notwendig. Infolge dieser Spannung tapezieren die Ligamenta flava faltenlos die Räume zwischen dem Bogen aus. Sie stellen gleichzeitig die mediale Begrenzung der kleinen Wirbelgelenke dar und reichen nach ventral bis zum Foramen intervertebrale.

Mächtige elastische Bündel aus dem Ligamentum flavum (RAUBER-KOPSCH 1939) strahlen in den caudalen und kranialen Rand der Gelenkkapsel ein. KELLER (1953) spricht wegen dieses Verhaltens von einer elastischen Aufhängung des oberen Gelenkfortsatzes an den caudalen des nächst höheren Wirbels. Der elastische Zug des Fasersystems versucht die Gelenkflächen einander zu nähern. Die Bewegungen finden also gegen den elastischen Widerstand der Gelenkkapsel statt. Durch diese Eigenschaft wird die Gelenkbewegung straff geführt.

In den *Wirbelgelenken* sind drei Bewegungsarten möglich:

1. Die Parallelverschiebung der Gelenkflächen. Sie ermöglicht die Rumpfbeugung nach vorne und die Streckung. Hierbei wirken die Gelenkfortsätze wie Gleitschienen, die eine Bewegung führen, damit aber gleichzeitig auch das Ausmaß einschränken.

2. Die Drehung der Gelenkflächen um eine senkrecht durch sie verlaufende Achse. Indem die Gelenkfortsätze der einen Seite sich einander nähern, die der anderen sich voneinander entfernen, ist eine seitliche Neigung möglich.

3. Die Abhebelung der Gelenkfortsätze voneinander. Sie wird möglich durch die Anordnung der Gelenkfortsätze auf einem Kreisbogen bzw. durch ihre zylindrische Krümmung. Das Abhebeln gestattet eine an den einzelnen Wirbelsäulenabschnitten unterschiedliche Kreiselung um eine in der Vertikalen liegende Achse.

Das Haupthindernis für die Ventriflexion erblickt ÅKERBLOM in der Anspannung der Ligamenta flava. Wegen des Reichtums an elastischen Fasern zeichnet es sich, wie beschrieben, durch große Dehnbarkeit aus. Mit zunehmender Belastung nimmt diese wie bei jedem elastischen Körper ab, der Längenzuwachs wird also kleiner, um bei einer Gewichtsbelastung von etwa 20 kg eine relative Grenze zu erreichen. Durch die Hemmung der Ligamenta flava wird eine übermäßige Kyphosierung vermieden. Diesem Hemmnis gegenüber spielt die Bremsung durch die Ligamenta inter- und supraspinosa sowie die Gelenkkapseln keine wesentliche Rolle. Daß auch die Bandscheibe erst später der Vorbeugung Einhalt gebietet, glaubt ÅKERBLOM (1948) durch die Tatsache bewiesen, daß nach Abtrennung der Wirbelbogen von der Wirbelkörperreihe der Bewegungsumfang von 20° bis 25° pro Segment zunimmt. Auch die Rückenmuskulatur spielt zunächst offenbar keine entscheidende Rolle.

Beim Rückwärtsbeugen gleiten die Gelenkfortsätze parallel aneinander vorbei. Bei maximaler Lordosierung kann das so weit gehen, daß der caudale Gelenkfortsatz des oberen Wirbels auf die Basis des kranialen Gelenkfortsatzes des unteren Wirbels aufstößt (vgl. Abb. 91). Wie KELLER (1953) durch histologische Untersuchungen nachgewiesen hat, kann die haubenförmig um die Gelenkfortsätze gelegte Kapsel hierbei mechanisch irritiert werden, unter Umständen sogar einreißen. Das ist vor allem an den letzten Lendensegmenten möglich. In diesen Fällen bedingt dann die Lordosierung unweigerlich eine Schmerzprovokation, während die Kyphosierung schmerzlindernd wirkt.

Einer kurzen Erörterung bedarf schließlich die *Rücken- und Bauchmuskulatur,* welche die aufrechte Haltung des Achsenstabes erst ermöglicht und sichert.

MOLLIER (1938) hat die auf dem Kreuzbein stehende Wirbelsäule mit dem Mastbaum eines Schiffes verglichen und mit diesem Bild die Notwendigkeit der Vertäuung zur Sicherung des Gleichgewichts plastisch dargestellt. Infolge des ungünstigen Hebelarmes muß die dorsale Muskelgruppe wesentlich kräftiger ausgebildet sein als die ventrale, weil sie ja vermehrte Haltearbeit zu leisten hat. So wird die zur Aufrichtung notwendige Rückenmuskulatur in ihrer Vielheit funktionell richtig verstanden.

Die eigentlichen Haltemuskeln der Wirbelsäule erstrecken sich in mehreren Schichten vom Hinterhaupt bis zum Kreuzbein und Beckenkamm. Die auf die Wirbelsäule beschränkte Muskulatur liegt im Bereich des Rumpfes medial in der Furche zwischen Querfortsätzen und Dornfortsätzen. In der Tiefe findet sich eine rein segmentale Gliederung, während sich nach der Oberfläche hin längere Faserzüge zeigen, die sich über mehrere Segmente erstrecken. Mit seinen stärkeren Fasern zeigt der *medial gelegene Muskelstrang* einen vom Querfortsatz zum Dornfortsatz gerichteten Verlauf, weshalb man von einem transverso-spinalen System sprechen kann. Im Lendenteil ist der mediale Muskelzug vom lateralen bedeckt, im Bereich der Brustwirbelsäule liegt er neben diesem. Im Gebiet der beweglichen lordotischen Abschnitte des Lenden- und Halsteiles zeigt der mediale Muskeltrakt eine Verstärkung, während er im Bereich der starren Brustwirbelsäule nur schwach ausgebildet ist. Durch die Anordnung und Ausbildung der Fasern kann die Wirbelsäulenbiegung nach vorne, die Lordose, aktiv in jeder Lage fixiert werden.

Der *laterale Muskelstrang* besteht fast nur aus langen Faserzügen. Schon im Lendenbereich kann man zwei Systeme unterscheiden: Der Longissimus dorsi liegt dem medialen Strang an und wendet sich mit seinen Zacken sowohl nach medial zu den Querfortsätzen als auch nach lateral zu den Rippen. Der seitlich vom Longissimus liegende Ileocostalis erstreckt sich vom Darmbeinkamm zu den Rippen und scheint in seinen unteren Abschnitten von der Wirbelsäule abgewandt. Erst im oberen Bereich erreicht er sie wieder.

Der Aufbau des lateralen Stranges entspricht den Gewichtsverhältnissen des Stammes. Die Muskulatur wird vor allem dann in Tätigkeit gesetzt, wenn eine Störung des labilen Wirbelsäulengleichgewichtes eintritt, der Rumpf also nach vorne fällt. Damit wird das laterale Muskelsystem zur Haltemuskulatur des Stammes schlechthin.

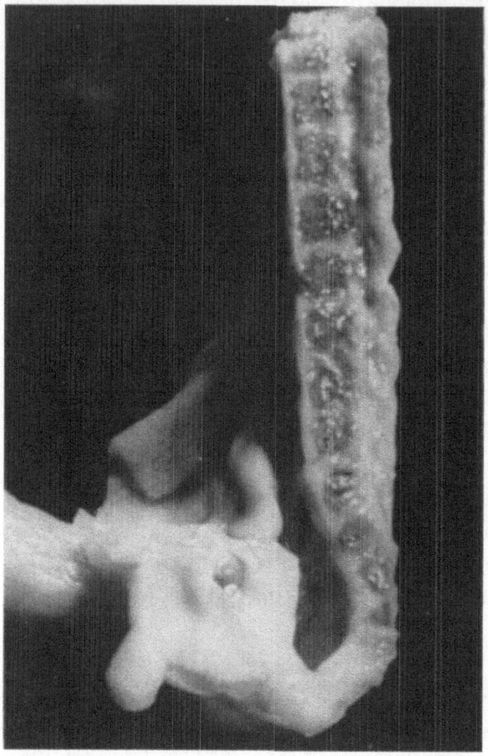

Abb. 19. Lendenwirbelsäule eines Feten von 24 cm Scheitel-Fersenlänge. Das Kreuzbein ist gestreckt, zeigt aber deutlich das Promontorium

Durch eine kräftige Muskelbinde, die Fascia lumbodorsalis, werden die tiefen Rückenmuskeln wie in einer Röhre zusammengefaßt und gehalten. „Die Führung durch die Fascie hält alle Muskeln in einer Loge fest beisammen" (Braus-Elze 1954), so daß der Muskelstrang vor allem im Lendenbereich auch am Lebenden deutlich zu sehen ist. Besonders augenfällig wird dies bei lokal vermehrter Anspannung, z. B. beim muskulären Hexenschuß oder bei der durch mannigfache Prozesse ausgelösten statischen Insuffizienz der Wirbelsäule.

Das tiefe Blatt der Fascia lumbodorsalis ist zwischen den letzten Rippen, den Lendenwirbelquerfortsätzen und dem Darmbeinkamm ausgespannt. Das oberflächliche Blatt geht von den Dornfortsätzen der Lenden- und Kreuzbeinwirbel aus. Lateral vereinigen sich die beiden Fascienblätter zur Aponeurosis lumbalis, von der die oberflächlichen Muskeln ihren Ausgang nehmen.

Als Hilfstrageorgan für die Wirbelsäule kommt schließlich der *Bauchmuskulatur* eine nicht geringe Bedeutung zu. Der mit Eingeweiden gefüllte Bauchraum ähnelt einer nicht prall gefüllten allseits abgeschlossenen Blase (Schanz 1931). Durch Anspannung der Bauchwandung kann der intraabdominelle Druck so steigen, daß die Bauchblase nunmehr Teile der Rumpflast übernehmen und die Wirbelsäule entlasten kann. Besonders eindrucksvoll zeigt sich die Arbeitshilfe immer dann, wenn durch eine Schwächung der Bauchmuskeln die Spannung der Bauchblase gemindert ist. Die Überforderung der Rückenmuskulatur kann dann hartnäckige Schmerzzustände veranlassen, die erst nach Wiederherstellung des Gleichgewichtes, z. B. durch Tragen eines die Spannung der Bauchblase steigernden Korsettes, schwinden.

III. Die Ontogenese der Wirbelsäulenform

Schon beim Simier ist die Erhebung des Rumpfes bis zu einem gewissen Grade erreicht. Aber selbst beim anthropoiden Affen, wie beim Schimpansen, Orang-Utan oder beim Gorilla ist eine Aufrichtung nur bei gebeugten Hüft- und Kniegelenken möglich. Beim Menschen hat die Natur einen neuen und für ihn typischen Weg eingeschlagen. Das auffallendste Merkmal ist die Streckhaltung der Kniegelenke bei der Aufrichtung des Rumpfes. Sie erfordert eine gleichsinnige Streckung in den Hüftgelenken. Diese wird unterstützt durch eine im Uhrzeiger-

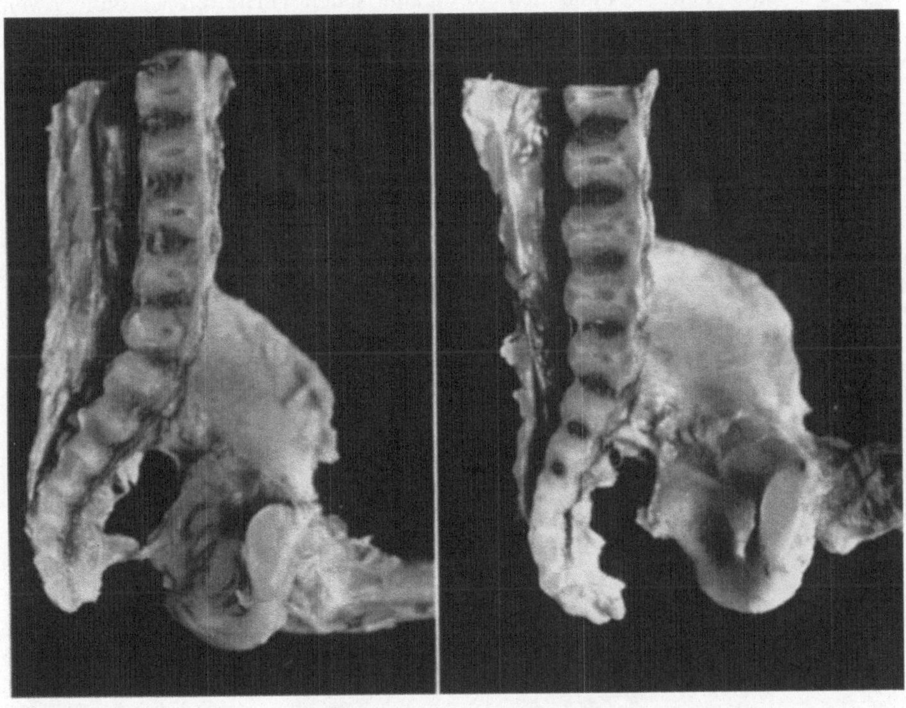

a b

Abb. 20a u. b. Lendenwirbelsäulen und Kreuzbein (a) von Feten von 36 und (b) 40 cm Scheitel-Fersenlänge

sinn erfolgende Drehung der Darmbeinschaufeln mit den Ileo-sacralgelenken gegen die Sitzbeinachse. Sie ist schon beim menschlichen Embryo ausgeprägt. Vollkommen wird die Aufrichtung aber erst durch eine Form- und Gestaltsänderung der Wirbelsäule und des Kreuzbeines. Als charakteristische Neuerwerbung ist die Knickbildung des Kreuzbeines gegen die Rumpfwirbelsäule anzusehen. Der Promontoriumwinkel ist typisch für die menschliche Wirbelsäule und ein Attribut des aufrechten Ganges. In gleicher Weise findet sich erst beim Menschen die endgültige Fixierung der lordotischen Lendenwirbelsäulenbiegung im Stehen. Wie die Abb. 19 zeigt, läßt die fetale Wirbelsäule die späteren Krümmungen noch vermissen. Sie ist im ganzen kontinuierlich kyphotisch gebogen. Aber schon im dritten Embryonalmonat erscheint eine Abknickung des Kreuzbeines, das Promontorium. Es wird zumeist vom zweiten Sacralwirbel gebildet, während der erste Kreuzbeinwirbel der Lendenwirbelsäule anzugehören scheint und als letzter präsacraler Wirbel aufgefaßt werden kann (Abb. 20a u. b). SCHWABE (1933) fand bei histologischen Untersuchungen der Neugeborenenwirbelsäule grundsätzlich den gleichen geweblichen Aufbau an der ersten sacralen Bandscheibe wie an der übrigen Wirbelsäule. Erst im Verlaufe der weiteren Entwicklung wird der erste Kreuzbeinwirbel in das Sacrum einbezogen. Die knöcherne Verschmelzung der einzelnen Kreuzbeinwirbel beginnt im 16. Lebensjahr und ist etwa um das 30. Lebensjahr beendet. Ob man im einzelnen den auf Grund von Variationsformeln gezogenen Schlüssen von ROSENBERG (1876) folgen will oder nicht — nach dem ontogenetischen Verhalten ist ohne Zweifel eine Kranialwanderung des Kreuzbeines durch Einbeziehung des letzten freien Wirbels festzustellen.

Die Form des fetalen Kreuzbeines erinnert noch ganz an die des Anthropoiden.

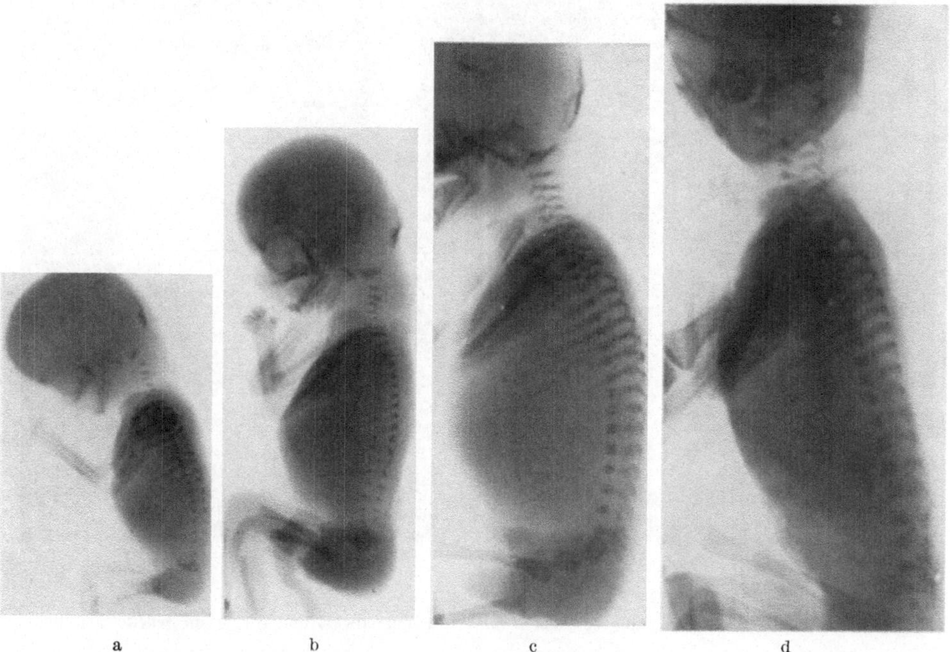

Abb. 21a—g. Entwicklung des Kreuzbeines auf der seitlichen Röntgenaufnahme von Feten vom 4. bis zum 10. Monat. Länge: a) 15 cm; b) 20 cm; c) 24 cm; d) 30 cm; e) 35 cm; f) 40 cm und g) 50 cm

Die beim Erwachsenen charakteristische sagittale Krümmung fehlt zunächst. Andeutungen sind aber bereits frühzeitig feststellbar. Wie beim Embryo, so ist auch beim Neugeborenen in der Regel ein doppeltes Promontorium vorhanden (Abb. 21), das dadurch zustande kommt, daß der erste Sacralwirbel gegen den zweiten gekantet ist und außerdem eine Abknickung zwischen L 5 und S 1 besteht. Diese Knickbildung schwindet auch bei maximaler Ventriflexion der isolierten Wirbelsäule eines Neugeborenen nicht (Abb. 22a—c) und erfährt bei starker Lordosierung erwartungsgemäß keine Verstärkung. Wegen der mangelnden Kreuzbeinkrümmung und des Promontoriumhochstandes spricht KIRCHHOFF (1949) von einer Trichter- oder Kanalform des Neugeborenenbeckens. Die anthropoide Kreuzbeinform bleibt im allgemeinen bis zur Pubertät erhalten. Die erste Streckung geht am Becken spurlos vorüber (HIRSCH). Um das 8. Lebensjahr beginnt zuerst an den unteren Kreuzbeinabschnitten eine allmählich fortschreitende sagittale Krümmung. Etwa im 10. Lebensjahr senkt sich der erste Kreuzbeinwirbel nach ventral und caudal. Auf diese Weise tritt das Promontorium

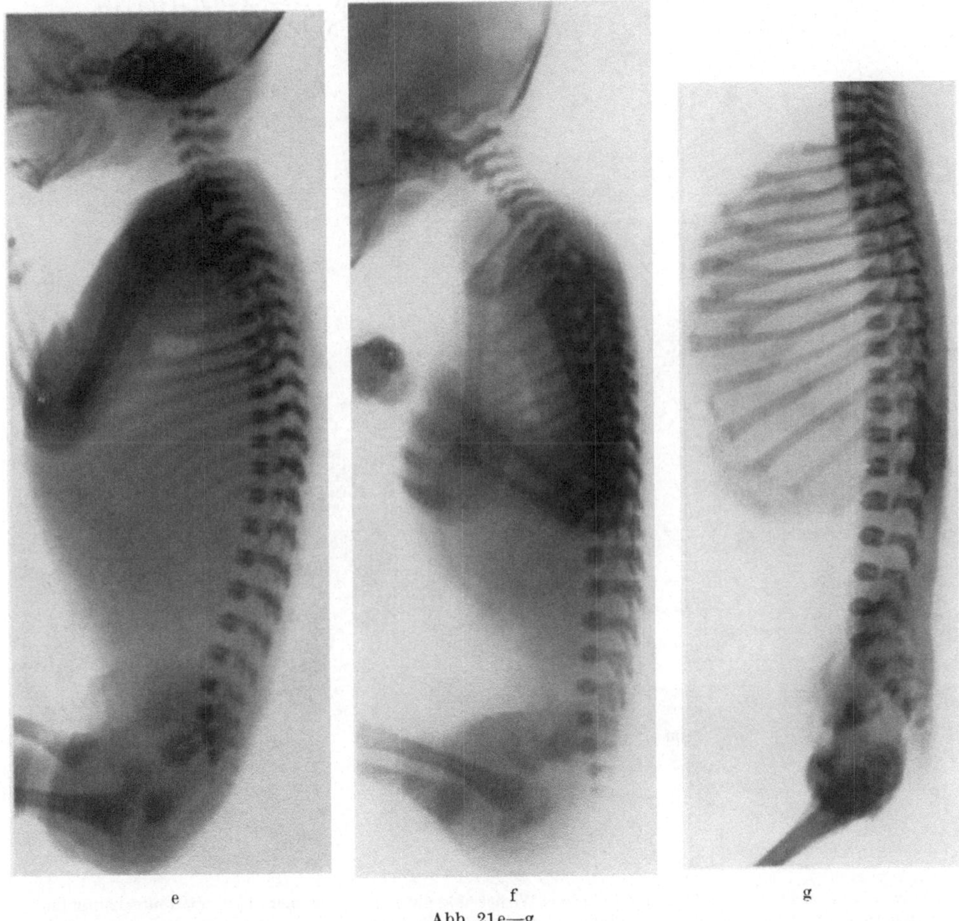

e f g

Abb. 21e—g

tiefer und läßt nunmehr die für den Erwachsenen typische Kreuzbeinform entstehen (Abb. 23).

Die kindliche Wirbelsäule zeigt in den ersten Lebenswochen eine im ganzen nach dorsal konvexe Krümmung. Aus dieser Haltung ist zwar passiv eine Extension und Lordosierung möglich, sie wird aktiv aber erst dann erreicht, wenn die Rückenmuskulatur kräftig genug geworden ist, um den Rumpf gegen die Schwere von der Unterlage zu erheben. Die Rückenmuskulatur ist die eigentliche formgebende Kraft für die Entstehung der physiologischen Wirbelsäulenbiegungen. Die Streckfähigkeit wird aktiv erst im 3. Lebensmonat voll erreicht, sie ist aber reflektorisch schon bald nach der Geburt auszulösen, wie der Landau-Reflex zeigt. Man versteht darunter die reflektorische Hebung des Kopfes, die Streckung der

Wirbelsäule und der Hüft- und Kniegelenke, die dann auftritt, wenn man den Säugling bei parallel gehaltenen und leicht angehobenen Beinen auf den Bauch legt. Dieser Reflex scheint den ursprünglichen Sperrtonus der Rückenmuskulatur des Neugeborenen abzulösen, der eine zu starke Rundrückenbildung in den ersten Lebenstagen verhindert. Sehr bald erscheint beim Säugling die Halslordose.

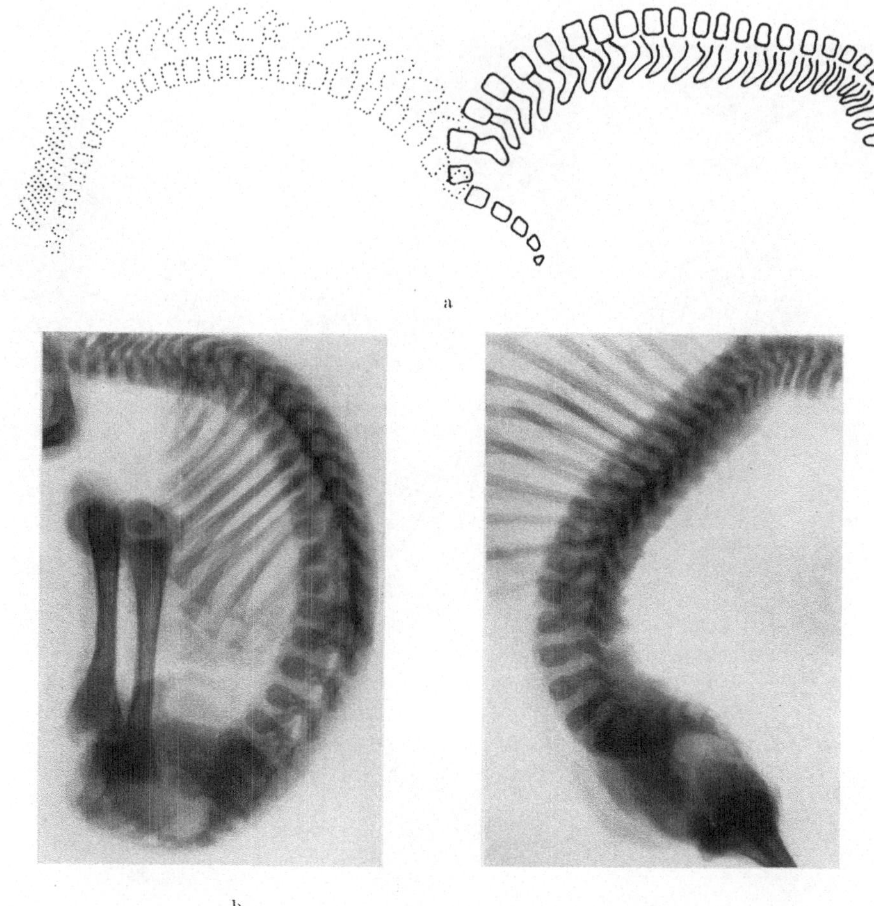

Abb. 22a—c. a) Bewegungsumfang der isolierten Wirbelsäule eines Neugeborenen. b) u. c) Röntgenaufnahmen der isolierten Wirbelsäule eines Neugeborenen in maximaler Vorwärts- und Rückbeugung. Das Promontorium bleibt erhalten

Die Entwicklung steht im Zusammenhang mit der Kräftigung der Schulter-Nackenmuskulatur. Die Stellung der kleinen Wirbelgelenke und die Ausbildung des Kapselbandapparates dienen dabei als Wegweiser für die endgültige Formung.

Wenn das Kleinkind zu stehen beginnt, sind Halslordose und Brustkrümmung schon vorhanden. Die Lendenlordose dagegen fehlt noch. Ihre Ausbildung geht in der kindlichen Entwicklung nur etappenweise vor sich. Betrachtet man das Bild eines stehenden Kindes im Vorschulalter, dann fallen der vorgewölbte Bauch und die starke Einziehung über dem Becken in der dorsalen Körperkontur auf. Dieses „Hohlkreuz“ darf aber mit einer echten Lendenlordose nicht verwechselt werden. In Wahrheit kommt es weniger durch eine Lordosierung der Lendenwirbelsäule, als vielmehr durch eine Rückwärtsverlagerung des Rumpfes auf dem Becken zustande, wie es SCHEDE (1959) als typisch für die Haltungsschwäche des Kindes beschreibt. In der Tat ist die Haltung in den ersten Lebensjahren von der späteren Haltungsschwäche nicht wesentlich verschieden. Die Röntgenaufnahme im Stehen läßt die Lendenlordose mit Ausnahme der beiden unteren Segmente vermissen. Im übrigen imponiert die Totalkyphose der Wirbelsäule (Abb. 24). Diese Beobachtung deckt sich mit den Befunden von DUBOIS, der in einer 1925 erschienenen Arbeit darauf hinweist, daß die Differenzierung der Wirbelsäule im 7. Lebensjahr noch so wenig fortgeschritten sei, daß bei 60% aller Kinder eine Lendenlordose fehle. Im Laufe des weiteren Wachstums setzt dann die Entwicklung zur normalen Wirbelsäulenform des Erwachsenen ein.

Unabhängig von der jeweiligen Muskelanspannung, welche das Haltungsbild des Individuums entscheidend zu ändern vermag, kann man nach dem Aufbau der Wirbelsäule selbst schon unter normalen Verhältnissen recht unterschiedliche Rückenformen beobachten. Sie werden im wesentlichen bestimmt durch eine Verstärkung oder Abflachung der physiologischen Biegungen in der Sagittalebene. STAFFEL (1889) hat allein nach dem klinischen Aspekt aus der Vielzahl der möglichen Kombinationen fünf Haltungstypen abgegrenzt, die bis heute anerkannt werden. Der *normale Rücken* zeigt eine Wirbelsäulenform wie man sie in den Lehrbüchern der beschreibenden Anatomie abgebildet findet. Die Lendenwirbelsäule steht in einer mäßigen Lordose und geht in Höhe der oberen Segmente kontinuierlich in die Brustkyphose über. Die Halswirbelsäule zeigt wieder eine lordotische Krümmung. Beim *runden Rücken* findet sich eine kurze Abknickung der Wirbelsäule nach hinten, die dicht über dem Kreuzbein liegt. Von hier aus beschreibt der Rücken einen großen kyphotischen mehr oder weniger kontinuierlichen Bogen, der erst in Höhe der oberen Brustsegmente in eine Halslordose umschlägt. Der Kopf wird nach vorne geschoben, die Schultern sind vorgefallen und die Brust ist eingezogen. Beim *flachen Rücken* ist das Becken wenig geneigt, Lendenlordose und Brustkyphose fehlen, die Rippenbögen springen weit vor, der Bauch scheint eingezogen, der Thorax weist einen kleinen sagittalen, dagegen aber einen großen frontalen Durchmesser auf. Beim *hohlen Rücken* ist der Beckeneingang steil gestellt, d. h. das Becken vorgekippt. Dadurch wird der Oberkörper nach vorne gebracht und sekundär durch den Erector trunci aufgerichtet. So entsteht eine verstärkte Lendenlordose und eine abgeflachte Brustkyphose. Diese bedingt eine flache Halslordose. Das Kinn scheint der Wirbelsäule genähert. Die vermehrte Beckenkippung kann zu einem Hängeleib führen. Beim *hohlrunden Rücken* schließlich findet sich neben einer verstärkten Lendenlordose auch eine vermehrte Brustkyphose.

Neuerdings hat LEGER (1959) an Hand von seitlichen Wirbelsäulenganzaufnahmen eine Analyse der Haltungstypen versucht. Er kommt zur Aufstellung von acht Wirbelsäulentypen, die durch verschiedene Krümmungsverhältnisse bestimmt werden. Interessant ist vor allem seine Mitteilung, daß bei Kindern die Wirbelsäulen wesentlich gleichförmiger gestaltet seien als beim Erwachsenen. Das Becken ist meist steilgestellt. Darüber findet sich eine kurze, meist nur die unteren Segmente betreffende Lordose. Die häufig betonte Brustkyphose beginnt oft schon in den Segmenten L 2 oder L 3. Mit zunehmendem Alter findet LEGER eine Verschiebung des Umschlagpunktes von Lordose zu Kyphose nach kranial. Die stärker gekrümmten Wirbelsäulenformen überwiegen bei Kindern deutlich über die flachen. Der Rumpf wird zudem meist auf dem Becken zurückgeneigt.

Neben der Beckenneigung, deren Bedeutung für die Wirbelsäulenform bereits von STRASSER (1913) herausgestellt wurde und die wir im Gegensatz zu LEGER anerkennen, spielt die Einklemmung des Kreuzbeines in den Beckensockel eine Rolle. Auch die

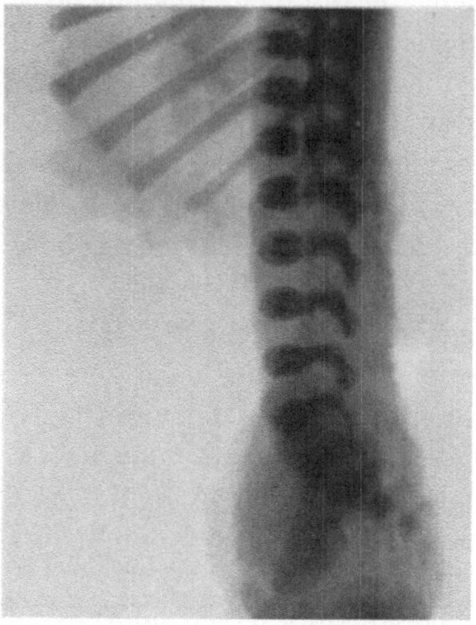

a

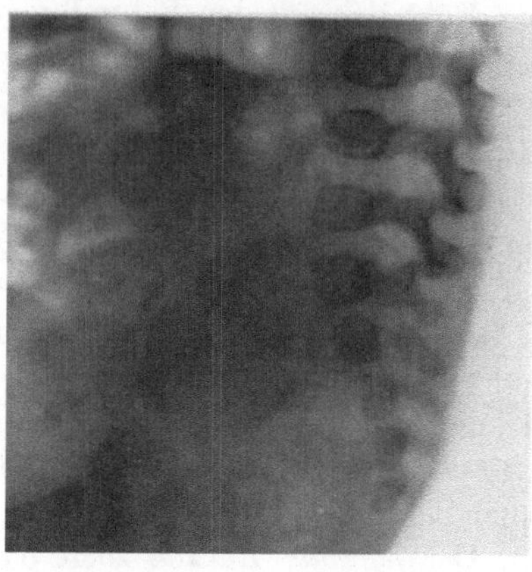

b

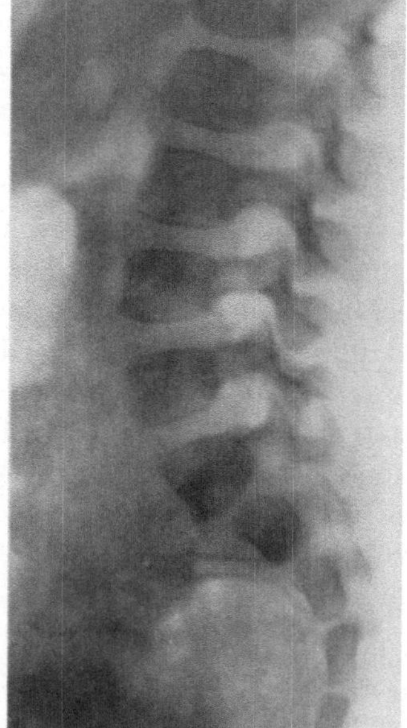

c

Formgestaltung der einzelnen Wirbelkörper ist von Bedeutung. So finden wir beim flachen Rücken oft Abweichungen von der normalen Rechteckform der einzelnen Wirbel, speziell am Dorsolumbalübergang. Auf seitlichen Röntgenaufnahmen sind Eindellungen der Grund- und Deckplatten im dorsalen Wirbelkörperdrittel in solchen Fällen nicht selten. TÖNDURY (1958) sowie LINDEMANN (1956) und seine Schule neigen zu der Ansicht, daß es sich dabei möglicherweise um Rückbildungsstörungen der Corda dorsalis handelt, die den normalen Ossifikationsablauf beeinflussen. Andere Patienten zeigen Verknöcherungsstörungen, die ohne Zweifel in den Formenkreis der enchondralen Dysostosen einzuordnen sind. Ob auch Bewegungseinbußen angeborener oder erworbener Art für die Formgestaltung der Wirbelsäule nennenswerte Bedeutung haben, ist

Abb. 23a—g. Entwicklung der sagittalen Kreuzbeinkrümmung im seitlichen Röntgenbild.
a) 3 Std.; b) 3 Monate; c) $2^1/_2$ Jahre; d) 4 Jahre; e) 7 Jahre; f) 11 Jahre; g) 15 Jahre

objektiv beim normalen Rücken nicht sicher zu beweisen. Unter krankhaften Bedingungen spielen sie aber ohne Zweifel eine Rolle, wie die Wirbelgelenks-

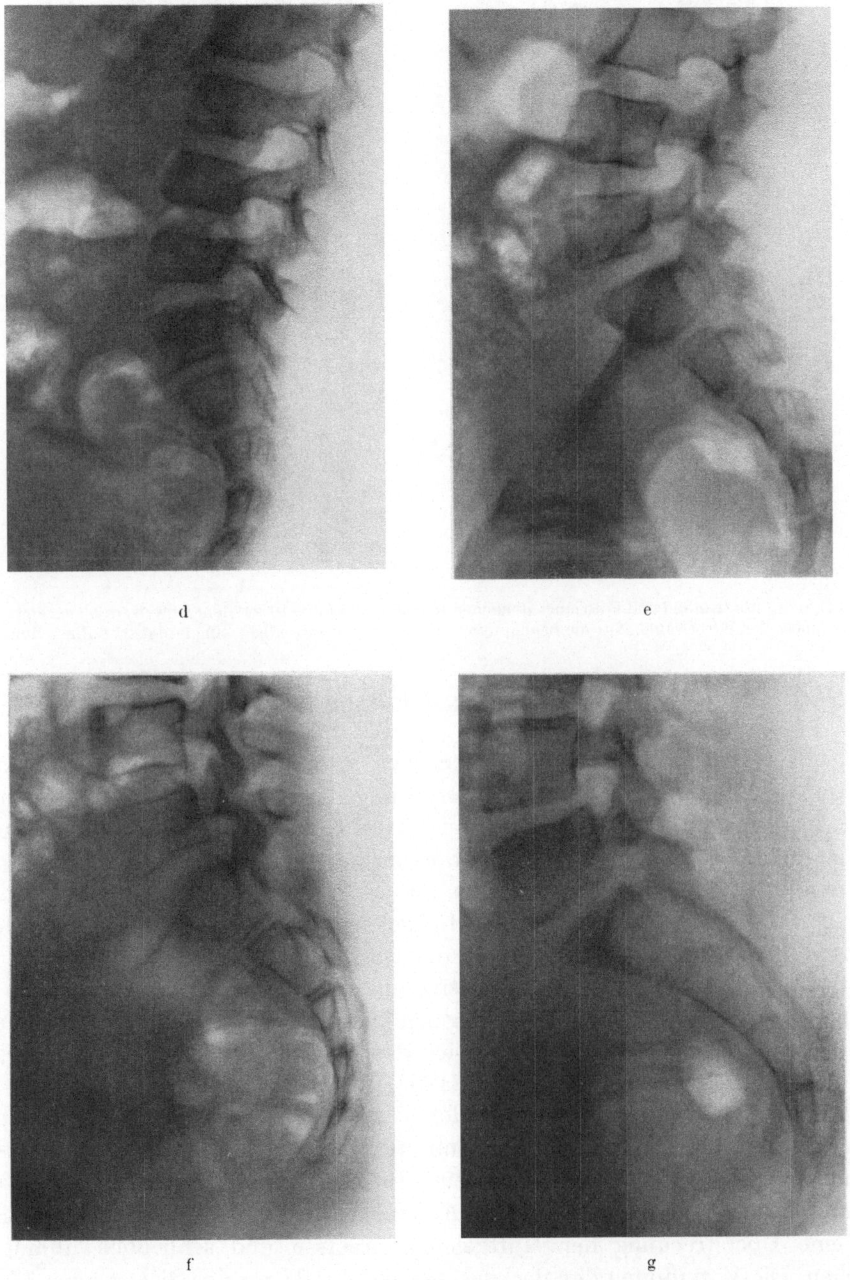

Abb. 23d—g

ankylosen beim Bechterew zeigen. Schließlich ist die Elastizität der Weichteile, speziell der Muskulatur, in Betracht zu ziehen. Bei runden Rückenformen fällt in den meisten Fällen auch eine Tonusminderung der Strecker auf.

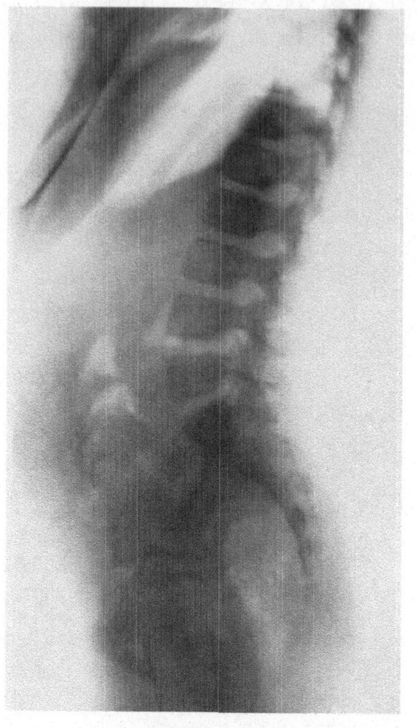

a

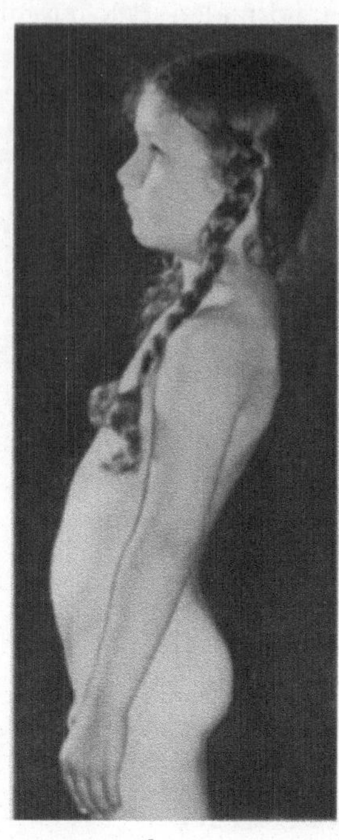

b

Abb. 24a u. b. Röntgenbild und Foto eines stehenden Kindes. Der Rumpf ist auf dem Becken zurückgeneigt. Totalkyphose der Wirbelsäule. Nur die beiden unteren Lendensegmente zeigen eine lordotische Einstellung

D. Die Mechanik des Stehens

Die Aufrichtung des Rumpfes zum Stehen auf zwei Beinen stellt an den Halteapparat des Menschen besondere Anforderungen. Mechanisch betrachtet geht es dabei im Prinzip darum, den Schwerpunkt des Körpers über die Unterstützungsfläche, die Füße, zu bringen und ihn dort zu halten. Der Schwerpunkt liegt, wie aus den Untersuchungen von Braune und Fischer (1890) u. a. bekannt ist, im aufrechten Stand über der queren Hüftgelenksachse ventral von der vorderen Kante des ersten Sacralwirbels. Liegt der Schwerpunkt außerhalb des Lotes auf die quere Hüftgelenksachse, dann besitzt er in bezug auf die Hüftgelenke ein Drehmoment, das durch eine entgegengesetzt wirkende Kraft aufgenommen werden muß. Funktionell kann man sich das Becken als Winkelhebel vorstellen, wie das schon Hermann von Meyer (1863) getan hat (Abb. 25).

Auf der ventralen Seite hemmt der Tensor fasciae latae die Rückdrehung, d. h. die Flachstellung des Beckens, unterstützt von der am oberen Darmbeinkamm angreifenden Rückenmuskulatur. In gleichem Sinne wirken als passive Hemmungsmechanismen die breiten Faserzüge des Ligamentum ileo-femorale, die eine Überstreckung der Hüftgelenke bremsen und schließlich unmöglich machen. Die Vorkippung des Beckens verhindern, da passive Sicherungen fehlen, der Glutaeus maximus und die geraden Bauchmuskeln. Unterstützt wird ihre Wirkung schließlich durch die ischio-cruralen Beuger des Kniegelenkes, welche durch die Entfernung des Tuber ossis ischii vom Ansatz eine zunehmende Dehnung des Beckens erfahren.

Mit der Festlegung des Schwerpunktes des Gesamtkörpers ist für das Stehen eine wichtige Aussage gemacht. Betrachtet man den menschlichen Körper als ein stabiles Ganzes, das in den Hüftgelenken unbeweglich auf dem Boden steht, dann läßt sich nach Lage des Massenschwerpunktes errechnen, ob der Körper stehen bleibt oder sich nach vorn oder hinten neigt oder ob er nach der Seite fällt. Damit hat aber, wie SCHEDE (1954) sagt, der Gesamtschwerpunkt des Körpers seine Rolle in der Mechanik bereits ausgespielt. Auf die höherliegenden Gelenke, wie Knie-, Hüft- und Wirbelgelenke wirken ja immer nur die Gewichte, die über den betreffenden Gelenken liegen. Es ist kaum möglich für jede praktisch vorkommende Körperhaltung die Lage der einzelnen Schwerpunkte exakt festzulegen. In günstigen Fällen lassen sich für einen bestimmten Moment stati-

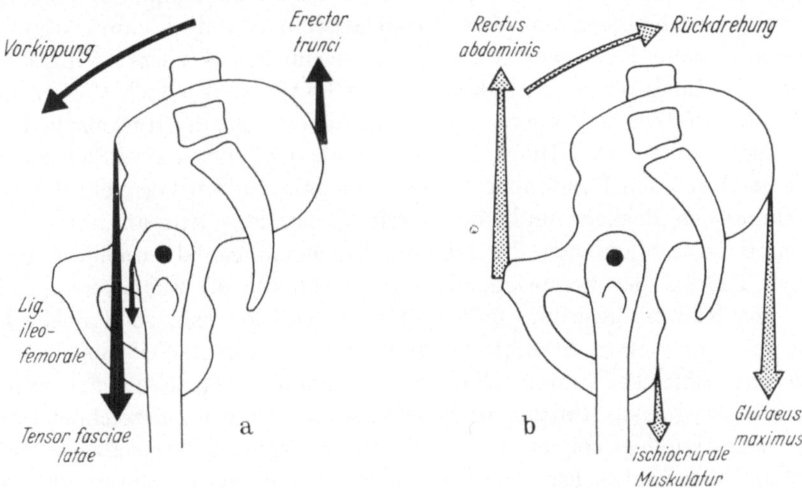

Abb. 25a u. b. Schema der Beckenkippung und der sie verursachenden Kräfte a) Vorkippung b) Rückdrehung

sche Gleichungen aufstellen. Nur ausnahmsweise liegt der Teilschwerpunkt eines Körperabschnittes aber über der dazugehörigen Gelenksachse. Fällt sein Lot außerhalb des Unterstützungspunktes, in diesem Falle aus der Gelenksachse heraus, dann wirkt die Schwere nur zum Teil als Druckkraft, der Rest aber greift als Drehkomponente an. Dabei sucht die Belastung alle nach der Schwerlinie hin offenen Winkel zu verkleinern (SCHEDE). Gegen diese Drehwirkung arbeiten als Gegenkräfte Mechanismen, die wir als Haltevorrichtungen bezeichnen. Neben den passiven, die durch den anatomischen Bau der gelenkbildenden Knochen, den Band- und Kapselapparat und die Elastizität bzw. den Sperrtonus der Muskulatur gegeben sind, spielen die aktiven Kräfte der arbeitenden Muskeln eine mehr oder minder wesentliche Rolle. Je nach dem Überwiegen der einen oder der anderen Komponente kann man von einer Ruhehaltung sprechen, wenn überwiegend die passiven Vorrichtungen die Position des Körpers im Raum sichern und von einer aktiven, wenn in erheblichem Umfange Muskelkräfte zur Behauptung der Gleichgewichtslage herangezogen werden. Der Übergang zwischen beiden Haltungen ist kein scharfer, denn auch die passive Ruhehaltung erfordert eine gewisse Muskeltätigkeit. Das Stehen ist darum keine starre Position, die einmal eingenommen für längere Zeit behauptet wird, sondern eine Funktion, ausgerichtet auf das Stehenbleiben, eine Behauptung der Lage im Raum. Die Haltung ist ein dauernd neuerworbener und neu bedrohter Gleichgewichtszustand zwischen Stehen und Stürzen, Schwerkraft und Haltekraft, zwischen Außenwelt und Körper. Jede Analyse einer Körperhaltung muß den beiden Komponenten Rechnung tragen. Sie muß die Mechanik berücksichtigen, denn wie jeder Körper unterliegt der Organismus den Gesetzen der Schwere. Andererseits darf sie nicht an der Tatsache vorübergehen, daß der lebende Körper durch aktive Muskelarbeit durchaus in der Lage ist, der Schwerkraft entgegenzuwirken. Statische und dynamische Betrachtungen müssen sich ergänzen in der endgültigen Beurteilung einer Haltung.

Weil der aktive Streckapparat immer in Tätigkeit bleiben muß, soll das Gleichgewicht behauptet werden, darum gibt es streng genommen keine Haltung des menschlichen Körpers, die ohne Muskelarbeit zustande kommt, wenn man vom Liegen absieht. Eine reine Statik des menschlichen Körpers ist intra vitam nicht denkbar. Im Interesse der Ökonomie der Kräfte sind jedoch Vorkehrungen getroffen, die stoffwechselfordernde und darum ermüdende Muskelarbeit möglichst einzuschränken. Die Ruhehaltung im Stehen ist durch eine Sicherung der Hüftgelenke durch den Bandapparat gekennzeichnet. Sie wird erreicht durch eine Rückdrehung des Beckens und eine damit verbundene Anspannung der ileofemoralen Bandverbindungen. Im äußeren Erscheinungsbild imponiert der eingesunkene Thorax, der vorspringende Bauch und die oft überstreckten Kniegelenke. Die Rumpfschwerlinie fällt hinter die Hüftgelenke, so daß ein Drehmoment im Sinne einer Streckbewegung wirksam wird. Weil die Haltungsstabilisierung zum Teil durch Einschaltung passiver Mechanismen zustande kommt, ist diese gelöste Haltung auch als Ermüdungshaltung bezeichnet worden. Im Gegensatz dazu liegt bei der militärischen Haltung der Rumpfschwerpunkt vor der queren Hüftgelenksachse. Die Gleichgewichtslage ist nur durch eine aktive Anspannung der Gesäß- und Wadenmuskeln gewährleistet. Löst sich die isometrische Kontraktion, dann folgt aus der militärischen Bereitschaftshaltung eine Vorwärtsbewegung. Aus diesem Grunde ist diese Stehhaltung eine aktive. Sie ermöglicht den raschen Übergang zu einer Bewegung, ist aber anstrengend und führt schnell zur Ermüdung (Abb. 26). Zwischen diesen beiden Positionen liegt die seit Braune und Fischer (1890) sog. Normalhaltung. Der Schwerpunkt des Rumpfes mit Kopf und Armen wird über der Hüftgelenksachse eingestellt. Der Massenschwerpunkt von Rumpf und Kopf ist in dieser Position genau über dem Kniegelenk gelegen und der des ganzen Körpers über der Achse des oberen Sprunggelenkes. Weil diese ausgewogene Gleichgewichtslage labil bleibt, sind Rücken- und Gesäßmuskeln etwas angespannt. Das Becken wird dadurch eher zurückgeneigt, so daß der Bauch eingezogen erscheint. Diese Haltung, die gleichermaßen Aktivität und Ruhe vereint, wird als Idealbild Ziel der Körperschulung durch die Leibeserziehung. In dieser Position stellt sich die Wirbelsäule in ihren Krümmungen so dar, wie sie der Anatom zu zeichnen gewohnt ist.

Wie oben dargelegt, kann auch in der entspannten Haltung, der Ruhestellung, auf eine Mitwirkung der Skeletmuskulatur nicht verzichtet werden. Zwar kommen im Tierreich z. B. beim Muschelschließmuskel Dauerverkürzungen vor, für die eine Stoffwechselsteigerung unwahrscheinlich ist, im Warmblüterorganismus gibt es „wirkliche energielose Dauerkontraktionen der Skeletmuskeln ohne Aktionsströme und ohne Stoffwechselsteigerung“ praktisch nicht (REIN 1941). Aus diesem Grunde führt jede Haltearbeit zur Ermüdung und erfordert darum eine Entspannung.

Das Streben nach einem möglichst ökonomischen Einsatz der Muskelkräfte führt zur Asymmetrie der menschlichen Haltung. Der alternierende Einsatz der paarig angelegten Haltemuskulatur schafft nach der ermüdenden statischen Arbeit die notwendigen Erholungspausen und ermöglicht so die Behauptung einer Position über längere Zeit. Dieses von SORIAU (1889) aufgestellte „Loi de asymétrie“ hat für die Gestaltung von Sitzmöbeln große praktische Bedeutung. Es nimmt die

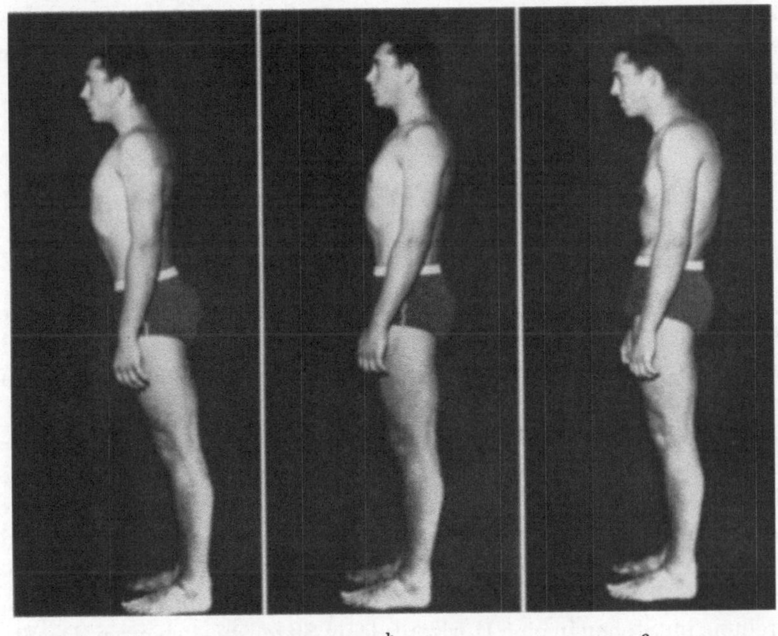

Abb. 26a—c. Haltungstypen. a) Militärische Haltung, b) aufrechte Haltung (Normalhaltung), c) Ruhehaltung

Erkenntnis vorweg, daß es einen individuell der Körperform angepaßten Stuhl nicht geben kann. Interessanterweise wird auch in der darstellenden Kunst der Mensch fast immer asymmetrisch abgebildet. Symmetrie ist Ausdruck des Toten oder Überirdischen. Die Gottheit erscheint dann in ihrer zeitlosen göttlichen Vollkommenheit, wenn sie in absoluter Ebenmäßigkeit dargestellt wird. Sie hat menschliche Züge, ist vom Leben erfüllt, wenn sie uns asymmetrisch entgegentritt. Der abstrakten Kunst mit ihren asymmetrischen Darstellungen gelingt es auf diese Weise mit einfachen Mitteln, lebendig und anregend zu wirken.

Schließlich kann auch der arbeitende Muskel seine Spannung reduzieren, wenn die Stützfläche des Körpers größer wird. Außerdem läßt die Abstützung z. B. auf einen Stock, das Anstemmen oder Anlehnen an eine Wand, das Gefühl einer zusätzlichen Sicherung eintreten und bewirkt so eine Spannungsminderung. Fehlt diese Möglichkeit des Abstützens an einen Gegenstand der Umwelt, dann kann eine Stütze am eigenen Körper herangezogen werden. So sucht der ermüdende Mensch einen zusätzlichen Halt in einem Außengelenk (VON BAEYER 1940), durch Schluß einer offenen Gliederkette, unter Umständen durch Stützen der Arme in die Seiten oder durch Verschränken vor der Brust. Die so erreichte psychologische Sicherung ermöglicht es, die Willkürinnervation auszuschalten, die überanstrengte Haltemuskulatur zu entspannen und damit eine Erholung einzuleiten. Das Haltungsbild eines Menschen wird durch die Tendenz zur Stabilisierung entscheidend mitgeprägt, so daß Soriau (1889) mit Recht von einem „Loi de stabilité" sprechen kann.

Die Tendenz durch Wechsel der Haltung Kraft zu sparen und durch zusätzliche Abstützung die Muskulatur zu entspannen, führt zu den unendlich wechselhaften Haltungsbildern eines Menschen. Daneben spielen psychologische Faktoren ohne Zweifel eine nicht zu unterschätzende Rolle, worauf bereits eingangs hingewiesen wurde. Die Haltungsforschung wird so zu einem echten medizinischen Problem, das in gleicher Weise naturwissenschaftliche wie geisteswissenschaftliche Betrachtung notwendig macht.

E. Die Statik und Mechanik des Sitzens

I. Frühere Untersuchungen

Neben der Stellungsänderung der Oberschenkel in den Hüftgelenken fällt beim Sitzenden besonders die Umformung der Wirbelsäule auf. Diese läßt im allgemeinen die im Stehen charakteristische Lendenlordose vermissen und zeigt einen im ganzen kyphotischen Bogen. Während die Wirbelsäulenform des Sitzenden, nämlich der totalrunde Rücken, allgemein anerkannt und beschrieben wird, herrschen über die Ursachen der Wirbelsäulenkrümmung recht unterschiedliche Vorstellungen. Im wesentlichen geht es dabei um die Frage, ob Beckenrückdrehung oder Vorbeugung der Wirbelsäule als das Primäre anzusehen sind.

Staffel (1884) vertritt die Überzeugung, daß das wesentliche Moment bei der sitzenden Haltung in dem Übergang der Beckenneigung aus der mehr vertikalen Stellung im Stehen in eine Horizontale im Sitzen zu suchen sei. Die Stellungsänderung des Beckens komme zustande durch die Beugung der Hüftgelenke. Durch Flexion werden die dorsal gelegenen Hüftstrecker in Spannung versetzt und ziehen ihrerseits den Beckenkamm sitzbrettwärts, wodurch das Becken nach hinten aufgerichtet werde. Die Beckenrückdrehung werde ausgeglichen durch eine Anteflexion der Wirbelsäule, welche den Oberkörper nach vorne führe.

Schulthess (1905) kommt zu ähnlichen Ergebnissen, die er auf Grund von statischen Überlegungen gewinnt. Er betont, daß die Erhaltung des Schwerpunktes über der Unterstützungsfläche beim Sitzen alleinige Aufgabe des Rumpfes sei. Die Wirbelsäule steige immer von einer Fläche empor, die in oder sogar hinter der Unterstützungsfläche Tubera—Oberschenkel oder Tubera—Kreuzbein liegt. Zum Ausgleich muß sich der Rumpf nach vorne biegen. Außerdem ist die Aufrichtung des Beckens, die 8 bis 10°, — ja unter Umständen sogar 40 bis 45° betragen kann, für die Form der Wirbelsäule im Sitzen von Bedeutung. Mit der Aufrichtung des Beckens stellt sich die Kreuzbeindeckplatte mehr horizontal, sie kann sogar nach dorsal abfallen. Aus diesem Grunde büßt die Wirbelsäule ihre im Stehen vorhandenen Krümmungen ein und wird in eine andere Form übergeführt. Die Tendenz, den Schwerpunkt über die Unterstützungsfläche zu bringen, führt zur Vorbeugung beim nachlässigen Sitzen, dagegen zur Vorneigung des Rumpfes in den Hüftgelenken beim strammen Sitzen. In nachlässiger Haltung ist die Beckendrehung nach rückwärts immer stark. Bei Anspannung der Rückenmuskulatur im strammen Sitzen findet eine teilweise Reduktion der Beckenstellung statt, weil das Kreuzbein nach hinten oben gezogen wird. An Stelle der normalen Lendenlordose entsteht dann aber eine flache Einziehung am Übergang von der Brustwirbelsäule zur Lendenwirbelsäule. Infolge der Elastizität des Muskel- und Bandapparates bestehen bei den einzelnen Altersgruppen Unterschiede. Im jugendlichen Alter nimmt die Wirbelsäule mehr die Form eines kontinuierlich gebogenen Stabes an, sie sinkt mehr nach vorne. Beim Erwachsenen bleiben die fixierten physiologischen Krümmungen teilweise erhalten, die Wirbelsäule sinkt unter Vermehrung der Dorsalkyphose stärker in sich zusammen.

Auch für Spitzy (1926) ist die Änderung der Beckenstellung das Primäre. Weil bei der Horizontalstellung des Beckens die Lendeneinsattelung verschwindet, hält er die Lordosierung der Lendenwirbelsäule im Sitzen für unphysiologisch. Zudem sei sie, wie er meint, bei der Aufstützung des Beckens auf einer horizontalen Unterlage statisch unnötig.

Schede (1954) nennt die Sitzhaltung die ungesundeste Form aller Dauerhaltungen überhaupt. Die europäische Art des Sitzens erfordert immer eine starke Beugung in den Hüftgelenken und damit eine passive Spannung der ischiocruralen Muskeln. Diese ist verantwortlich für die Rückdrehung des Beckens und die sich daraus ergebende Kyphosierung der Wirbelsäule. Im Reitsitz, den er nachdrücklich empfiehlt, löst sich die Spannung der Kniebeuger, und das Becken kann nach vorne gedreht werden. Aus diesem Grunde fällt auch die Aufrichtung des Rumpfes leicht.

Åkerblom (1948) stellt fest, daß beim Hinsetzen die Beckenrotation immer dann eintritt, wenn der Schwerpunkt des Rumpfes über oder hinter die Verbindungslinie der Sitzbeine kommt. Die Rotation des Beckens wird durch eine Ventriflexion der Lendenwirbelsäule ausgeglichen. Diese ist um so größer, je stärker das Becken gekippt wird. Die Höhe des Stuhles spielt für die Beckendrehung keine besondere Rolle, sofern nicht extreme Maße gewählt werden. Beide, Beckendrehung und Wirbelsäulenbewegung, ergänzen die Abwinkelung des Oberschenkels, so daß die rechtwinkelige Beugehaltung derselben gegenüber dem Rumpf nicht identisch ist mit einer gleichgroßen Hüftbewegung.

Im Gegensatz zu den bisher geäußerten Anschauungen meint R. Fick (1911), das Primäre sei die Verflachung der Lendenlordose, die beim Jugendlichen sogar in eine lumbale Kyphose umgekehrt sein könne. Dadurch, daß der Lendenteil der Wirbelsäule möglichst nach hinten und unten herausgedrückt werde, komme der Schwerpunkt der unteren Rumpfpartien hinter die quere Hüftachse zu liegen.

Heuer (1930) schließt sich der Ansicht von Fick an. Er glaubt, daß die Beckenrotation sekundär sei und deswegen zustande komme, weil das Gewicht der oberen Rumpfhälfte die Lendenwirbelsäule nach hinten herausdrückt. Der untere Teil der Lendenwirbelsäule drehe dann seinerseits das Becken nach hinten. In der bequemen Sitzhaltung bilden Brust- und Lendenwirbelsäule zwei gleichgroße und ausgeprägte Bogen. Sie gehen nicht kontinuierlich ineinander über, sondern sind durch eine Einziehung getrennt, die sich etwa vom neunten Brustwirbel bis zum ersten Lendenwirbel erstreckt.

Durch die Beugung in den Hüftgelenken wird der Massenschwerpunkt des Rumpfes nach dorsal gebracht und fällt damit nach hinten aus der Unterstützungsfläche des Körpers im Stehen, dem von den Füßen umschlossenen Areal, heraus. Damit eine Gleichgewichtslage möglich wird, muß das Becken selbst eine Abstützung erfahren. Diese wird von der Sitzunterlage gebildet.

Der Urtyp des Sitzens ist nach H. von Meyer (1867) das horizontale Brett. Auf ihm ruhen die beiden Tubera ossis ischii. Wegen der anatomischen Gestalt der Sitzbeinhöcker, die den Kufen eines Schlittens oder Schaukelpferdes gleichen, berühren diese jeweils nur mit einem Punkt der Peripherie die Unterlage. Die quere Verbindung der beiden aufliegenden Punkte nennt von Meyer die Unterstützungslinie des Rumpfes. Weil auf einer Linie aber ein ruhiges Sitzen auf die Dauer nicht möglich ist, darum sucht sich der Körper eine zusätzliche Abstützung durch Heranziehung weiterer Skeletstrukturen. Je nach der Lage dieser zusätzlichen Unterstützungsflächen unterscheidet er zwei Grundformen des Sitzens.

1. *Die vordere Sitzlage.* Die zusätzliche Stützfläche liegt vor der Tuberlinie. In der Regel ist sie durch die Berührungsfläche der Oberschenkelrückseiten mit der Sitzunterlage gegeben. Auf dem Viereck, das von den Sitzbeinhöckern einerseits und den Oberschenkeln andererseits gebildet wird, ruht der Körper. Sein Schwerpunkt hat über der Stützfläche eine relativ große Beweglichkeit. Diese Sitzhaltung ist darum stabil.

2. *Die hintere Sitzlage.* Der dritte Unterstützungspunkt liegt hinter der Tuberlinie. Dazu wird das Becken so weit nach hinten gedreht, daß das Kreuzbein in direkten Kontakt mit dem Sitzbrett kommt, nachdem das bewegliche Steißbein ausweichen kann.

In der vorderen Sitzlage fällt die Projektion der queren Hüftgelenksachse im allgemeinen vor die Tuberlinie. Stellt man sich den Rumpf in der Wirbelsäule fixiert vor, dann greifen am Mittelpunkt des Systems, nämlich am Hüftgelenk, zwei Hebelarme an. Der eine geht von der Hüftachse in die Sitzbeinhöckerlinie, der andere von der Hüftachse nach aufwärts in den Rumpf. Zieht die Schwerkraft den Rumpf nach ventral, so muß der Endpunkt des anderen Hebelarmes, nämlich die Gegend der Tubera ossis ischii, angehoben werden. Das würde ein Zusammensinken des Rumpfes bedeuten. Ihm wirken normalerweise entgegen:

a) Die Reibung der unter Belastung stehenden Berührungspunkte des Körpers auf der Unterlage.

b) Die Anspannung der ischio-cruralen Muskeln. Bei voller Kniestreckung ist die Hüftbeugung über einen Winkel von 90° hinaus normalerweise nicht möglich.

c) Die aktive Anspannung der Hüftstrecker und der Adductoren.

Auch auf den oberen Hebelarm wirken Kräfte ein. Sie können im Körper selbst liegen. Gegen das Vorgleiten arbeiten die Rückenmuskeln. Sie setzen der Überdehnung den passiven Widerstand ihrer elastischen Kräfte entgegen. Je stärker die Vorneigung wird, um so größer wird auch der passive Dehnungswiderstand der Muskeln.

Die Muskulatur findet Unterstützung durch die Anspannung der elastischen Bänder der Wirbelsäule. Aber auch eine Abstützung des Körpers durch Auflegen der Arme auf den Tisch oder durch Anstemmen des Brustbeines an der Tischkante kann die weitere Vorneigung begrenzen. Ist der Tisch sehr weit von der

Sitzfläche entfernt, dann wird auch der Grad der Vorbeugung größer. Fehlt die ventrale Abstützungsmöglichkeit, dann kann ein Ausgleich noch versucht werden durch Streckbewegung in den Hüftgelenken oder durch Zurückschlagen der Unterschenkel unter den Stuhl.

Bei der hinteren Sitzlage ist eine Stabilisierung der Abstützpunkte des Rumpfes nicht notwendig, weil die Auflagepunkte, nämlich die Sitzbeinhöcker und das Kreuzbein, fest miteinander verbunden sind. Dagegen muß aber der Rumpf mit dem Becken so weit zurückgeschoben werden, daß nunmehr ein Umfallen nach dorsal droht. Damit ein ruhiges Sitzen möglich wird, muß entweder eine Lehne als weiterer Stützpunkt dem Rückwärtsfallen des Rumpfes entgegenwirken oder die Wirbelsäule muß selbst stark nach vorne gekrümmt werden. Wie beim Sitzen in vorderer Sitzlage die Tubera das Bestreben haben nach hinten wegzurutschen, so droht in der hinteren Sitzlage ein Schub nach vorne. Wird eine Lehne am Stuhl benutzt, ist diese Gefahr besonders groß, weil vor allem bei Verwendung hoher Rückenlehnen die horizontal nach ventral gerichtete Kraft sehr groß ist. Sie greift ja am Scheitelpunkt der Brustkyphose an, wogegen die untere Brustwirbel- und die Lendenwirbelsäule freibleiben. Mit dem Wegrutschen nach vorne wird die Wirbelsäule zwischen dem Sitz und der Lehne maximal nach ventral gekrümmt. Durch aktive Anspannung der Lendenmuskulatur kann dem Wegrutschen entgegengearbeitet werden. Wegen der damit verbundenen zusätzlichen Arbeitsleistung ermüdet diese aber sehr rasch. Ist die Möglichkeit des Anlehnens nicht gegeben, so wird eine ruhige Sitzhaltung nur dann erreicht, wenn die Hüftgelenke unbeweglich fixiert werden. Das geschieht durch Überkreuzen der Beine. Die Außenrotation der Oberschenkel in den Hüftgelenken spannt das Ligamentum ileo-femorale wieder an, das zwangsläufig durch die Hüftbeugung beim Hinsetzen erschlafft war. Beim Überschlagen der Beine und der damit verbundenen Flexion im Hüftgelenk und der Streckhaltung im Kniegelenk steigt außerdem die Spannung der ischio-cruralen Muskeln an. Diese leisten nun der Beugung des Beckens Widerstand. Insofern wirken sie den Bertinischen Bändern entgegen, welche die Beckenrückneigung bremsen. Die Bewegung ist durch diesen doppelten Zügelzug behindert, die Unterstützungsfläche des Rumpfes auch in hinterer Sitzlage nunmehr stabilisiert. Ein Nachteil des Sitzens mit übergeschlagenen Beinen besteht darin, daß die dem übergeschlagenen Bein zugehörige Beckenseite angehoben wird. Die seitliche Verbiegung der Lendenwirbelsäule mit Konkavität auf der angehobenen Seite muß durch häufigen Wechsel ausgeglichen werden, da sonst seitliche Verbiegungen entstehen könnten.

Staffel (1884) hält grundsätzlich an den statischen Erkenntnissen, die H. von Meyer (1867) gewonnen hat, fest. Die vordere Sitzhaltung unterteilt er auf Grund seiner Beobachtungen nach der jeweiligen Rückenform und beschreibt so zwei Typen (Abb. 27):

1. Die Wirbelsäule nimmt eine Totalkyphose ein. Durch die Kompression der Bandscheiben an der Ventralseite und die Bandhemmung an der Rückseite ist die Wirbelsäule so weit fixiert, daß nur noch eine minimale Muskelarbeit notwendig ist, um sie vor dem Hintüberfallen zu bewahren. Der Kopf ist vor allem im Atlanto-occipitalgelenk „hintübergehalten", so daß das Kinn stark vorgeschoben erscheint. Diese Haltung findet Staffel besonders bei muskelschwachen Individuen. Weil es ihnen beim Aufstehen nicht gelingt, den nach vorne

zusammengesunkenen Rücken zu strecken, lassen sie ihn in den Hüftgelenken im Stehen hintüberhängen. Die Sitzhaltung führt im Stehen zum runden Rücken.

2. Auch beim zweiten Typ ist die Lendenwirbelsäule dorsal herausgedrückt.

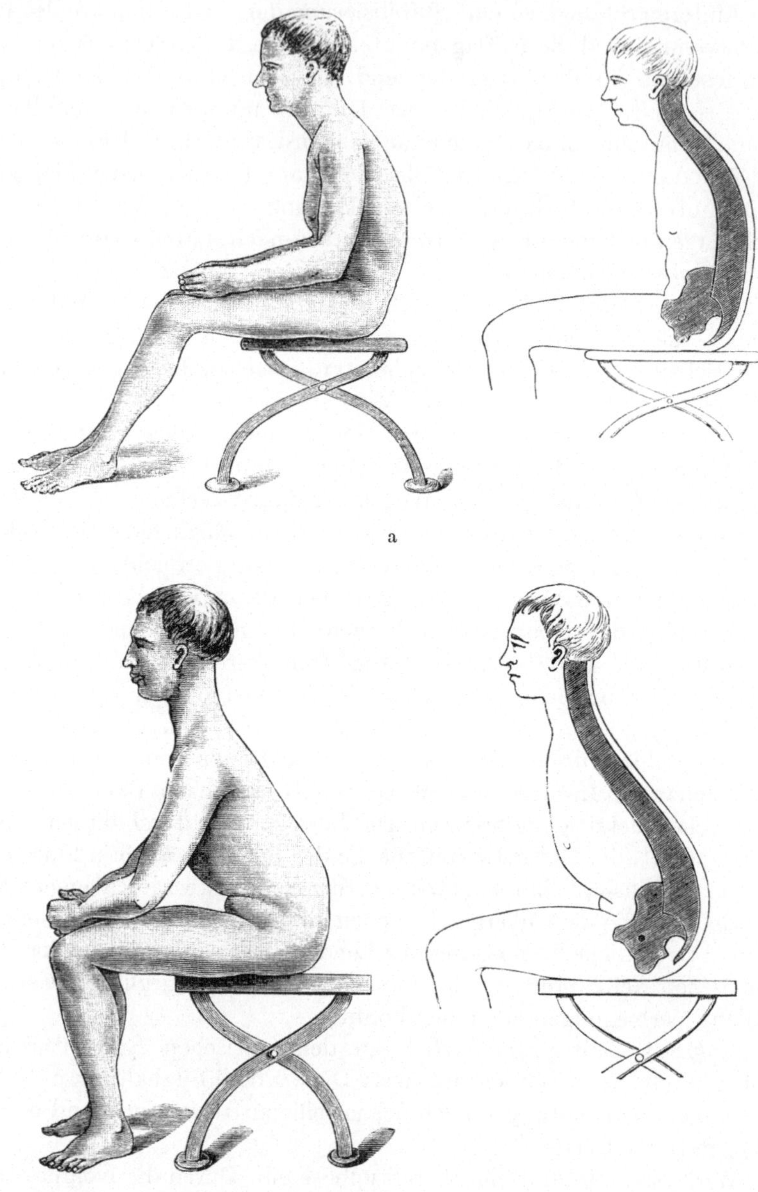

Abb. 27a u. b. Die Sitztypen in vorderer Sitzlage nach STAFFEL (1884). a) Sitzen mit totalrundem Rücken, b) Sitzen mit flachem Rücken

Die darüberliegenden Wirbelsäulenabschnitte sind aber aufgerichtet. Nur im unteren Teil der Wirbelsäule ist jetzt die oben beschriebene passive Fixation möglich. Die fehlende Hemmung wird durch eine akzessorische Abstützung erreicht, z. B. durch Auflegen der Ellenbogen auf den Tisch. Die abgeflachte Wirbelsäule kann auch beim Aufstehen nicht mehr ausgeglichen werden. Diesmal gelingt keine volle Kyphosierung der Brustwirbelsäule mehr. So entsteht aus dieser Sitzhaltung der flache Rücken.

Zur Verhütung der zusammengekrümmten Sitzhaltung empfiehlt STAFFEL eine Kreuzlehne. Sie soll die Beckenaufrichtung und damit die starke Kyphosierung der Wirbelsäule verhindern.

STRASSER (1913) teilt die Sitzarten nach den Unterstützungsflächen des Rumpfes ein. Der tuberale Sitz stellt die Mittellage dar. Den direkt unterstützenden Teil des Beckens bilden zusammen mit dem hier vorhandenen straffen Bindegewebe und der Haut die beiden Sitzbeinhöcker. Die Oberschenkel stehen horizontal. Sie werden entweder in den Kniegelenken vom Unterschenkel getragen oder sie sind in den Hüftgelenken mit dem Rumpf versteift und werden von ihm gehalten. Das Becken steht etwas weniger vorgeneigt als im aufrechten Stand. Die Unterkanten von Symphyse und Sacrum sind gleich weit von der Unterlage entfernt, der Rumpf ist aufrecht gehalten. Wird das Becken aus dem tuberalen Sitz stärker rückgeneigt, entsteht der tubero-sacrale oder sacrale Sitz. Nunmehr bilden die untere dorsale Wölbung des Kreuzbeines und die daneben gelegenen Teile des Gesäßes die hauptsächlich unterstützende Fläche. Dreht sich das Becken aus dem tuberalen Sitz nach vorne, so nähert sich die Symphyse der Unterlage. Jetzt sind die Perinealränder der Schambeine die hauptsächlich belasteten Stellen. Bei weiterer Vorneigung werden im tubero-femoralen Sitz die Rückseiten der Oberschenkel mit in die Belastung einbezogen. Die Horizontalstellung der Oberschenkel wird nicht nur durch Flexion der Hüftgelenke erreicht. Dadurch werden die Beine in weniger extreme Beugestellung gebracht, als nach der Oberschenkelhaltung anzunehmen wäre. Damit der obere Teil des Rumpfes senkrecht über die Unterstützungsfläche kommt, ist eine Vorbeugung der Wirbelsäule unter Aufhebung der Lendenlordose und Verstärkung der Brustkyphose notwendig. Diese Haltung kann alleine gegen den Widerstand des Bandapparates der Wirbelsäule mit einem mäßigen Muskeltonus aufrecht erhalten werden. Wird der Oberkörper nach vorne gelegt und werden die Arme angehoben, dann entsteht ein flacher oder flach-hohler Rücken. Das Becken wird dabei so stark gekippt, daß die Schambeine zum tubero-pubischen Sitz aufliegen, vor allem, wenn die Kniegelenke unter die Sitzfläche zurückgezogen werden. Mit dem Becken ist auch die Lendenwirbelsäule vorgeneigt, zwischen ihrem unteren und dem mittleren Teil eine Abknickung vorhanden. Diese Rumpfhaltung erinnert an den militärischen Stand. Beim Sitzen mit rundem Rücken, vor allem bei Vorbeugung, werden die elastischen Bänder auf der dorsalen Seite der Wirbelsäule in Anspruch genommen, während im Sitzen mit flachem Rücken der ventrale Bandapparat in Spannung gerät.

Beim Sitzen auf ebenem Boden werden die hinter dem Hüftgelenk und an der Rückseite des Oberschenkels gelegenen Muskeln angespannt. Sie verhindern eine stärkere Beugung im Hüftgelenk und erzwingen somit die starke Aufrichtung des Beckens. Diese wiederum bedingt eine vermehrte Krümmung der Rumpfwirbelsäule. Eine gestreckte Haltung der Wirbelsäule ist nur dann möglich, wenn die Unterschenkel gesenkt oder die Kniegelenke gebeugt werden.

KEMSIES und HIRSCHLAFF (1912) unterscheiden von der Tätigkeit her vier Sitzhaltungen:

Bei der Schreibhaltung fällt die Rumpfschwerlinie nur wenig vor die Sitzbeinhöcker. Der Rücken ist leicht gekrümmt, die Rumpfachse steht fast senkrecht und bildet mit der Sitzfläche bzw. mit der Oberschenkelachse nahezu einen rechten Winkel. Die Unterarme liegen zu $^2/_3$ der Tischplatte auf, die Ellenbogengelenke stehen etwas vom Körper ab und werden unter dem Niveau der Tischkante gehalten. Kopf und Kinn sind nach vorne gebeugt.

In der Lesehaltung geht die Schwerlinie zwischen den Sitzbeinhöckern nieder, der Rücken ist wie bei der Schreibhaltung gerade, so daß die Rumpfachse fast senkrecht auf dem Sitzbrett steht.

Die Hörhaltung zeigt eine Streckung des Rumpfes bei gleichzeitiger leichter Reklination. Dabei fällt die Schwerlinie knapp hinter die Sitzhöckerlinie.

Schließlich sind bei der Ruhehaltung Brust-, Bauch- und Rückenmuskeln erschlafft. Die Rumpfachse ist stärker nach hinten geneigt, die Schwerlinie liegt hinter den Sitzbeinhöckern.

Für ÅKERBLOM (1948) ist die Hauptunterstützungsfläche des Rumpfes im Sitzen ohne Lehne in der Gegend der Sitzbeinhöcker mit den sie umgebenden Weichteilen zu suchen. Weil ihr Krümmungsradius sehr groß ist, können sie zusammen mit den Weichteilpolstern den Druck gut aufnehmen. Im übrigen bilden die Tubera ja keinen Punkt, sondern eine Fläche. Der Körper ruht also, wenn er auf den Sitzbeinhöckern abgestützt wird, nicht wie VON MEYER (1867) meint, auf einer Linie, sondern auf einem langestreckten Rechteck, dessen seitliche Begrenzungen die Sitzbeinhöcker sind. Weil beim Sitzen die Hüften gebeugt werden, geht die Stabilität der Haltung in den Hüftgelenken, wie sie beim Stehen vorhanden ist, verloren. Ersatzweise müssen Muskeln das Gleichgewicht aufrecht erhalten. Fällt die Schwerlinie vor die Tuberalinie, dann kontrahieren sich die Hüftstrecker, liegt sie dahinter, haben die Hüftbeuger die Arbeit zu leisten. Die Ventriflexion wird begrenzt durch die Spannung der elastischen gelben Bänder. ÅKERBLOM glaubt dies dadurch bewiesen, daß ein Bewegungszuwachs pro Segment von 20 bis 30° auftritt, wenn die Bogenanteile mit den gelben Bändern von der Wirbelkörperreihe entfernt werden. Die Bandscheibenhemmung tritt also normalerweise wesentlich später auf, als die Hemmung der elastischen Bänder.

GÜNTZ (1957) weist darauf hin, daß die Kompensation des Sitzrundrückens durch vermehrte Lordosierung der Halswirbelsäule geschehen muß, wenn das Kind in der Schule aufgefordert wird, gerade zu sitzen. Beim Aufstehen erfolgt wegen der gewohnheitsmäßigen Beugehaltung in den Hüftgelenken auch eine Lordosierung der Lendenwirbelsäule, so daß sich zunächst ein hohlrunder Rücken einstellt. Während das gesunde Kind diese Haltung im Stehen rasch ausgleicht, kann beim Muskelschwächling dadurch der Entstehung des Haltungsrundrückens Vorschub geleistet werden.

OLLEFS (1951) meint, daß im Sitzen das Becken auf dem Sitzknorren ruhe und sich besonders auf den Sitzbalken, den aufsteigenden Sitzbeinast, stütze. Dieser stehe senkrecht und falle in die Belastungslinie.

JANTZEN (1958) glaubt, im Gegensatz zu SPITZY (1926), daß ein ermüdungsarmes Sitzen auch mit einer zur Lordosierung tendierenden Wirbelsäule möglich sei. Wesentlich für die Sitzhaltung seien Art der Tätigkeit, Blickrichtung und Haltung der Hände. Die ermüdungsärmste Ruhehaltung ist die Totalkyphose bei durchgehender Unterstützung durch rückgeneigte Lehne. In mittlerer Sitzlage wird das Sitzen mit lordotischer Lendenwirbelsäule zur physiologischen Haltung. Für den Autofahrer, bei dem der Blick geradeaus gerichtet sein muß, ist eine hintere Sitzlage mit weiterer Aufrichtung des Beckens bzw. mit Lordosierung der Lendenwirbelsäule die zweckmäßigste Haltung.

Zur Verhütung einer übermäßigen Totalkyphose der Wirbelsäule fordert SCHLEGEL (1956) eine nach vorne geneigte Sitzfläche. Dadurch werde die starke Rückdrehung des Beckens verhindert, so daß eine übermäßige Kyphosierung praktisch unmöglich sei.

Mit dem nach vorne abfallenden Sitzbrett hat sich seinerzeit schon STAFFEL (1884) auseinandergesetzt. Er weist mit Recht darauf hin, daß zur Verhütung des Abrutschens von der Sitzfläche nach vorne zusätzlich statische Arbeit durch vermehrte Anspannung der Beinmuskulatur geleistet werden müsse. Den Füßen, die beim Sitzen entlastet werden sollten, wird wieder ein größerer Teil der Körperlast übertragen. Deshalb verwirft er diese Möglichkeit grundsätzlich. Für bestimmte Sitzhaltungen, z. B. für die vordere Sitzhaltung zum Schreiben und Arbeiten ist ein nach vorne abfallendes Sitzbrett aber nicht generell abzulehnen. Es wird in anderem Zusammenhang darauf eingegangen werden.

Die Durchsicht der einschlägigen Literatur läßt erkennen, daß viele grundsätzliche Probleme der Mechanik des Sitzens einer Klärung bedürfen. Das gilt besonders für die Frage nach der physiologischen Haltung der Wirbelsäule in den verschiedenen Sitzpositionen. Wegen der funktionellen Einheit Becken—Wirbelsäule ist die einseitige Betrachtung des Achsenskeletes unzureichend. Die anatomische Formung der Rückenkontur am Lumbo-sacralübergang ist bedingt durch das dorsale Prominieren der Beckenschaufel. Die Beurteilung der Lendenbiegung ist darum exakt nur auf dem seitlichen Röntgenbild möglich. Zur Erfassung der Krümmungen von Hals-, Brust- und Lendenteil reicht dagegen die äußere Betrachtung aus. Weil die Form des Rückens durch die statische Notwendigkeit der Gleichgewichtssicherung entscheidend mitgeprägt wird, ist die Bestimmung des Rumpfschwerpunktes bzw. des Fußpunktes innerhalb der Unterstützungsfläche von praktischer Bedeutung. Die eigenen Untersuchungen hatten also drei Fragenkomplexe zu erörtern, nämlich:

1. die Rückenform im Sitzen in aufrechter und in Ruhehaltung,
2. die Ursachen der Wirbelsäulenkrümmungen beim Sitzen und schließlich
3. die einzelnen Sitzhaltungen.

Um eine klare Vorstellung von den statischen Gegebenheiten zu erhalten, wurde als Ausgangsposition ein ruhiges Sitzen auf einem Hocker gewählt. Die Untersuchungen fanden später ihre Ergänzung durch das Sitzen auf Stühlen. Die Probleme, die beim Sitzen auf einem bewegten Sitz z. B. in den Verkehrsmitteln oder auf Ackerschleppern auftreten, sind hier nicht angeschnitten. Sie haben direkt mit der Problemstellung nichts zu tun und können daher in diesem Zusammenhang unberücksichtigt bleiben, so wichtig sie grundsätzlich bei der Entstehung von Rückenschmerzen auch sein mögen.

II. Veränderungen der Körperform beim Hinsetzen

Zum Verständnis der Mechanik des Hinsetzens greifen wir zurück auf die Entwicklung der aufrechten Haltung. Der Vierfüßler hatte sich bei gebeugten

Hüftgelenken unter Kniebeugung erhoben und den Rumpfschwerpunkt nach oben und dorsal gebracht. Wird diese Bewegung zu Ende geführt, dann sinkt der Schwerpunkt auf einem gedachten Kreisbogen nach caudal und dorsal. Damit rückt er aus der Unterstützungsfläche des Rumpfes, den Füßen, nach hinten heraus. Die Folge muß ein Hintüberfallen sein, wenn nicht Ausgleichsbewegungen des Rumpfes selbst die labile Gleichgewichtslage wiederherstellen. Dies kann durch eine weitere Vorbeugung des Rumpfes geschehen. Das Zusammenkrümmen des Oberkörpers erhält die aufrechte Haltung für eine gewisse Zeit. Geht die Rückführung des Rumpfes nach dorsal aber weiter, dann fällt dieser nach hinten, bis die am weitesten caudal prominierenden Skeletpunkte mit den zu deckenden Weichteilen eine Auflage am Boden oder an einem höher gelegenen Unterstützungspunkt, z. B. einem Baumstamm oder einer Stufe, finden. So endet die Aufrichtung des Rumpfes beim Quadrupeden dann, wenn der Körper eine Abstützung auf den Unterschenkeln oder den Füßen findet. Das Hocken ist graduell vom Sitzen nicht unterschieden, wenn man nur die Wirbelsäulenform betrachtet. Auf die beim Hocken notwendige Belastung der Beine wurde oben schon hingewiesen. Zur Erreichung dieser Körperhaltung ist also keine Streckung in den Hüftgelenken und der Wirbelsäule erforderlich. Aus diesem Grunde sind solche Positionen im Tierreich theoretisch durchaus möglich und, wie die Erfahrung zeigt, auch weit verbreitet. Diese Überlegungen berechtigen zu dem Schluß, daß die Sitzhaltung ein phylogenetisch älterer Erwerb ist als die volle Aufrichtung, die an die Streckung in den Hüften gebunden bleibt. Im Prinzip ist das Sitzen des Menschen nichts anderes als die Rückkehr zu einer älteren, bereits im Tierreich verankerten Ruhehaltung. Charakteristisch ist, daß dabei alle Neuerwerbungen, die der Mensch durch den aufrechten Stand gewonnen hat, wieder aufgegeben werden: nämlich die Hüft- und Kniestreckung und die Lendenlordose. Betrachtet man einen sich setzenden Menschen, dann ist es in der Tat so, daß zuerst eine Beugung in den Knie- und Hüftgelenken eintritt. Während die Beugestellung in den Kniegelenken leicht zu erfassen ist, kann der Grad der Flexionsstellung der Hüften nicht ohne weiteres exakt definiert werden. Bezieht man die Oberschenkelachse auf die Rumpfachse, etwa das Lot vom Gehörgang auf die Sitzfläche, dann ergibt sich bei horizontal dem Sitzbrett aufliegenden Oberschenkeln im Hüftgelenk ein Winkel von 90°. Daß diese Winkelangabe falsch ist, zeigt die Erfahrung. So kann ein Patient mit einer Beugebehinderung im Hüftgelenk durchaus noch aufrecht sitzen, obwohl er objektiv sein Gelenk nicht bis 90° beugen kann. Wie im Schrifttum seit langem bekannt, wird durch die Rückdrehung des Beckens ein Teil der Beugearbeit im Hüftgelenk eingespart. Um einen Überblick über die tatsächliche Bewegung zu bekommen, haben wir den Wechsel vom Stehen zum Sitzen auf seitlichen Röntgenaufnahmen des Beckens in beiden Positionen studiert.

Zur Anfertigung der seitlichen Röntgenaufnahme der Lendenwirbelsäule und des Beckens wurden die Probanden vor ein Wandstativ, das eine Buckyblende trägt, gestellt bzw. gesetzt. Dieses Stativ ist so ausgelotet, daß die Kassetten- und Filmhorizontalen mit der Raumhorizontalen übereinstimmen. Im allgemeinen wurde der Zentralstrahl auf den Beckenkamm gerichtet. Der Focus-Filmabstand betrug 120 cm, die angelegte Spannung variierte je nach der Stärke des Patienten. Von jedem so gewonnenen Röntgenbild haben wir zur exakten Auswertung eine Pause auf ein transparentes Papier gezeichnet und in diese verschiedene Hilfslinien eingetragen (Abb. 28).

1. Die kraniale Kreuzbeindeckplatte wird durch eine Linie markiert, welche die ventrale und dorsale Oberkante des ersten Sacralwirbels verbindet. Wir haben sie die Kreuzbeindeckplattentangente genannt.

2. Die Beckenstellung im Raum bestimmt eine Gerade, die an den aufsteigenden Sitzbeinast gelegt wurde. Der Ramus superior ossis ischii ist auf dem Röntgenbild gut erkennbar, vor allem seine dorsale Kontur zeichnet sich in allen Fällen scharf ab. Diese wird bekanntlich durch die Spina ossis ischii in eine incissura ischiadica major und in eine incissura ischiadica minor unterteilt. Durch die beiden am weitesten nach ventral pominierenden Punkte der im allgemeinen flachen Krümmungsbogen dieser Einsenkungen wurde eine Gerade gezogen. Sie ist im folgenden als Sitzbeintangente bezeichnet. Die Linie wird in Beziehung gebracht zu den Raumebenen und definiert dann exakt die Stellung des Beckens.

Sitzbeintangente und Kreuzbeindeckplattentangente bilden ventral einen Winkel, den Sitzbein-Kreuzbeindeckplattentangentenwinkel, SK-Winkel genannt. Es hat sich gezeigt, daß dieser wegen des nahezu unbeweglichen Einbaues des Sacrums in das Becken konstant bleibt, gleichgültig welche Haltung eingenommen wird.

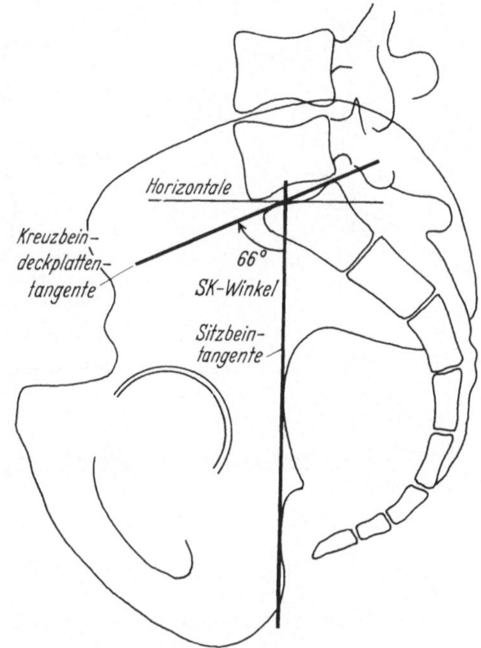

Abb. 28. Kreuzbeindeckplattentangente und Sitzbeintangente sowie SK-Winkel auf Röntgenpause eines Beckenskeletes

3. Durch den Schnittpunkt der Sitzbein- und der Kreuzbeindeckplattentangente legten wir eine Parallele zum unteren Filmrand, die wegen der Auslotung der Kassettenführungsschienen der Raumhorizontalen entspricht. Sie dient als Beziehungslinie für die Beurteilung der Beckenkippung.

4. In die einzelnen Wirbel wurden die Diagonalen eingezeichnet durch Verbindung der vorderen oberen und hinteren unteren und der vorderen unteren und hinteren oberen Wirbelkörperkanten. Ihr Schnittpunkt bildet den Wirbelkörpermittelpunkt (Abb. 29).

5. Von den ventralen Wirbelkörperkanten aus wurde je ein Kreisbogen geschlagen. Durch die Schnittpunkte der beiden einerseits und den Wirbelmittelpunkt andererseits, ist die Wirbelkörperhalbierende bestimmt.

6. Die Verbindungslinien der Wirbelkörpermittelpunkte geben in ihrer Gesamtheit die seitliche Form der Wirbelsäule wieder und entsprechen der Krümmungskurve von Fick (1911).

Bei der Bestimmung des Bewegungsausschlages in einem Bewegungssegment nach dem Röntgenbild ergaben sich gewisse Schwierigkeiten. Aho u. Mitarb. (1955) bestimmen den Bewegungsumfang in einem Segment aus der Änderung eines Winkels, den die Diagonale durch die Kanten des kranial gelegenen Wirbels mit der Tangente an die Grundplatte des caudalen Wirbels bildet. Wir haben dieses Verfahren modifiziert, weil es wegen der Verzeichnung der Grundplatten oft schwer ist, die Tangente exakt anzulegen. Auf allen Aufnahmen stellen sich dagegen die Wirbelkörperkanten gut dar. Damit lassen sich relativ leicht die Diagonalen des Wirbels einzeichnen. Die beiden so erhaltenen Geraden schneiden sich ventral und dorsal vom Wirbelkörper. Aus dem Vergleich des so entstehenden Winkels auf den beiden Aufnahmen im Stehen und Sitzen läßt sich direkt der Bewegungsumfang im betreffenden Segment ablesen. Die beiden Diagonalen des kranialen und des caudalen Wirbels umschließen ein Viereck. Es wird durch die Verbindungslinie der beiden Wirbelkörpermittelpunkte in zwei Dreiecke zerlegt. Liegt das kleinere der beiden Dreiecke dorsal, dann steht das betreffende Bewegungssegment in einer Lordose, liegt es ventral, dann ist eine kyphotische Einstellung gegeben.

Voraussetzung zur Erfassung der Hüftbeugung ist die exakte Festlegung der Beckenstellung im Raum. Die Bestimmung der Beckenneigung kann am Stehenden leicht durch einen Winkel, den die Conjugata anatomica mit der Horizontalen bildet, erfolgen. Beim Sitzenden ist dieses Vorgehen nicht möglich, weil in der Regel der obere Symphysenrand in den Weichteilschatten der Schenkel auf dem Röntgenbild fällt und darum eine exakte Bestimmung nicht möglich ist. Aus diesem Grunde haben wir in beiden Positionen den ventralen Winkel zwischen der Sitzbeintangente und der Horizontalen gemessen. Dabei fanden wir, daß bei voller Ausnutzung der Hüftstreckung die Sitzbeintangente in die Vertikale gebracht werden kann, also ein Winkel mit dem Horizont von 90° entsteht. Auf das Sitzbein bezogen ist die Aufrichtung des Menschen vollkommen. In dieser Position ist bei den meisten Menschen, vor allem bei jugendlichen Individuen, die Wirbelsäule mit Ausnahme der beiden unteren Segmente gestreckt.

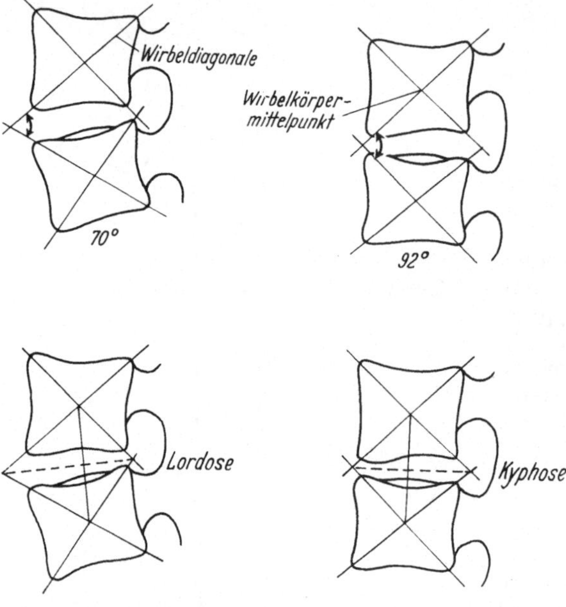

Abb. 29. Hilfslinien auf der Röntgenpause der Wirbelsäule

Von der Zuendeführung der anatomisch möglichen Streckung im Hüftgelenk wird unter normalen Umständen im aufrechten Stand kein Gebrauch gemacht. In der medizinischen Umgangssprache wird zur Beurteilung der Beugehaltung im Hüftgelenk die Oberschenkelachse auf die Rumpfachse bezogen und von einer vollen Streckung dann gesprochen, wenn beide Achsen miteinander einen Winkel von 180° bilden. Über diese volle Streckung hinaus ist eine Überstreckung des Beines um 15° nach hinten möglich (Abb. 30).

Auf dem seitlichen Röntgenbild des Beckens im Stehen erscheint die Sitzbeintangente darum normalerweise nicht als Verlängerung der Oberschenkelachse, sondern bildet mit dieser ventral einen Winkel, der um etwa 15° kleiner ist als 180°, also etwa 165° beträgt. Nur dann, wenn die Lendenwirbelsäule auch im Stehen steilgestellt ist, oder der Rumpf auf dem Becken nach hinten geneigt wird, ist zwischen Oberschenkelachse und Sitzbeintangente ein Winkel von 180° erreicht. Entsprechend ist der ventrale Winkel, den die Sitzbeintangente mit der Horizontalen bildet im aufrechten Stand nicht 90° sondern beträgt 90° + 15°, da das Becken um den Betrag der Überstreckmöglichkeit, eben um 15° weiter nach ventral gekippt ist. Nur bei maximaler Rückdrehung des Beckens, der nach Erschöpfung der Überstreckmöglichkeit die Spannung im Ligamentum ileofemorale ein Ende setzt, beträgt die Horizontalneigung der Sitzbeintangente 90°. Nach dem allgemeinen Sprachgebrauch stünde dann aber das Bein in einer Überstreckung von 15°. Weil man die Sitzbeintangente auf dem seitlichen Röntgenbild leicht bestimmen kann, die Filmhorizontale durch die Kassettenauslotung der Raumhorizontalen entspricht, kann man auch die Stellung des Beines im Hüftgelenk leicht und exakt definieren.

Unter unseren 25 Probanden haben wir 16mal eine Sitzbeinneigung gegen den Horizont zwischen 104 und 110° gefunden. Nur fünfmal haben wir einen Winkel

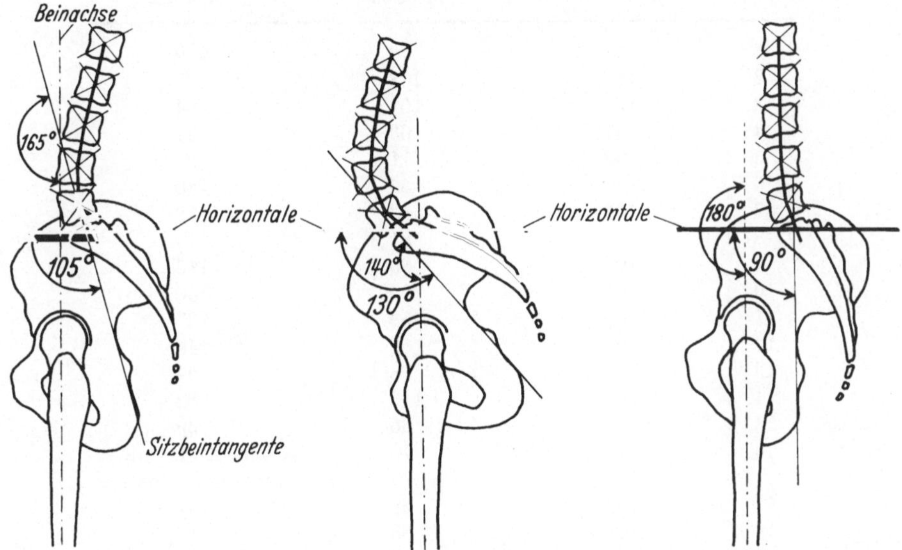

Abb. 30. Seitliches Röntgenbild im Stehen. Die Beckenhaltung (Sitzbeintangentenneigung) bestimmt die WS-Form

von etwa 90° beobachtet. Bei zwei dieser Patienten bedingte ein Bandscheibenvorfall, bei den restlichen drei ein Hintüberneigen des Rumpfes eine Streckung der Lendenwirbelsäule und damit verbunden eine vollkommene Aufrichtung des Beckens.

Wir haben unsere Befunde auf 19 seitlichen Ganzaufnahmen der Wirbelsäule von erwachsenen Frauen, die in der Universitäts-Frauenklinik geröntgt worden waren, überprüft. Dabei ergab sich im lockeren Stehen ein mittlerer Neigungswinkel der Sitzbeintangente gegen den Horizont von 101°.

Zusammenfassend ist festzuhalten, daß bei einer Streckung von 180° in den Hüftgelenken die Sitzbeintangente mit der Horizontalen einen Winkel von ungefähr 105° bildet.

Bei der Herstellung unserer Sitzaufnahmen war im Interesse der Vergleichbarkeit darauf geachtet worden, daß die Oberschenkel dem Sitzbrett horizontal auflagen. Die statische Beinachse war also um 90° gegenüber dem Stehen geändert worden. Wäre diese Beugebewegung allein im Hüftgelenk ausgeführt worden, dann müßte die Neigung der Sitzbeintangente im Stehen wie im Sitzen gleiche

Werte zeigen. Ist der Winkel im Sitzen aber kleiner, so hat das Becken beim Hinsetzen eine Drehung im Sinne einer Rückdrehung erfahren, d. h. es hat einen Teil der Beugearbeit von 90° geleistet.

Die Tab. 1 zeigt den Umfang der Beckenrotation beim Übergang vom Stehen zum Sitzen. Bei der Festlegung der Sitzbeintangentenneigung ist grundsätzlich auf die Haltung des Oberkörpers zu achten. Vergleichbare Werte sind nur dann zu bekommen, wenn man extreme Vor- oder Rückneigungen vermeidet. Zur

Tabelle 1. *Neigung der Sitzbeintangente gegen den Horizont und Beugehaltung im Hüftgelenk*

	Sitzbeinneigung im Stehen	Sitzbeinneigung im Sitzen	Beugestellung der Hüfte im Sitzen
1	93	76	119
2	118	108	87
3	104	101	94
4	87	63	132
5	93	71	124
6	95	55	140
7	104	83	112
8	107	81	114
9	107	80	115
10	105	55	140
11	106	58	137
12	107	53	143
13	110	98	97
14	113	113	82
15	105	66	129
16	126	70	Oberschenkel nicht horizontal (Coxitis)
17	107	58	137
18	108	83	112
19	105	75	120
20	108	77	118
21	106	73	122
22	107	90	105
23	124	89	106
24	112	90	105
25	105	80	115

Festlegung der Neigung des Oberkörpers geht man am besten von der Stellung des Kopfes aus. Der Blick ist so gerichtet, daß die Sehachse mit der Horizontalen zusammenfällt. Bei dieser Kopfhaltung wird nun das Lot von der ventralen Begrenzung des Gehörganges gefällt. Es schneidet ventral die Spina iliaca anterior. Eine derartige Haltung nehmen erfahrungsgemäß gesunde Versuchspersonen dann ein, wenn man sie auffordert, aufrecht auf einem Hocker zu sitzen. Diese Position muß nunmehr je nach dem Grad der Anspannung der Muskeln des aktiven Halteapparates nochmals unterteilt werden. Bei möglichster Erschlaffung der Rückenmuskeln sprechen wir von Ruhehaltung, bei Anspannung derselben von aufrechter Haltung. Die Ruhehaltung ist dadurch ausgezeichnet, daß das Becken weiter zurückgedreht wird, wobei der Sitzbeintangentenwinkel kleiner wird als 105°. Umgekehrt nähert sich bei der aufrechten Haltung der Winkel dem angegebenen Wert. Die tatsächliche Beugebewegung im Hüftgelenk ergibt sich, wenn man den Umfang der Beckenrotation von dem Bewegungsumfang, den die statische Beinachse erfahren hat, abzieht. Den Grad der Beckenrotation erhält man durch Subtraktion des Sitzbeintangentenneigungswinkels im Sitzen von dem im Stehen.

Beispiel (Abb. 31). Bei einem 18jährigen Mädchen, das in entspannter Stehhaltung den Rumpf nach rückwärts neigt und damit seine Hüftgelenke überstreckt, findet sich eine Sitzbeintangentenneigung von 95°, d. h. die Beine sind um 10° überstreckt. Im lockeren Sitzen beträgt die Sitzbeintangentenneigung 55°. Das Becken hat also beim Hinsetzen eine Rotation von 40° vollführt. Dieser Betrag wurde an Beugearbeit im Hüftgelenk eingespart. Obwohl die Beinachse also eine Bewegung von 90° erfahren hat, beträgt die Beugebewegung im Hüftgelenk nur 90° minus 40° Beckendrehung, also 50°.

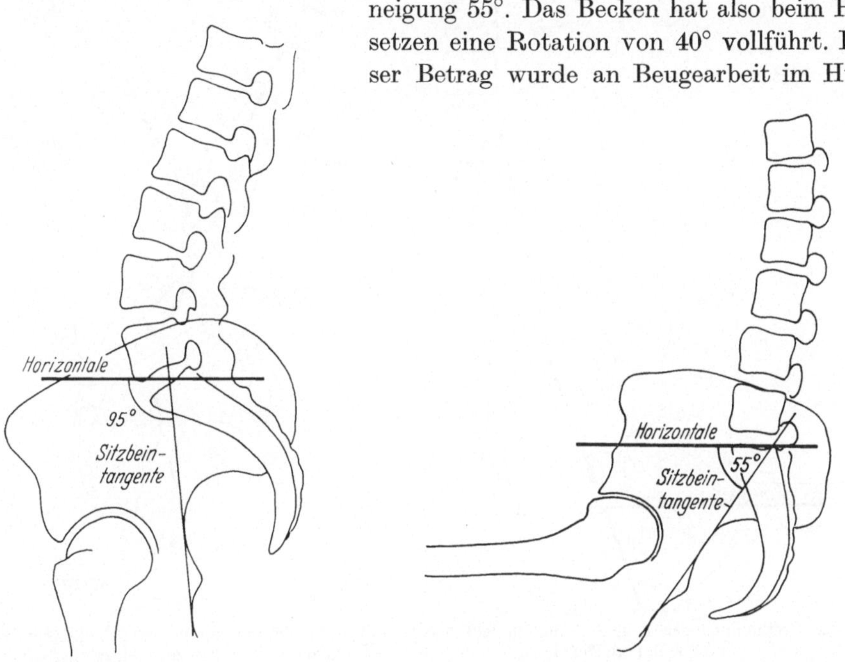

Abb. 31a u. b. Übergang vom Stehen zum Sitzen bei einem 18jährigen Mädchen. Beckenrückdrehung an der Änderung des Sitzbeintangenten-Neigungswinkel erkennbar

Man kann den Beugewinkel im Hüftgelenk aber auch aus dem Winkel zwischen Oberschenkelachse und Sitzbeintangente errechnen (Abb. 32).

Bei voller Streckung — nach dem klinischen Sprachgebrauch bei einer Hüftstreckung von 180° (vgl. Abb. 30) — bilden Sitzbeintangente und Oberschenkelachse einen Winkel von 165°. Im Beispiel beträgt der Winkel 110°. Die Hüfte steht nun in einer Beugestellung, die um die Differenz zwischen Sitzbeintangentenwinkel von 165° und tatsächlich abgelesenen Winkel kleiner ist als 180°, also

$$180° - (165° - 110°) = 180° - 55° = 125°.$$

Gleichzeitig mit der Beugung im Hüftgelenk kommt es beim Hinsetzen zu einer Vorbeugung der Wirbelsäule. Mit der Ventriflexion flacht sich die Lendenkrümmung ab. Die Wirbelsäule bildet wieder einen nach dorsal konvexen, mehr oder weniger kontinuierlichen Bogen (Abb. 33). Durch die Ventriflexion der Wirbelsäule einerseits, die Beugung in Hüft- und Kniegelenken andererseits wird das Gesäß nach hinten und bodenwärts gebracht. Hat das Becken auf einem Sitzbrett eine Auflage gefunden, dann erfolgt sekundär aus der Vorwärtsbeugung des Rumpfes wieder die Aufrichtung. Sie kann auf zwei Arten geschehen:

1. Durch Drehung des Rumpfes um die kufenförmig gestalteten Sitzbeinhöcker unter Beibehaltung der Wirbelsäulenform.

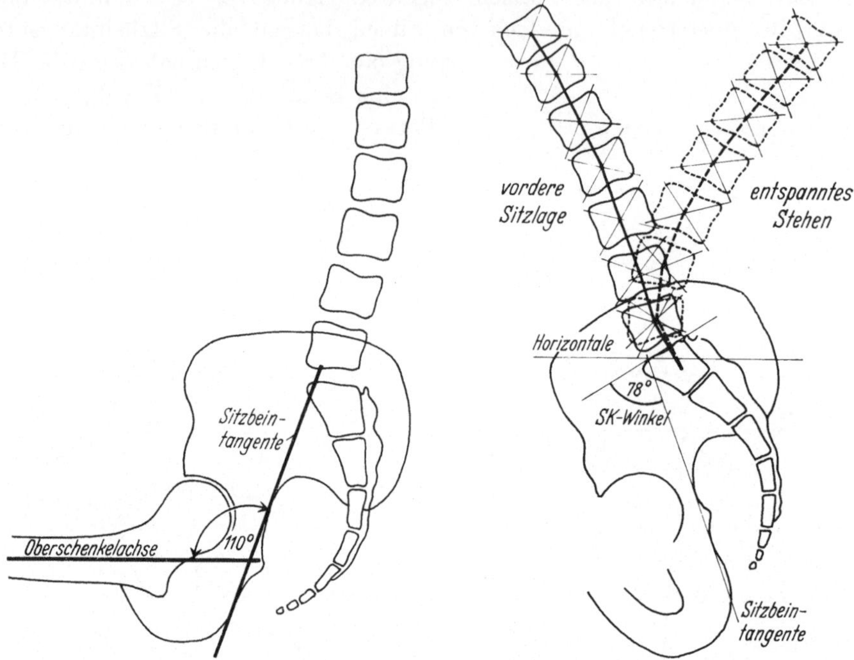

Abb. 32. Bestimmung der Beugestellung im Hüftgelenk im Sitzen (vgl. Text)

Abb. 33. Schema der Wirbelsäulenbewegung beim Übergang vom Stehen zum Sitzen. Sitzbeintangentenneigung in beiden Haltungen 108°

2. Durch aktive Streckung der Wirbelsäule unter Bewahrung der im Hinsetzen eingenommenen Beckenhaltung.

Durch die Beugung in den Hüftgelenken hat das Becken eine Rückdrehung erfahren, die sich in einer Ventriflexion am Lumbo-sacralübergang auswirkt. Die Knickbildung des Kreuzbeines gegen die übrige Wirbelsäule wird vermindert, erkennbar an der Abnahme des Lumbo-sacral- und des Promontoriumwinkels. Das durch eine Beugekontraktur in den Hüftgelenken bei einer Luxatio coxae congenita verursachte erhebliche Os sacrum acutum bei einer 53jährigen Frau, wird, wie die Röntgenvergleichsaufnahme beweist, allein durch die Beckendrehung im Hinsetzen weitgehend ausgeglichen (Abb. 34). Neben der Beugung in den Hüftgelenken und der Rotation des Beckens um die Sitzbeinhöcker ist die Bewegung in den Gelenken des Lumbo-sacralüberganges die entscheidende Veränderung beim Wechsel von der stehenden zur sitzenden Körperhaltung.

Zur Bestimmung des Bewegungsumfanges in den unteren Lendensegmenten beim Übergang vom Stehen zum Sitzen wurden die Röntgenaufnahmen von 25 Personen, 10 männlichen und 15 weiblichen herangezogen. Der jüngste Proband

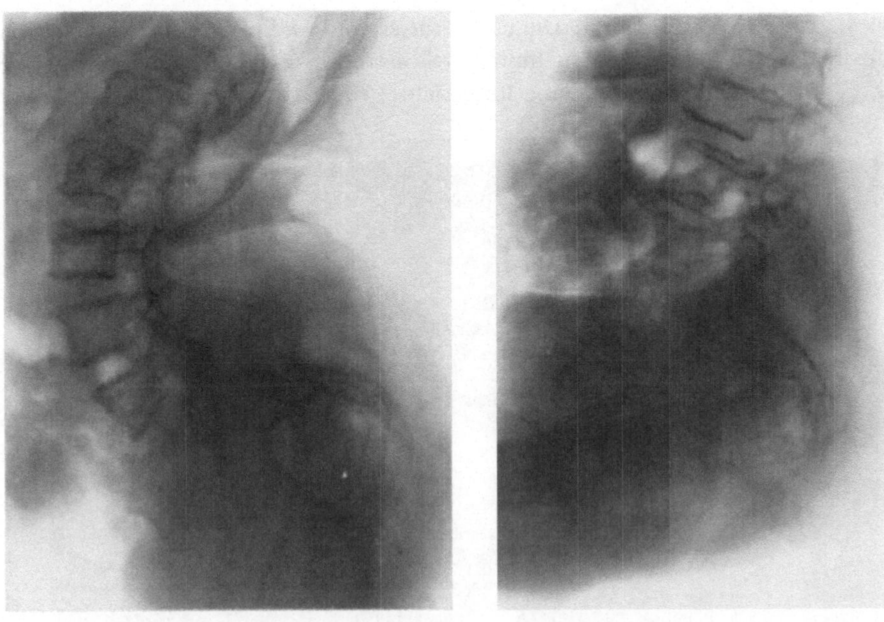

a b

Abb. 34a u. b. Os sacrum acutum bei einer 53jährigen Frau. Verminderung beim Übergang zu sitzender Haltung. a) im Stehen, b) im Sitzen

Tabelle 2.
Bewegungsumfang in den drei unteren Lendensegmenten beim Wechsel vom Stehen zum Sitzen

	Alter	Bewegung L 5/S 1	Bewegung L 4/L 5	Bewegung L 3/L 4	Summe
1	38	—	16	13	29
2	14	11	17	12	40
3	10	20	12	17	49
4	25	7	10	10	27
5	7	1	—	3	4
6	18	14	16	13	43
7	41	11	3	13	27
8	16	12	12	9	33
9	29	6	10	13	29
10	7	14	23	14	51
11	11	2	14	7	23
12	10	—	14	6	20
13	7	6	10	6	22
14	11	16	1	2	19
15	11	4	14	12	30
16	17	15	14	16	45
17	9	8	14	14	36
18	5	9	18	4	31
19	12	4	16	11	31
20	12	2	4	13	19
21	9	15	10	6	31
22	7	9	17	11	37
23	8	11	14	—	25
24	15	13	6	12	31
25	11	9	6	15	30

war 5, der älteste 41 Jahre alt. Die erste Aufnahme war im lockeren Stehen, die zweite im erschlafften Sitzen in hinterer Sitzposition geschossen worden. Über das Ergebnis unserer Untersuchung unterrichtet die Tab. 2. Mit Ausnahme eines

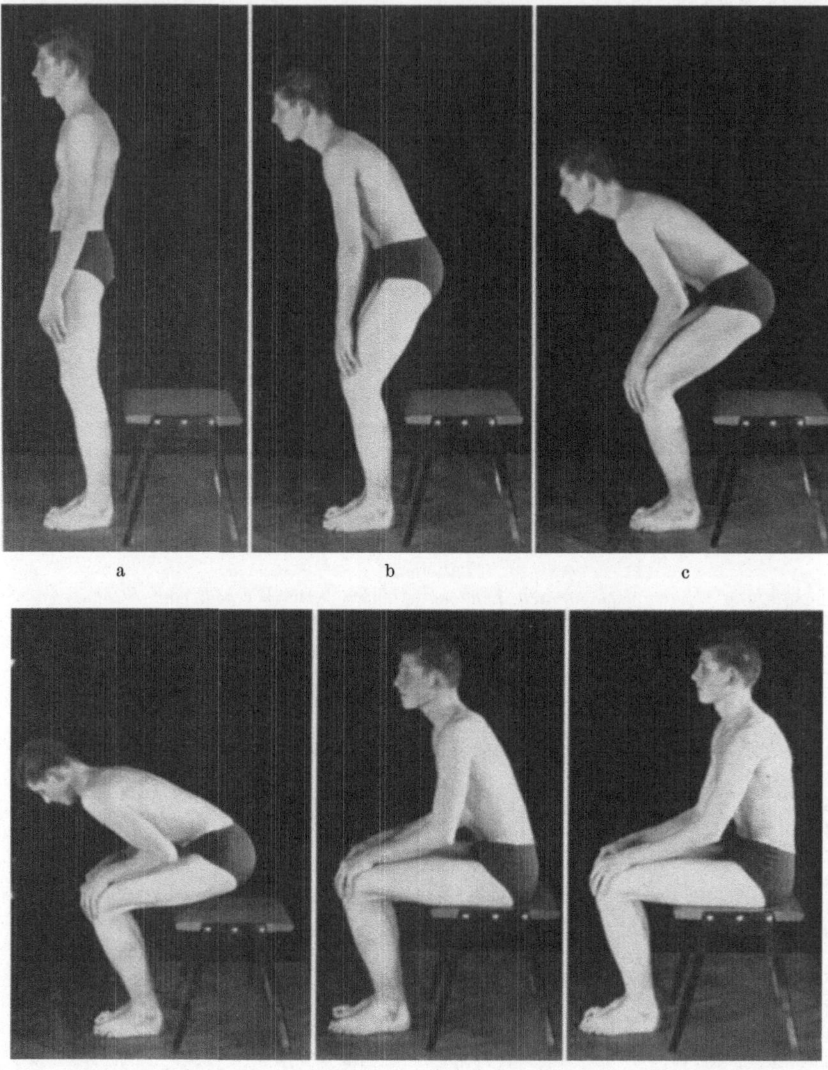

Abb. 35a—f. Übergang vom Stehen zum Sitzen in Zeitlupe. Beugung von Hüft- und Kniegelenken und Ventriflexion der Wirbelsäule

Patienten von 38 Jahren fanden wir bei den übrigen 24 Patienten einen Bewegungsausschlag im Segment L 5/S 1 bis zu 20°. Der arithmetische Mittelwert betrug 8,8°. Im Segment L 4/L 5 war der Bewegungsumfang etwas größer. Bei Grenzwerten zwischen 1° und 23° lag hier das rechnerische Mittel bei 11,6°. Wie aus diesen Zahlen deutlich hervorgeht, findet beim Sitzen eine ausgiebige Ventralbeugung der Lendenwirbelsäule in den unteren Segmenten statt. Der Gesamtbewegungsausschlag in den drei unteren Segmenten betrug beim Übergang von lockerer Steh- zu lockerer Sitzhaltung im Durchschnitt 30,4°. Diese Ventriflexion der Lendenwirbelsäule wird notwendig im Interesse der Verlagerung des Rumpfschwerpunktes nach ventral mit dem Ziel, diesen über die Unterstützungsfläche des sitzenden Körpers einzustellen. Nur unter dieser Voraussetzung ist ein Sitzen ohne Rückenlehne über längere Zeit möglich.

Nach diesen grundsätzlichen Erörterungen ist nunmehr eine chronologische Darstellung der Veränderungen der Körperhaltung beim Hinsetzen möglich. Am besten kann man den Vorgang durch Registrierung der einzelnen Bewegungsphasen in Zeitlupe studieren (Abb. 35). Wie aus den Abbildungen ersichtlich ist, erfolgt primär eine Vorbeugung der Wirbelsäule. Die Lendenlordose flacht sich ab, der Rücken zeigt schon in der ersten Phase eine, wenn auch noch schwach ausgeprägte, Rundung. Gleichzeitig werden die Hüft- und Kniegelenke gebeugt. Eine wesentliche passive Anspannung der Ischio-cruralmuskeln ist dabei nicht festzustellen. Unter zunehmender Hüft- und Kniebeugung senkt sich das Gesäß sitzbrettwärts bis die Sitzbeinhöcker eine Auflage finden. Die Rückenmuskeln sind zunächst angespannt, da sie ein Nachvornesinken des Rumpfes zu verhüten haben. Die Hüftstrecker geben der Beugebewegung nur zögernd nach, sie bremsen eine allzu abrupte Flexion. Die Beckenhaltung ändert sich beim Hinsetzen zunächst in der Weise, daß die Sitzbeintangente einen größeren Winkel mit dem Horizont bildet als im normalen Stehen. Nach dem Aufsetzen des Gesäßes beginnt erst die eigentliche Beckenrotation. Sie erfolgt um einen Drehpunkt zwischen Sitzbeinhöcker und Sitzbrett. Indem das Becken zurückgedreht wird, strecken sich gleichzeitig die Hüftgelenke, da die Oberschenkel ruhig auf dem Sitz verharren, der eine Schenkel des Winkels Bein—Becken, also fixiert ist. Entsprechend der Rückdrehung des Beckens nimmt die Ventriflexion der Wirbelsäule zu, so daß aus dem flachen ein runder Rücken wird. Je stärker die Beckendrehung ist, um so stärker ist auch die Vorbeugung in den Bewegungssegmenten des Achsenstabes. Die Formung der Rückenkontur hängt vornehmlich vom Gleichgewichtsbestreben des Körpers ab und wird über die Haltungs- und Stellungsreflexe gesteuert.

Zusammenfassung

Beim Wechsel vom Stehen zum Sitzen erfolgt immer eine starke Ventralbeugung der Wirbelsäule in den Lendensegmenten. Sie kompensiert die Rückdrehung des Beckens, welche durch die Beugung in Hüft- und Kniegelenken nach Aufsetzen der Tubera auf die Sitzunterlage eintritt. Je stärker das Becken zurückgeneigt ist, um so stärker ist auch die Wirbelsäulenvorbeugung, d. h. um so erheblicher wird die Kyphose der Lendenwirbelsäule. Der Bewegungsumfang hängt von den statischen Erfordernissen im Sinne der Gleichgewichtsstabilisierung des Rumpfes ab.

Die Rückdrehung des Beckens wird definiert durch die Differenz der Winkel, den die Sitzbeintangente mit dem Horizont in den zwei verschiedenen Positionen, nämlich im Stehen und im Sitzen bildet. Durch die Beckendrehung vermindert sich der Grad der Hüftbeugung. Die Stellung der Beine im Hüftgelenk kann mit Hilfe des Sitzbeintangentenwinkels mit dem Horizont direkt bestimmt werden.

III. Die Form der Wirbelsäule im Sitzen

1. Die Rückenform in entspannter und aufrechter Sitzhaltung auf der fotografischen Aufnahme bei 1035 Schulkindern

Bevor auf die Faktoren eingegangen wird, die eine Vorbeugung der Wirbelsäule im Sitzen bedingen, ist es notwendig, die Eigenform des Rückens zu studieren. Die Erfahrung lehrt, daß die Kyphosierung in Ruhehaltung verschiedene Formen annehmen kann. Wir haben versucht die möglichen Haltungsbilder quantitativ und qualitativ zu erfassen.

Dazu wurden zunächst die Rückenformen bei Jugendlichen studiert. Die Untersuchungen hatten den Sinn, die Eigenform der Wirbelsäule im lockeren und aufrechten Sitzen näher zu bestimmen. Der äußeren Betrachtung des Sitzenden ging eine Haltungsuntersuchung im Stehen voraus. Zur Festlegung der Wirbelsäulenform im Sitzen haben wir uns der fotografischen Aufnahme bedient.

a) Material und Methode

Es wurden 1113 Kinder, d. h. sämtliche an diesen Tagen erreichbare Schüler der Erlanger Volksschule an der Loschgestraße untersucht (Abb. 36). Zunächst erfolgte die Beurteilung der Wirbelsäulenform im Stehen. So bekamen wir einen Überblick über die Haltung bzw. Haltungsfehler und Formabweichung der Wirbelsäule. Anschließend haben wir dann die Wirbelsäulenuntersuchungen im Sitzen durchgeführt. Zu diesem Zweck setzte sich das zu untersuchende Kind auf einen gewöhnlichen Hocker. Um vergleichbare Ergebnisse zu bekommen, ist darauf geachtet worden, daß die Vorderkante des Hockers eben die Kniekehle berührte. Die Unterschenkel standen senkrecht auf den vollaufgesetzten Füßen, die, falls notwendig, auf einer in der Höhe verstellbaren Unterlage ruhten. So war eine Mittelstellung im Fußgelenk und eine rechtwinkelige Beugung im Kniegelenk erzielt worden. Das Kind mußte zunächst möglichst entspannt, „schlampig“ sitzen. Der Blick war geradeaus, die Arme hingen schlaff herab. In dieser Haltung wurde eine seitliche Fotoaufnahme gemacht. Anschließend erging an das Kind die Anweisung, möglichst aufrecht zu sitzen, etwa wie bei der Aufforderung des Lehrers: „Setz Dich gerade“. Die Beine erfuhren dabei keine Lageänderung; das Gesäß durfte nicht auf der Sitzfläche verschoben werden. Der Blick war auch in dieser Haltung geradeaus. Die Arme hingen wieder locker herunter. In dieser Stellung wurde vom gleichen Kamerastand aus eine zweite Aufnahme ausgelöst. Weder beim Einnehmen der Ruhehaltung noch bei der Aufrichtung wurde eine passive Hilfeleistung gewährt. Das erschien uns deswegen wesentlich, weil nur so abnorme, unnatürliche Körperhaltungen vermieden werden konnten. Die eingenommene Haltung spiegelte also die Leistungsbreite der Wirbelsäule — die Wirbelsäulenkapazität nach SCHEDE (1954) — wieder. Zur Auswertung wurde das Negativ des Filmes mit dem Kleinbildvergrößerungsgerät auf Millimeterpapier projiziert. Die Sitzfläche war mit einer festgelegten Nullinie zur Deckung gebracht, die unterschiedliche Körpergröße durch Variation des Abstandes Optik—Papier ausgeglichen. Durch einfaches Nachzeichnen konnte man so die sich scharf abhebende Rückenkontur mit einem Bleistift auf das Blatt übertragen. Die zweite Aufnahme in aufrechter Haltung wurde in gleicher Weise auf das gleiche Papier gebracht, wobei sich die beiden

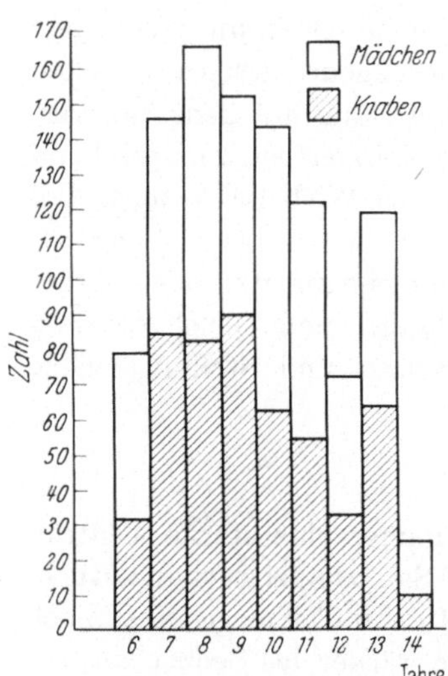

Abb. 36. Alters- und Geschlechtsverteilung der untersuchten 1035 Schulkinder

Kniegelenke und die Oberschenkel decken mußten. In beiden Positionen war der Übergang von der Brustwirbelsäule zur Halswirbelsäule, was etwa der Lage des siebenten Halswirbels entspricht, durch einen Querstrich markiert worden (Abb. 37). Zur Auswertung standen uns 1035 so angefertigte Kurven zur Verfügung. Bei den restlichen 78 Kindern waren durch technische Fehler die Fotografien ganz oder teilweise beschädigt. Sie sind im folgenden darum nicht berücksichtigt.

Vor der Besprechung der Wirbelsäulenform im Sitzen soll zunächst das Ergebnis der Untersuchungen im Stehen mitgeteilt werden.

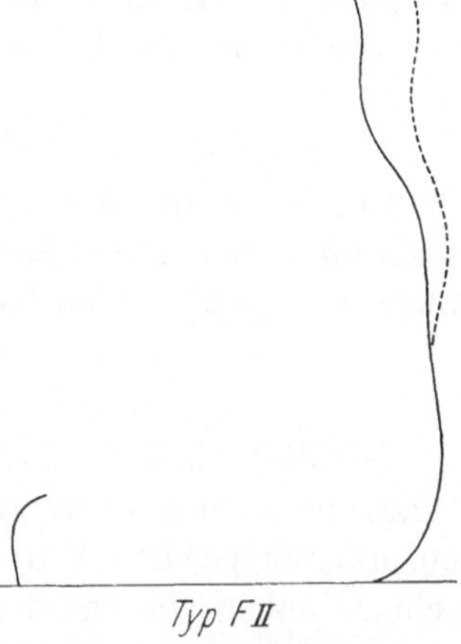

Abb. 37. Beispiel einer Fotositzkurve eines 10jährigen Mädchens

b) Die Wirbelsäulenform im Stehen

Die klinische Untersuchung im Stehen erfolgte in der bekannten Weise. Zuerst wurde die Haltung der Kinder in lockerer aufrechter Position beurteilt. Anschließend erfolgte die Inspektion in Vorbeugung, sowie in Seitwärtsneigung. Auf eine Palpation haben wir im allgemeinen verzichtet. Bei der Beurteilung von seitlichen Abweichungen der Wirbelsäule ist besonders auf das Vorhandensein eines Rippenbuckels bzw. einer Lendentorsion geachtet worden. Das Ergebnis dieser Untersuchungen ist in der Tab. 3 niedergelegt. Nur bei 518 Kindern, also in 50%, war kein krankhafter Wirbelsäulenbefund zu erheben. Als Haltungsschwäche sind nur extrem fixierte Ruhehaltungen im Sinne von SCHEDE (1954) gewertet worden, während völlig ausgleichbare und unsichere Ruhehaltungen ohne tiefe Senkung nicht berücksichtigt wurden. Die seitlichen Abweichungen sind bei symmetrischem Stand der Füße und bei Vorbeugung des Rumpfes registriert. Sie sind abgetrennt von der nicht ausgleichbaren seitlichen Verbiegung der Wirbelsäule. Nur dann, wenn dieser Ausgleich bei seitlicher Bewegungsprüfung nicht möglich war, ist von einer Skoliose gesprochen worden. Unsere Untersuchungsergebnisse decken sich annähernd mit den Angaben von KOETSCHAU (1953), der 44,8% Haltungsfehlformen bei 7916 Hamburger Schulkindern im Alter von 6 bis 19 Jahren fand. Die geringe Differenz zu unseren Ergebnissen ist

Tabelle 3. *Wirbelsäulenbefunde bei klinischer Untersuchung im Stehen bei 1035 Schulkindern*

Alter	6	7	8	9	10	11	12	13	14	
Skoliosen	1	16	11	13	10	11	15	13	2	92
re. Abweichung	13	20	24	26	19	21	18	14	6	161
li. Abweichung	1	3	5	4	3	1	1	3	—	21
Flachrücken	7	2	3	8	10	13	3	10	1	57
Haltungsschw.	11	12	18	17	20	14	6	15	3	116
Rundrücken	—	2	1	5	6	5	1	8	5	33
Zerw. WS	3	5	4	1	4	3	2	4	1	27
Hyperlordose	—	—	1	3	1	4	—	—	—	9
Lendenkyphose	—	—	—	—	—	—	—	1	—	1
Normal	44	87	101	77	72	51	27	52	7	518
	80	147	168	154	145	123	73	120	25	1035

wahrscheinlich durch das andere Ausgangsmaterial zu erklären. Im Gegensatz zu uns wertet Koetschau auch die Untersuchungsergebnisse von Schülern jenseits des 14. Lebensjahres aus, bei denen er ein Absinken der Haltungsschäden feststellt, während er in der Pubertätsphase um das 13. Lebensjahr einen Höhepunkt mit 57,2% beschreibt. Auffallend ist bei uns die im Gegensatz zu anderen Untersuchungen hohe Zahl von 8,9 Skoliosen. Es ist im Rahmen dieser Themastellung nicht möglich, auf die Problematik der Befunde im einzelnen einzugehen.

c) Auswertung der Sitzkurven

Ein grundsätzlich anderes Bild ergibt sich bei der Betrachtung der Rückenform im Sitzen. Die Grundlagen für die folgende Auswertung bilden die nach der oben beschriebenen Methode gewonnenen Sitzkurven.

α) Ruhehaltung

Bei allen 1035 durchuntersuchten Kindern findet sich im Sitzen in Ruhehaltung eine mehr oder weniger stark ausgeprägte Kyphose. Sie läßt in ihrer Gradausprägung gewisse Unterschiede erkennen. Bei der Festlegung dieser Unterschiede haben wir uns der gleichen Methode bedient, die Radlauer (1908) bei der Bestimmung der mittleren Sacralkrümmung verwendet. Zur Festlegung des Krümmungsbogens wird durch den Punkt der Kurve, welcher die Höhe des siebenten Halswirbels markiert, und den Punkt, welcher der hinteren oberen Kante des Beckenkammes entspricht, die Bogensehne gezogen. Auf diese Sehne wurde vom höchsten Punkt des Bogens das Lot gefällt. Das Verhältnis dieser beiden Strecken gab uns nach der Formel

$$\frac{\text{größte Bogenhöhe} \;.\; 100}{\text{vordere Sehnenlänge}}$$

den Krümmungsindex an.

Zur Erfassung der unterschiedlichen Formen haben wir die Grenzbereiche aus der Verteilungskurve abgetrennt und so drei verschiedene Haltungstypen aufgestellt (Abb. 38). Die Abgrenzung erfolgte willkürlich von einer gewissen Indexzahl an. Nach dieser Einteilung kann man bei 638 eine mittlere Krümmung mit einem Index von 10 bis 18 feststellen, bei 281 blieb der Index über 18, bei 116 Kindern unter 10. Die einzelnen Krümmungsformen wurden mit dem Typ N R F bezeichnet.

Typ N (Normaltyp). Er fand sich bei 638, d. h. in 62%. Die Wirbelsäule beschreibt einen mehr oder weniger kontinuierlichen nach dorsal konvexen Bogen. Wir haben ihn definiert mit einer Indexzahl, die zwischen 10 und 18 liegt.

Typ R (Rundrücken). Er fand sich bei 281, d. h. in 27%. Auch hier ist die Wirbelsäule total kyphotisch gebogen. Die Krümmung ist aber wesentlich stärker als beim Normaltyp, was in einem Bogenindex von über 18 zum Ausdruck kommt.

Typ F (Flachrücken). Dieser Typ war in 11% der Fälle bei 116 Kindern anzutreffen. Der kyphotische Bogen der Wirbelsäule scheint gegenüber den anderen Typen abgeflacht. Der Bogenindex liegt unter 10.

Der kyphotische Bogen der Wirbelsäule ist unbeschadet des Grades der Krümmung bei 668 Kindern, d. h. in 64,5% der Fälle, kontinuierlich. Bei 164 Kindern, d. h. in 15,9%, lag die größte Bogenhöhe im Bereich der Brustwirbelsäule und bei 203, d. h. in 19,6%, im Bereich der Lendenwirbelsäule. Dieses Zahlenverhältnis zeigt in den einzelnen Altersjahrgängen keine signifikanten Unterschiede. Zur Erfassung eines fixierten Haltungsrundrückens ist die Registrierung des Scheitelpunktes der Sitzkurvenkrümmung von besonderem Interesse. Bei einem fixierten Rundrücken, d. h. bei einer verstärkten und nicht ausgleichbaren

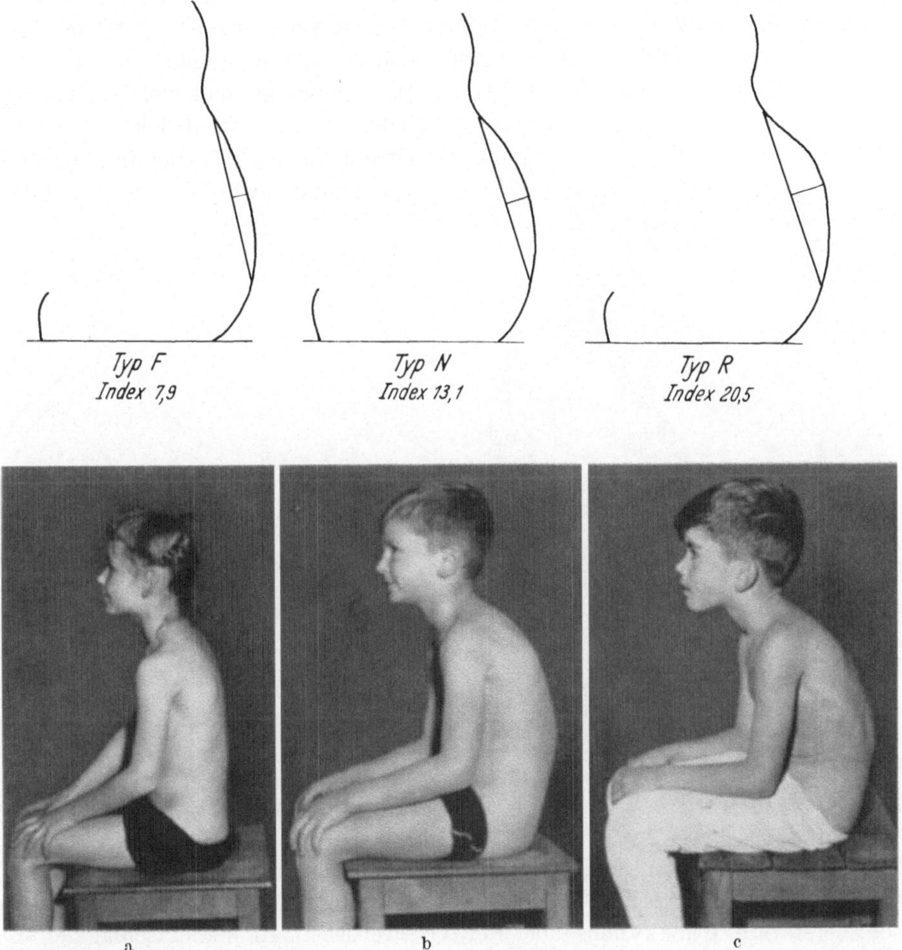

Abb. 38a—c. Formen der Ruhekyphose. a) Flachrücken (F), b) Normaltyp (N), c) Rundrücken (R)

Krümmung der Brustwirbelsäule muß die größte Bogenhöhe im Bereich der Brustwirbelsäule zu finden sein. Das zeigt deutlich das Beispiel eines fixierten Altersrundrückens (Abb. 39). Wie zu erwarten tritt hier die verstärkte Brustkyphose in der Sitzkurve deutlich in Erscheinung. Auch bei einem fixierten Rundrücken im Kindesalter ist die verstärkte Krümmung im Bereich der Brustwirbelsäule auf den Fotositzkurven deutlich. Zur Beurteilung eines fixierten Haltungsrundrückens ist die Untersuchung im Sitzen wichtig, worauf GÜNTZ (1957), SCHEDE (1954) u. a. wiederholt hingewiesen haben. Häufig deckt die Sitzuntersuchung erst die Art der Haltungsabweichung voll auf. Solange eine Haltungsschwäche, z. B. ein Rundrücken im Sitzen ausgleichbar ist, kann keine

Fixierung vorliegen. Orthopädisches Turnen und Haltungsschulung werden dann zur Abwendung einer drohenden Fehlform aussichtsreich und ausreichend sein. Zeigt die Sitzkurve dagegen bereits eine deutliche Verstärkung der Brustkrümmung, was dadurch zum Ausdruck kommt, daß die größte Bogenhöhe im Bereich der Brustwirbelsäule zu finden ist, dann sind eingreifendere Maßnahmen, z. B. die Anpassung einer Liegeschale oder eines Geradehalters, unter Umständen sogar die Anlegung eines redressierenden Gipskorsettes nach GÜNTZ am Platze. Die Hohmannsche Mahnbandage reicht für diese Fälle im allgemeinen nicht mehr aus. Nicht selten haben wir die Beobachtung gemacht, daß sich ein vermeintlicher Haltungsrundrücken, wie er auf Grund einer Untersuchung im Stehen angenommen wurde, im Sitzen abflacht.

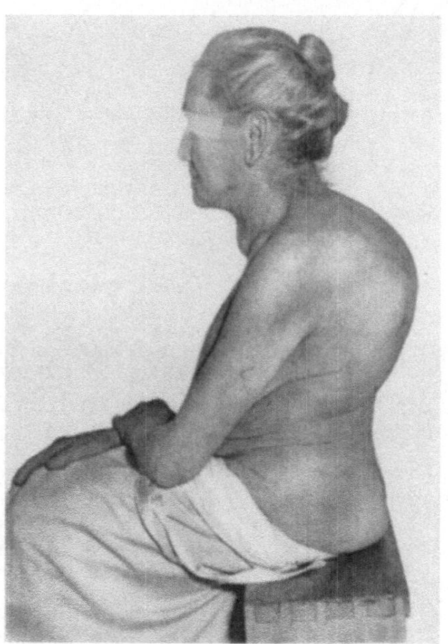

a

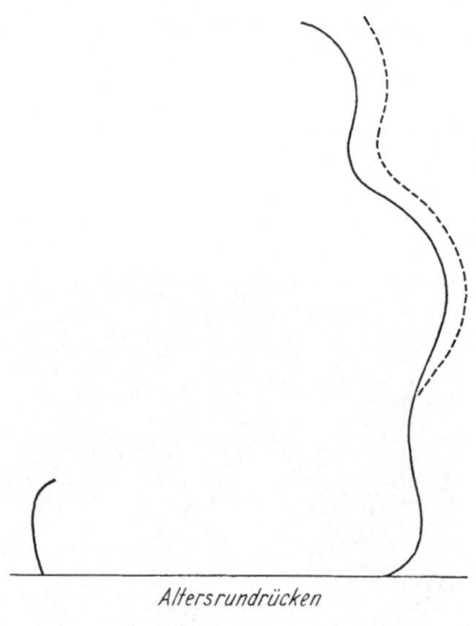

b

Abb. 39a u. b. Altersrundrücken auf dem Foto und in der Sitzkurve. Der Scheitel liegt im Bereich der BWS

Es zeigt sich dann unter Umständen sogar eine mehr oder minder starke Verflachung des kyphotischen Bogens. Ein besonders gutes Beispiel dafür ist die sog. verstärkte Brustkyphose bei der Trichterbrust. In der einschlägigen Literatur wird auf den Zusammenhang zwischen Rundrücken und Trichterbrust vielfach hingewiesen. Eigene Sitzanalysen zeigten, daß gerade in schweren Fällen der Trichterbrust nicht eine Verstärkung, sondern eine Abflachung der Brustkrümmung vorliegt. Bei Betrachtung im Stehen täuschen der vorgeschobene Bauch, die hängenden Schultern und der im ganzen auf dem Becken zurückgeneigte Rumpf die Haltungskyphose vor. Das Beispiel scheint uns eindrucksvoll zu belegen, daß die exakte klinische Untersuchung im Stehen und im Sitzen wohl in der Lage ist, eine Deformität der Wirbelsäule zu erfassen, ohne daß man zunächst eine Röntgenaufnahme anfertigen muß (Abb. 40a u. b). Diese ist zur Aufklärung der Genese der Deformierung nicht zu entbehren, aus verschiedenen, nicht zuletzt aus strahlenbiologischen Gründen, aber für Routineuntersuchungen nicht geeignet.

Wie unsere Untersuchungen gezeigt haben, kann die beim Sitzen auftretende Totalkyphose der Wirbelsäule verschiedene Grade und Ausprägungen zeigen. Im allgemeinen findet sich beim Kleinkind eine stärkere Rundung als beim Erwachsenen. Sicher spielen dabei die größere Muskelelastizität und die Dehnbarkeit des Bandapparates eine Rolle. Sie reichen zur Erklärung für dieses Verhalten aber nicht aus, was schon daraus hervorgeht, daß bereits bei Schulanfängern ausgesprochene Steilhaltungen der Wirbelsäule zu finden sind. Wahrscheinlich sind

Tabelle 4. *Form der Wirbelsäule in lockerer und aufrechter Sitzhaltung bei 1035 Schulkindern*

Entspannte Sitzhaltung (Ruhehaltung)

	Normal		Rund		Flach	
	Zahl	%	Zahl	%	Zahl	%
6	51	65	23	29	6	7
7	76	52	56	38	15	10
8	98	58	57	34	13	8
9	96	62	46	30	12	8
10	81	56	41	28	23	16
11	89	72	22	18	12	10
12	49	67	14	19	10	14
13	79	66	19	16	22	18
14	19	76	3	12	3	12
	638	61,7	281	27,1	116	11,2

Aufrechte Sitzhaltung

Lordose		Steil		Kyphose	
Zahl	%	Zahl	%	Zahl	%
23	29	37	46	20	25
42	29	68	46	37	25
59	35	70	42	39	23
44	28	83	54	27	18
46	32	79	54	20	14
40	32	66	54	17	14
23	32	38	52	12	16
31	26	67	56	22	18
8	32	11	44	6	24
316	30,5	519	50,1	200	19,4

konstitutionelle Faktoren von größerer Bedeutung. Die getroffene Typeneinteilung der Ruhekyphoseformen ist darum sicherlich keine willkürliche. In dem Diagramm ist die Altersverteilung der Kyphoseform im lockeren Sitzen eingetragen (Abb. 41). Auf der Ordinate ist die Häufigkeit, mit der die drei Typen gefunden wurden, in relativen Zahlen auf 100 bezogen, verzeichnet, auf der Abszisse das Lebensalter. Während die Typen N und F mit zunehmendem Alter gering ansteigen, fällt die vermehrte Ruhekyphose bis zum 14. Lebensjahr hin anteilmäßig ab. Um das 10. Lebensjahr zeigt die Altersverteilungskurve des Typ R eine stärkere Senkung.

Um eine gesicherte Aussage machen zu können, ob diesem Verhalten eine Bedeutung zukommt, haben wir die untersuchten Kinder unter 10 Jahren und die

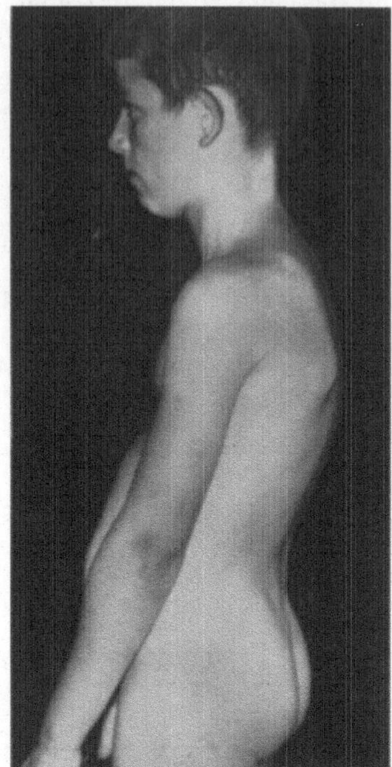
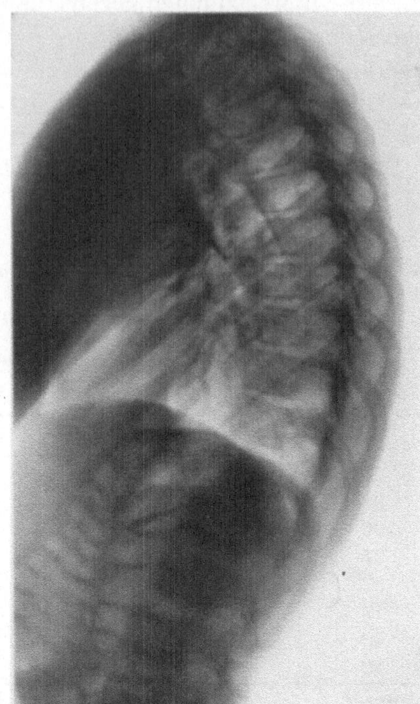

Abb. 40a. Fixierter Haltungsrundrücken bei einem 11jährigen Knaben. Der Scheitel der Wirbelsäulenkrümmung liegt im Bereich der Brustwirbelsäule

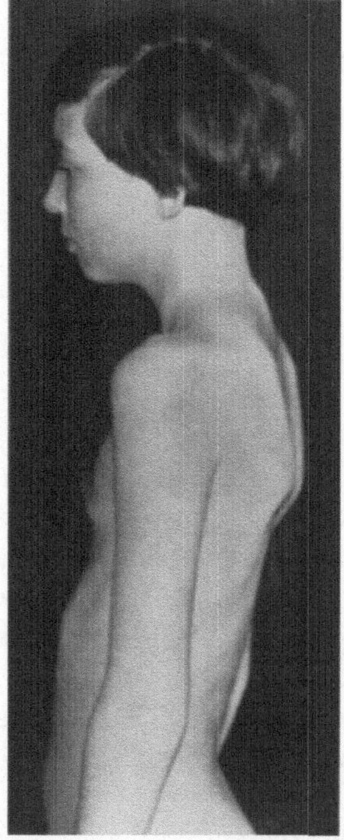
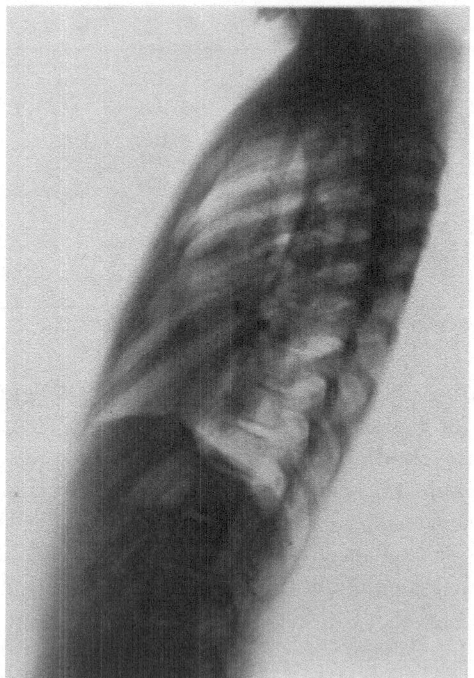

Abb. 40b. „Haltungsrundrücken“ bei einer 10jährigen Trichterbrustpatientin. Die Röntgenaufnahme im Stehen zeigt eine Steilstellung der BWS

über 10 Jahren in je eine Gruppe eingeteilt. In der Gruppe I der Kinder unter 10 Jahren finden sich 694 der Altersjahrgänge 1952 bis 1948, in der Gruppe II 341 der Geburtsjahre 1947 bis 1944 und älter. Von den 694 untersuchten Schülern der Gruppe I gehören 223 dem Typ R an, d. h. sie haben einen Krümmungsindex der Wirbelsäule von über 18. In der Gruppe II waren nur 58 Kinder vom Typ R zu finden. In Prozenten ausgedrückt heißt das, daß 32,1% der Altersgruppe unter 10 Jahren 17,0% in der Gruppe über 10 Jahren gegenüberstanden. Die Differenz betrug 32,1% minus 17,0 = 15,1 oder 0,151.

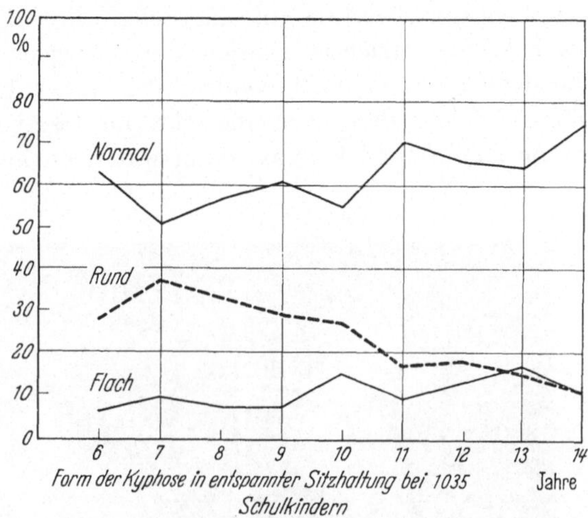

Abb. 41. Verteilung der Ruhekyphoseformen auf das Lebensalter bezogen

Zur Errechnung, ob diese gefundene Differenz eine echte oder eine zufällige ist, haben wir uns der Formel bedient:

$$\sigma D = \sqrt{p \cdot q\left(\frac{1}{n_1} + \frac{1}{n_2}\right)};$$

$$\sigma D = \sqrt{p \cdot q \frac{n_1 + n_2}{n_1 \cdot n_2}}$$

In dieser Formel bedeuten Sigma D = die mittlere Abweichung oder Streuung,

p = das gewogene arithmetische Mittel des beobachteten Materials in unserem Falle des Typs R aus den relativen Häufigkeiten in beiden Untersuchungsgruppen.

p_1 = die relative Häufigkeit der Rundrückenbildung unter n_1 Kindern der Gruppe I (223 Fälle).

p_2 = die relative Häufigkeit unter n_2, Kindern der Gruppe II (58 Fälle). Es ergibt sich nach der Formel

$$p = \frac{p_1 + p_2}{n_1 + n_2} \qquad p = \frac{281}{1035} = 0{,}271$$

$$q = 1 - p = 0{,}729$$

$$\sigma D = \sqrt{0{,}271 \cdot 0{,}729 \cdot \frac{1035}{236654}}$$

$$\sigma D = \sqrt{0{,}000857}$$

$$\sigma D = 0{,}0292$$

Nach einem in Deutschland eingebürgerten Grundsatz gilt eine Differenz dann als echt, wenn ihr absoluter Wert größer ist als die dreifache mittlere Abweichung. Da D = 0,151 größer ist als $3 \cdot \sigma_D = 0{,}0876$, ist die Differenz zwischen beiden Werten gut gesichert.

Die Auswertung der Photositzkurven zeigt, daß mit zunehmendem Lebensalter die extreme Kyphosebildung in der erschlafften Sitzhaltung seltener wird. Dementsprechend steigen die Häufigkeitszahlen der Typen N und F um 20 bis 30% mit zunehmendem Alter an. Diese Feststellung deckt sich mit der oben festgehaltenen Erkenntnis, daß erst um das 10. Lebensjahr die Lendenlordose fixiert wird. Bis zu diesem Zeitpunkt ist die Lendenwirbelsäule noch so beweglich, daß sie an der Rundung des Rückens teilnimmt.

β) Aufrechte Sitzhaltung

Aus der Ruhehaltung ist durch aktive Muskelarbeit eine Aufrichtung möglich. Dabei kommt es zu einer Abflachung der Ruhekyphose. Die deutlichste Formabweichung weist neben der Halswirbelsäule die Lendenwirbelsäule auf. Auch für die Wirbelsäulenformen bei der Aufrichtung ließen sich drei Verhaltungsweisen finden (Abb. 42). Als Kriterium für die Klasseneinteilung wurde die Form der Lendenwirbelsäule auf eine Senkrechte, die vom unteren Wirbelsäulenende nach kranial errichtet worden war, bezogen. Fiel der Krümmungsscheitel der Lendenwirbelsäule nach ventral von dieser Linie, war also die Biegung nach dorsal konkav, dann war eine echte Lordose vorhanden; war dagegen die Krümmung nach dorsal konvex, dann war auch im aufrechten Sitzen eine Kyphose

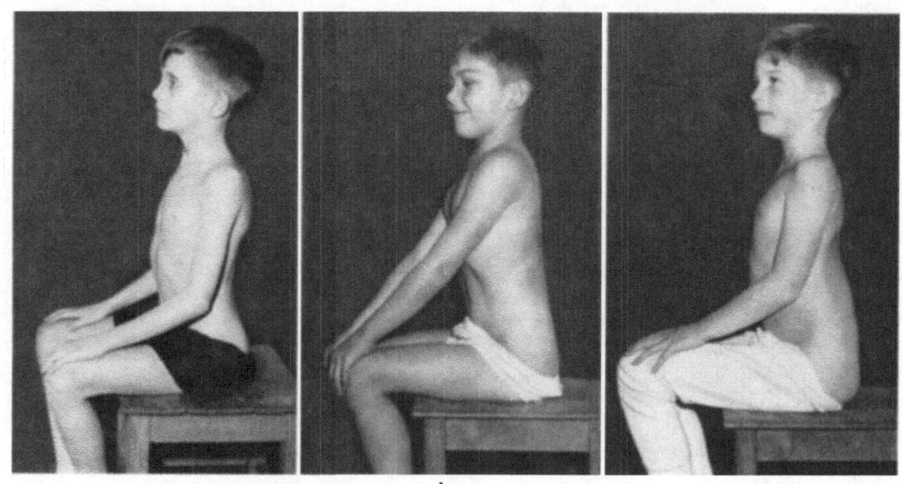

a b c

Abb. 42a—c. Krümmungsformen der Lendenwirbelsäule in aufrechter Sitzhaltung

festzustellen. Für die Fälle, bei denen die Kontur der Lendenwirbelsäule mit der Senkrechten zusammenfiel, wurde eine Steilstellung angenommen. Auf diese Weise kamen wir zu folgender Gruppeneinteilung:

Gruppe L (Lordose). Hier war eine Lendenlordose nachweisbar. Sie ging in eine deutliche, wenn auch gegenüber der Ruhehaltung abgeflachte Brustkyphose über, deren Scheitel in den oberen Brustsegmenten lag.

Gruppe S (Steilhaltung). Die ganze Lendenwirbelsäule war mehr oder weniger gestreckt. Der Lendenteil fiel mit der errichteten Senkrechten praktisch zusammen. Die Brustkyphose war ebenfalls abgeflacht, die Krümmung ging nahezu kontinuierlich in die Lendenbiegung über.

Gruppe K (Kyphose). Die Biegung der Lendenwirbelsäule blieb auch in Aufrichtung nach dorsal konvex. Im ganzen behielt die Wirbelsäule eine Einstellung wie in der Ruhehaltung. Entsprechend der Aufrichtung waren die Biegungen allerdings mehr oder weniger abgeflacht. Nicht selten fanden wir im Bereich der mittleren bzw. unteren Brustwirbelsäule eine lordotische Einziehung, so daß die Wirbelsäule insgesamt aus zwei Bogen zu bestehen schien, wie HEUER (1930) es beschrieben hat.

Bei 316 Kindern, fanden wir eine echte Lordose bei der Aufrichtung. Das entspricht einem Prozentsatz von 30,5. Bei 519 Kindern, d. h. in 50,1% war die Lendenwirbelsäule steilgestellt, eine echte lordotische Einsattelung auf der Photositzkurve war nicht nachweisbar. Bei 200 Kindern, in 19,4% blieb auch bei der Aufrichtung eine Kyphose der Lendenwirbelsäule zurück. Die Zahl der echten Lordosen ist also auffallend klein. Nur etwa $^1/_3$ der untersuchten Kinder zeigen eine Einsattelung im Bereich der Lendenwirbelsäule. Ohne Zweifel wäre bei einer gewissen Anzahl der Untersuchten durch eine stärkere Kippung des Beckens und eine größere Muskelanspannung eine Lordosierung eben noch zu erreichen. Wir haben bewußt auf solche Extremhaltungen verzichtet. Für die praktische Auswertung des Materials hätten solche Zwangshaltungen ohnedies keinen Wert. Es kam uns vielmehr darauf an, die wirklich eingenommenen Haltungen, also die Leistungskapazität der Wirbelsäule festzustellen.

Bei der Unterteilung des Beobachtungsgutes in eine Gruppe mit Kindern unter dem 10. Lebensjahr, wie wir es bei den Ruhekyphosen getan haben, fanden wir keine signifikanten Altersunterschiede. Auf eine Wiedergabe der genauen Zahlenwerte kann darum verzichtet werden.

Die Wirbelsäulenform in Ruhe läßt nicht ohne weiteres Schlüsse auf die mögliche Aufrichtung zu (Tab. 5). Wir fanden auch bei der verstärkten Ruhekyphose Lordosen bei der aufrechten Sitzhaltung. Von den 281 Kindern des Sitztyps R in der Ruhehaltung erreichten 88, d. h. nahezu 32% in Aufrichtung die lordotische Haltung. Dieser Prozentsatz entspricht ungefähr dem aus den beiden anderen Gruppen. Aus der Ruhekyphose der Gruppe N mit 638 Kindern zeigten 188, d. h. 29,5% eine Lendenlordose und von den 116 Schülern, deren Wirbelsäule in lockerer Sitzhaltung flach geblieben war und deswegen in die Gruppe F der Ruhekyphosen einzuordnen waren, kamen 34,4% zu einer Lordose. In allen Gruppen bleibt ein etwa gleich großer Anteil in Aufrichtung kyphotisch, nämlich in 17,3% der Gruppe N, in 18,2% der Gruppe F und in 24,2% der Gruppe R. Dieses Ergebnis überrascht nicht, bestätigt vielmehr unsere obengemachten Darlegungen über die Bedeutung konstitutioneller Faktoren für die Form der Wirbelsäule im Sitzen. So kann offenbar ein Kind mit einem erschlafften Band-Muskelapparat, etwa ein Astheniker, oder das sehr kleine Kind in eine abnorme Ruhehaltung sinken. Durch verstärkte Anspannung erreichen sie aber wenigstens zunächst die volle Aufrichtung. So lange diese noch möglich ist, kann von einem Haltungsfehler, der Definition von SCHEDE (1954) entsprechend, noch nicht die Rede sein. Bei über $^2/_3$ der untersuchten Kinder bleibt auch bei der Aufrichtung die Lordose der Lendenwirbelsäule aus. Im Gegensatz zu den Verhältnissen im Stehen bedingt die Beckendrehung beim Sitzen eine der sitzenden Haltung eigentümliche Wirbelsäulenform. Die Lordose ist in Ruhehaltung in der Regel aufgehoben. Ausnahmen fanden wir nur bei Erwachsenen mit versteifter Wirbelsäule. Die Wirbelsäule beschreibt in Ruhe einen mehr oder minder kontinuierlichen, nach dorsal konvexen Bogen. Bei starker Muskelanspannung beim Aufrichten, kann eine Lordosierung eintreten. Sie wurde in unserem Material aber nur in 30,5 also in etwa $^1/_3$ der Fälle beobachtet. Bei schweren Wirbelsäulendeformierungen sind Abweichungen von der beschriebenen Krümmungsform festzustellen. So drücken sich, wie mitgeteilt, die fixierte Brustkyphose und der sog. rachitische Sitzbuckel in der Kurve gut aus. Die Versteifungen der Wirbelsäule

Tabelle 5. *Beziehungen zwischen der Form der Wirbelsäule im lockeren und aufrechten Sitzen*

Ruheform:	normal					
Aufrichtungsform:	Lordose		steil		Kyphose	
Jahre	Zahl	%	Zahl	%	Zahl	%
6	12	23,5	27	53	12	23,5
7	19	25	39	51	18	22
8	37	38	40	41	21	21
9	25	26	58	60	13	14
10	29	36	44	54	8	10
11	30	34	47	53	12	13
12	15	31	27	55	7	14
13	14	18	49	62	16	20
14	7	37	8	42	4	21
	188	29,5	339	53,2	111	17,3

Ruheform:	rund					
Aufrichtungsform:	Lordose		steil		Kyphose	
Jahre	Zahl	%	Zahl	%	Zahl	%
6	9	39	7	30,5	7	30,5
7	17	30	23	41	16	29
8	19	33	24	42	14	25
9	17	37	18	39	11	24
10	10	24	23	56	8	20
11	6	27	13	59	3	14
12	4	28,5	6	43	4	28,5
13	5	26	10	53	4	21
14	1	33	1	33	1	33
	88	31,3	125	44,5	68	24,2

Ruheform:	flach					
Aufrichtungsform:	Lordose		steil		Kyphose	
Jahre	Zahl	%	Zahl	%	Zahl	%
6	2	33	3	50	1	17
7	6	40	6	40	3	20
8	3	23	6	46	4	31
9	2	17	7	58	3	25
10	7	30,5	12	52	4	17,5
11	4	33	6	50	2	17
12	4	40	5	50	1	10
13	12	55	8	36	2	9
14	—	—	2	67	1	33
	40	34,4	55	47,4	21	18,2

bei der Skoliose können ebenfalls ausreichend erfaßt werden. Auch der Flachrücken ist deutlich zu erkennen. Zusammen mit dem klinischen Aspekt vermitteln die Photositzkurven einen guten Überblick über die Wirbelsäulenbeweglichkeit. Die Kapazität kann aus den Photodiagrammen abgelesen werden (Abb. 43).

Wie wichtig die Erfassung der Rückenform im Sitzen für die exakte Diagnosestellung einer Wirbelsäulenverbiegung ist, zeigt die Gegenüberstellung der Untersuchungsergebnisse im Stehen mit den jeweiligen Sitzkurven. Sie lehrt uns, daß eine Haltungsbeurteilung aus dem Haltungsbild im Stehen allein exakt nicht möglich ist. Bei den Skoliosen ist je nach der Ausprägung der Torsion die Rückenkontur im Sitzen abgeflacht und zeigt unregelmäßige Konturierungen. Nachdem die unteren Lendensegmente meistens nicht von der skoliotischen Verbiegung betroffen sind, kann auch bei weitgehender Versteifung der übrigen Wirbelsäule eine Lordosierung durchaus möglich sein. Bei hochsitzenden Verbiegungen ist im Kindesalter eine Rundung mit einem Index über 18 möglich. Große Bedeutung hat die Sitzkurve schließlich für den runden und flachen Rücken. Hier zeigen sich beim Wechsel von aufrechter zur Ruhehaltung Versteifungen besonders eindrucksvoll. Beim flachen Rücken ist oft in Ruhehaltung eine gute Kyphosierung zu erreichen. In Aufrichtung beobachtet man nicht selten eine lumbale Kyphose,

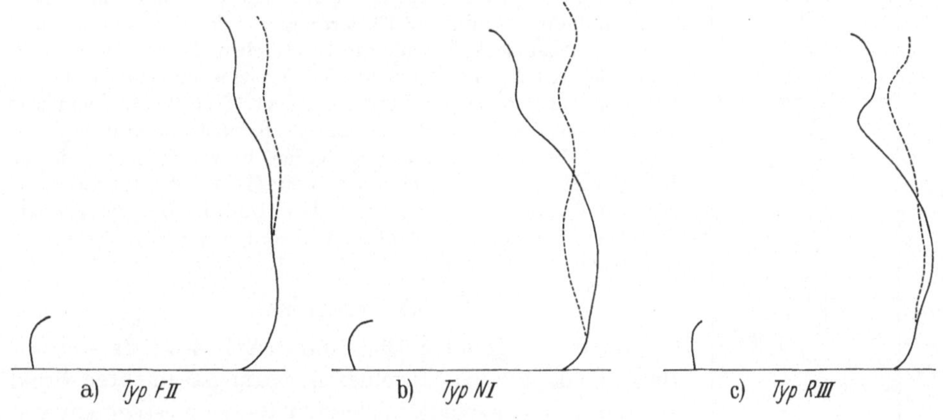

Abb. 43a—c.
Diagramm der Wirbelsäulenbewegung beim Übergang von der entspannten zur aufrechten Sitzhaltung

während die Brustwirbelsäule eine lordotische Einziehung ihrer unteren Abschnitte erkennen läßt. Die Diagnose einer lumbalen Kyphose ist meistens nur auf Grund der Sitzuntersuchungen zu stellen.

Immer dann, wenn es darauf ankommt, einen Einblick in das Verhalten einzelner Bewegungssegmente, vor allem am Lumbo-sacralübergang zu gewinnen, muß eine Funktionsaufnahme der Wirbelsäule herangezogen werden.

2. Die Form der Wirbelsäule auf Röntgenganzaufnahmen

a) Material und Methode

Leider stand uns für die Untersuchungen kein Gerät zur Anfertigung von seitlichen Ganzaufnahmen der Wirbelsäule zur Verfügung. Wir hatten aber Gelegenheit in den Laborräumen der Firma Hofmann, Erlangen, und der Siemens-Reiniger-Werke, Erlangen, entsprechende Aufnahmen der Wirbelsäule von vier gesunden Studenten und zwei Massageschülerinnen zu gewinnen. Die Aufnahmen wurden in zwei Sitzhaltungen geschossen. Die Probanden nahmen zunächst eine lockere Ruhehaltung ein. Die Arme wurden im Gegensatz zu den Fotoaufnahmen leicht erhoben, die Hände lose auf ein Stativ gestützt. Das Anheben der Arme erfolgte passiv durch den Untersucher, damit die eingenommene Wirbelsäulenhaltung möglichst keine Änderung erfuhr. In keinem Falle war eine Abstützung des Rumpfgewichtes auf die Oberschenkel durch die Arme gestattet. Dadurch hätte die Wirbelsäulenform, wie aus anderen Beobachtungen hervorgeht, entscheidend beeinflußt werden können. War die Aufnahme in entspannter Sitzhaltung erfolgt, dann haben die Probanden die aufrechte Sitzhaltung eingenommen. Sie waren wohl angehalten die größtmögliche Aufrichtung auszuführen, extreme Zwangshaltungen wurden aber auch hier vermieden. Zur Auswertung mußten wir wieder von jedem Röntgenbild eine Pause auf Transparentpapier herstellen. Die Festlegung der Wirbelsäulenform erfolgte in Anlehnung an Fick (1911). Dazu wurden die Mittelpunkte der einzelnen Wirbel mit einer Geraden verbunden. Die Darstellung der Wirbelsäulenkrümmung ist bei diesem Vorgehen in jedem Falle genügend. Die Verwendung von Geraden hat darüber hinaus aber den Vorteil, daß man leichter den Bewegungsausschlag der einzelnen Wirbelsäulenabschnitte kontrollieren und unter Umständen sogar in Graden ausdrücken kann. Zur Ausmessung des Bewegungsausschlages wurden die zwei Aufnahmen in aufrechter und lockerer Sitzhaltung übereinanderprojiziert. Die Kreuzbeindeckplattentangenten wurden zur Deckung gebracht, ebenso die Mittelpunkte von S 1. War ein erster Kreuzbeinwirbel nicht genau abgrenzbar, so wurde ein Hilfspunkt konstruiert. Dies geschah auf folgende Weise: Von der ventralen oberen Kante des Kreuzbeines, die auf allen Röntgenbildern gut zu erkennen ist, wurde mit dem Zirkel ein Kreisbogen mit dem Radius der Entfernung von der ventralen zur dorsalen Kreuzbeindeckplattenkante beschrieben. Durch den Schnittpunkt des Kreises mit der ventralen Kreuzbeinkontur wurde eine Parallele zur Kreuzbeindeckplatte gelegt. Nun konnte von dem Viereck, das dorsal durch die hintere Kreuzbeinkontur begrenzt wird, der Mittelpunkt bestimmt werden. Er wurde ersatzweise als Mittelpunkt von S 1 angenommen, wenn S 1 selbst nicht direkt auf dem Röntgenbild abgrenzbar war. Der Grad der Bewegung ist aus der unterschiedlichen ventralen Winkelbildung der Wirbelkörperdiagonalen zu erfassen.

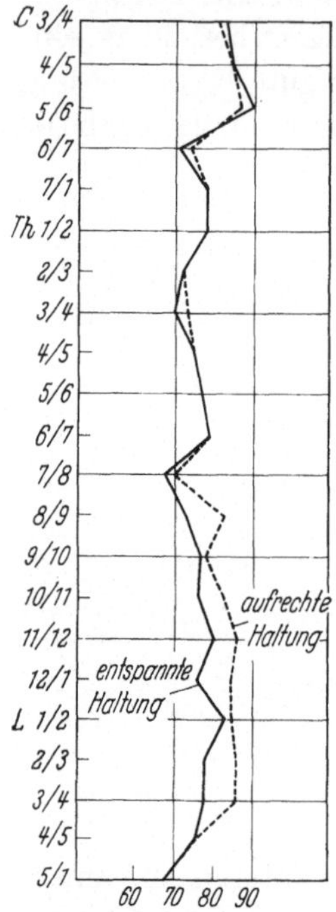

Abb. 44. Bewegungsumfang in den einzelnen Bewegungssegmenten beim Übergang von entspannter zu aufrechter Sitzhaltung bei einem 19jährigen, gesunden Mädchen

b) Ergebnisse

Auf dem folgenden Diagramm (Abb. 44) läßt sich die Beweglichkeit in den einzelnen Bewegungssegmenten direkt ablesen. Der Ausschlag im letzten Bewegungssegment war in allen Fällen beim Übergang von der lockeren zur aufrechten Sitzhaltung gering (Tab. 6). Bei Fall 3 erreichte er mit 4° seinen höchsten Wert. Die Auswertung der Ganzaufnahmen zeigt, daß beim Sitzen der Bewegungsumfang zwischen L 5/S 1 gering geworden ist. Dies ist verständlich, denn beim Hinsetzen war ja schon eine starke Ventriflexion der Wirbelsäule gegen das Becken in den Lumbosacralverbindungen eingetreten, das Bewegungsausmaß also nahezu erschöpft. Die Änderung der Wirbelsäulenform bei den beiden Sitzhaltungen erfolgte im allgemeinen in höhergelegenen Bewegungssegmenten. Zwischen lockerer und aufrechter Sitzhaltung bestand in unseren Fällen ein Bewegungsunterschied zwischen 43 und 65°. Die Hälfte des festgestellten Bewegungsumfanges wurde nur bei vier Fällen in der Lendenwirbelsäule gefunden. Zweimal wurden die unteren Brustsegmente zur Ventriflexion vermehrt mit herangezogen. Zwischen Th 6 und Th 7 bzw. Th 2 und Th 3 war nur einmal im unteren Grenzsegment eine Beweglichkeit von 3° und einmal im oberen von 5° aufgetreten. Das Gebiet der Brustwirbelsäule, das den knöchernen Thorax trägt, blieb wie zu erwarten war, im wesentlichen starr. Die lordotische Bewegung der Halswirbelsäule begann zweimal schon im Segment Th 1/Th 2.

Die Kleinheit des herangezogenen Materials verbietet es, bindende Aussagen über den Bewegungsablauf im einzelnen zu machen. Der Grund, Wirbelsäulenganzaufnahmen in diesem Zusammenhang heranzuziehen, war auch ein anderer. Es kam uns vor allem darauf an, nachzuprüfen, ob die tatsächliche Form der knöchernen Wirbelsäule mit der Form der Weichteilkontur des Rückens übereinstimmt. Die Weichteilzeichnung auf den Röntgenbildern hat diese Vermutung bestätigt. Auf Grund der Erkenntnisse, die wir beim Studium der Ganzaufnahmen gewonnen haben, ist man berechtigt, die Weichteilkonturen des Rückens als Ausdruck für die Wirbelsäulenform der Hals-, Brust- und oberen Lendenwirbelsäule heranzuziehen. Anders liegen dagegen die Verhältnisse am Beckenübergang. Durch das dorsale Überragen der Darmbeinschaufeln bzw. durch die ventrale Lage des fünften Lendenwirbels und des ersten Kreuzbeinwirbels

Tabelle 6. *Bewegungsumfang der Brust- und Lendensegmente beim Wechsel von entspannter zu aufrechter Sitzhaltung bei sechs jugendlichen Versuchspersonen*

Segment	1	2	3	4	5	6
L 5/S 1	—	1	4	3	—	4
L 4/L 5	3	—	—	3	9	7
L 3/L 4	8	1	—	5	5	9
L 2/L 3	8	3	—	3	12	9
L 1/L 2	2	7	6	8	8	6
Th 12/L 1	9	4	4	2	5	15
Th 11/Th 12	6	6	8	6	4	9
Th 10/Th 11	7	5	7	—	2	6
Th 9/Th 10	1	—	5	6	4	—
Th 8/Th 9	10	3	5	2	6	—
Th 7/Th 8	2	2	5	3	5	—
Th 6/Th 7	—	—	3	1	—	—
Th 5/Th 6	—	—	—	—	—	—
Th 4/Th 5	—	—	—	—	—	—
Th 3/Th 4	—	—	—	—	—	—
Th 2/Th 3	—	—	—	—	—	—
Th 1/Th 2	—	—	—	—	5	—
C 7/Th 1	3	4	—	1	—	—
Summe Beweglichkeit	59°	36°	47°	43°	65°	65°
Beckenkippung	18°	10°	24°	25°	31°	36°

entsteht über den Beckenkämmen eine nach ventral konvexe Einziehung der Weichteile, so daß in der aufrechten Sitzhaltung die Beckenkonturen mehr oder minder stark nach dorsal prominieren. Dadurch wird auch in solchen Fällen noch eine Lendenlordose vorgetäuscht, in denen die Lendenwirbelsäule steilgestellt ist. Das mag der Grund sein, weshalb vielfach im Sitzen von einer Lendenlordose gesprochen wird. Zur Klärung der wahren Formgestaltung der Lendenwirbelsäule waren deshalb andere Wege zu beschreiten.

3. Die Form der Lendenwirbelsäule im Sitzen

a) Material und Methode

Wir haben in einer ersten Serie von 100 Personen Röntgenaufnahmen in den zwei Sitzhaltungen, nämlich in lockerer und aufrechter Position anfertigen lassen. Bei den meisten dieser Patienten lag klinisch ein Schmerzzustand im Bereich des Lumbosacralüberganges vor, doch war, wie die Auswertung zeigte, die Beweglichkeit nur in einigen Fällen nennenswert eingeschränkt. Um eine Übersicht über die Veränderungen im Laufe des Lebens zu bekommen, haben wir auch eine Anzahl gesunder Kinder zu unseren Untersuchungen herangezogen. In einer zweiten Serie sind weitere 100 Personen, teils mit, teils ohne Schmerzen im Bereich des

Tabelle 7. *Altersverteilung der untersuchten 100 Patienten*

Lebensjahre:	2—10	11—20	21—30	31—40	41—50	über 50
	13	31	18	13	15	10

Lumbosacralgebietes geröntgt worden. Die Auswertung dieser zweiten Serie, die grundsätzlich wie die erste erfolgte, bestätigte die bei den ersten 100 Patienten gemachten Erfahrungen.

Die erste Untersuchungsgruppe, über die im folgenden berichtet wird, umfaßt 100 Personen, 41 männliche und 59 weibliche im Alter von 2 bis 83 Jahren. Die Verteilung auf die einzelnen Altersgruppen zeigt die Tab. 7.

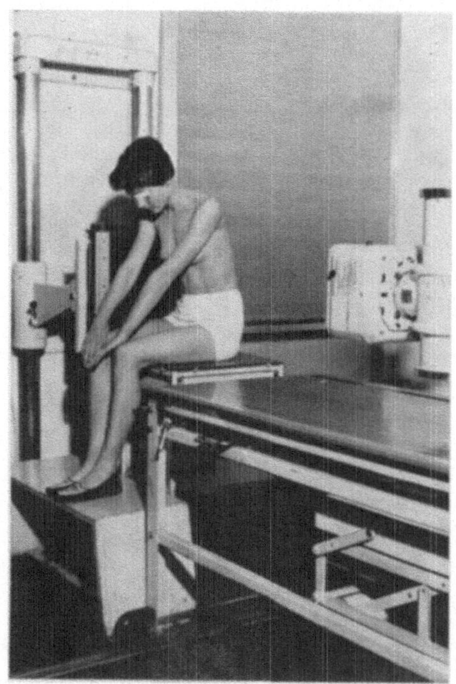

a

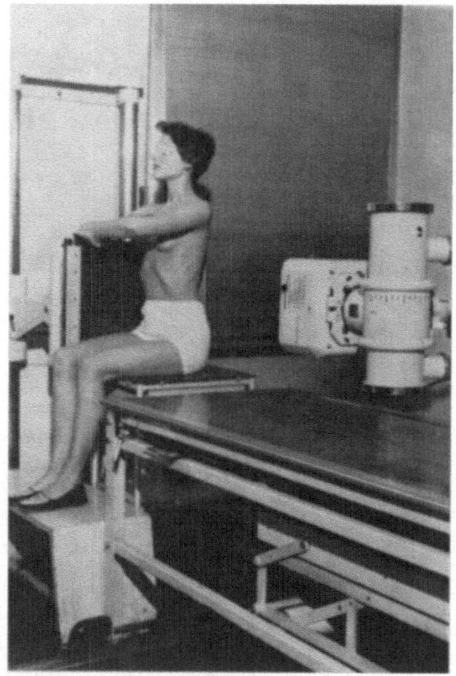

b

Abb. 45a u. b. Sitzpositionen bei der Anfertigung der Röntgenaufnahme der Lendenwirbelsäule

Zur Untersuchung wurden die Patienten vor das oben beschriebene Wandstativ gesetzt. Als Sitz diente ein Tischchen, auf dessen Platte von 40×50 cm eine Schaumgummiunterlage von 1 cm Stärke gelegt wurde (Abb. 45). Auf eine Lehne haben wir verzichtet, um einen Vergleich mit den Photositzkurven zu gewinnen. Die Beine des zu Untersuchenden wurden so auf einen Hocker gestellt, daß die Oberschenkel horizontal der Sitzfläche auflagen. Jede Versuchsperson hatte vor Anfertigung der Röntgenaufnahmen zunächst eine lockere erschlaffte Ruhehaltung einzunehmen, nach der Aufnahme wurde sie angehalten eine möglichst starke Aufrichtung zu vollziehen. Auf jede passive Korrektur haben wir verzichtet. Extreme, unnatürliche Positionen mußten schon im Interesse der Gewinnung eines scharfen Bildes vermieden werden, da sie erfahrungsgemäß nur für Bruchteile von Sekunden exakt eingehalten werden können. Unscharfe Konturzeichnungen wären sonst nicht zu vermeiden gewesen. Die Durchführung der Untersuchungen glich also genau der, die wir bei Schulkindern zum Erhalt der Photositzkurven vorgenommen haben. Auch die so gewonnenen Röntgenbilder wurden auf Transparentpapier gepaust und die erforderlichen Hilfslinien dort eingezeichnet.

Zur Erfassung der Lendenwirbelsäulenform in den beiden Sitzhaltungen haben wir wieder eine Klasseneinteilung vorgenommen. Bildeten die Verbindungsstrecken der Mittelpunkte aller Lendenwirbelkörper nahezu eine Gerade, dann wurde von einer Streckhaltung gesprochen. In einem Grenzfall entstand eine mehr nach ventral konkave Kurve, in dem anderen Grenzfall eine nach ventral konvexe Kurve (Abb. 46). Je nachdem, ob der Krümmungsscheitel der Wirbelsäule ventral von der Geraden lag, oder dorsal, haben wir unterschieden:

1. Die Lendenwirbelsäule zeigt eine Lordose. Zur Trennung wurde diese Gruppe für die aufrechte Sitzhaltung mit I benannt, während bei der lockeren Sitzhaltung die Fälle, die eine Lordose auch in Ruhehaltung zeigten, mit der Zahl 1 gekennzeichnet sind.

2. War eine nennenswerte Krümmung der Wirbelsäule nicht vorhanden, so haben wir von einer Steilstellung gesprochen und die Gruppe mit einer II für die aufrechte und der 2 für die Ruhehaltung markiert.

3. Bestand im Sitzen eine Kyphose der Lendenwirbelsäule, dann wurde sie in die Gruppe III für die aufrechte, bzw. 3 für die lockere Sitzhaltung eingereiht.

Wegen der nicht konstanten Lagebeziehung zwischen dem letzten freien Lendenwirbel und dem ersten Kreuzbeinwirbel blieb das Segment L 5/S 1 für diesen Teil der Untersuchungen unberücksichtigt.

Bei der Auswertung waren die Gruppen mit der Lordose einerseits und die mit einer Kyphose andererseits leicht zu bestimmen. In der aufrechten Haltung konnte in der Gruppe II nochmals zwischen einer eben angedeuteten lordotischen Einstellung und einer minimalen Kyphose unterschieden werden. Nach wiederholter Durcharbeitung des Materials haben wir die anfängliche Trennung aber wieder aufgegeben, weil greifbare Unterschiede nicht zu finden waren. Die Röntgenbildanalyse unseres Materials orientierte sich überdies nach den beiden extremen Gruppen, nämlich der Lordose bzw. der Kyphose im Bereich der Lendenwirbelsäule.

b) Ergebnisse

Bei 32 Patienten fand sich in aufrechter gespannter Sitzhaltung eine Lordose der Lendenwirbelsäule, wobei die stets starke lordotische Einstellung zwischen L 5/S 1 aus den obengenannten Gründen nicht gewertet wurde. Der Scheitelpunkt der Lendenlordose lag etwa zwischen dem zweiten und dritten Lendenwirbel. 52mal wurde eine Steilstellung der Wirbelsäule beobachtet und bei 16 Fällen haben wir in der aufrechten Sitzhaltung eine lumbale Kyphose gefunden. Die Zahlen entsprechen fast genau den Ergebnissen zu denen wir auf Grund unserer Photokurven gekommen waren. Eine Gegenüberstellung veranschaulicht dies.

Foto-Untersuchungen:

Gruppe I: 30,5%, Gruppe II: 50,1%, Gruppe III: 19,4%.

Röntgen-Untersuchungen:

Gruppe I: 32%, Gruppe II: 52,0%, Gruppe III: 16%.

Dieses Ergebnis ist deswegen überraschend, weil wir von einem altersmäßig ganz anders zusammengesetzten Material ausgegangen waren, als bei den Photo-

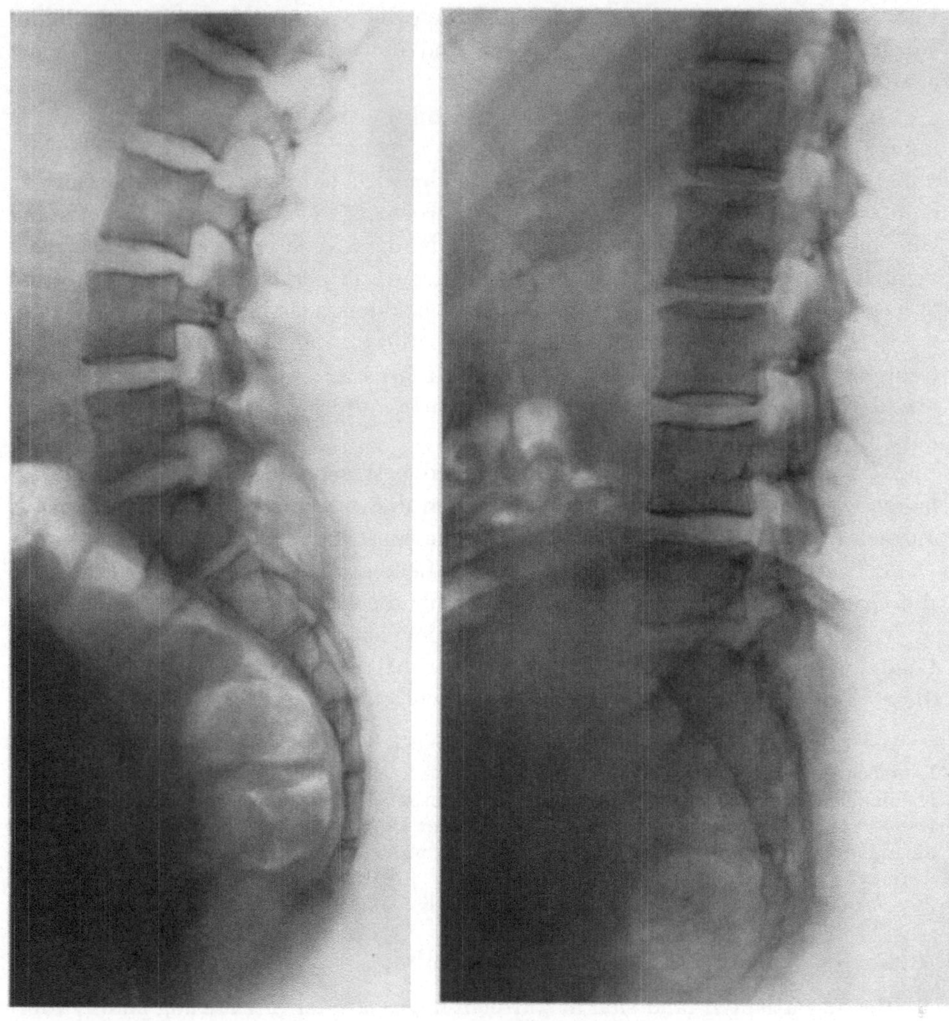

a b

Abb. 46a—d. Krümmungskurven der Lendenwirbelsäule im seitlichen Röntgenbild im Sitzen. a) Lordose, b) Steilhaltung, c) Kyphose

sitzkurven. Handelte es sich dort um Kinder zwischen dem 6. und dem 14. Lebensjahr, so waren bei den Röntgenuntersuchungen Patienten aus allen Altersgruppen herangezogen worden.

An anderer Stelle wurde darauf hingewiesen, daß sich die Form der Wirbelsäule erst nach der Pubertät endgültig ausbildet. Sie ändert ihre Form jenseits des 40. Lebensjahres noch einmal, so daß die Krümmungen im höheren Alter stärker sind, als bei Jugendlichen. Aus diesem Grunde mußten wir unser gesamtes Material in zwei Gruppen unterteilen. In der ersten Gruppe A fanden sich 44 Patienten in einem Alter zwischen 2 und 20 Jahren, in der Gruppe B 56 Individuen über 20 Jahre. Vergleicht man diese beiden, dann zeigt sich ein stärkeres Steigen der Lordosen und ein Absinken der Lendenkyphosen bei der Aufrichtung jenseits des 20. Lebensjahres. Die Tab. 8 orientiert über die genauen Zahlen. Die sich ergebende Differenz zwischen den Lordosen bei der Aufrichtung in der Gruppe A und der Gruppe B haben wir statistisch überprüft. Den 23,0% Lordosen unter dem 20. Lebensjahr standen 39,1% Lordosen über dem 20. Lebensjahr gegenüber, was einer Differenz von 16,1 oder 0,161 entspricht. Nach der oben mitgeteilten Formel ergibt sich eine dreifache mittlere Abweichung von 0,158. Die Differenz zwischen den Lordosen bei der Aufrichtung der Gruppe A und der Gruppe B ist also statistisch gesichert oder echt.

Somit läßt sich eine Altersabhängigkeit in der Formgebung der Lendenwirbelsäule bei der Aufrichtung nachweisen. Die Übereinstimmung der Zahl, wie sie unten nach dem Ergebnis der Fotositzkurven einerseits und dem der Röntgenbildanalysen andererseits erscheint, ist also offensichtlich eine zufällige und hängt von der Zusammensetzung unseres Materials ab. Dessen ungeachtet bleibt die Tatsache bestehen, daß es bei der aufrechten Haltung im Sitzen nur einem Teil der Menschen gelingt, eine aktive Lordose zu erreichen. Erst in den Altersklassen über 40 Jahren wird die Lordosierung häufiger, um schließlich bei der Hälfte der Personen gefunden zu werden.

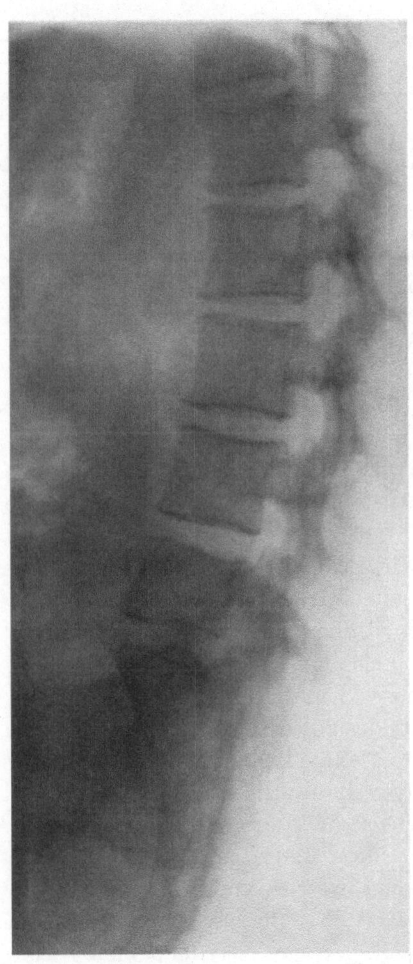

c

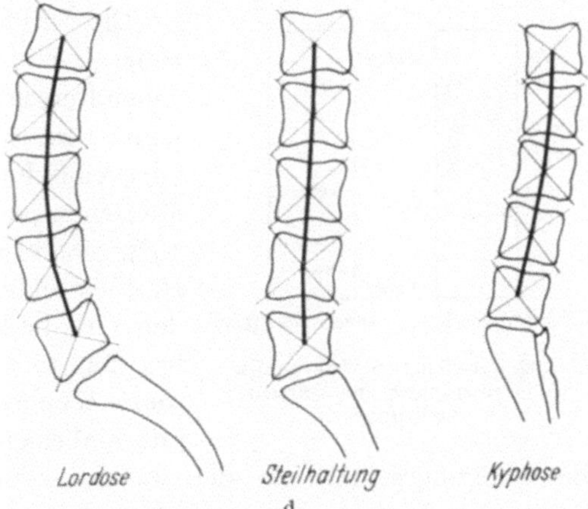

d

In der lockeren Sitzhaltung zeigten 57 Personen eine kyphotische Krümmung der Lendenwirbelsäule, bei 32 trat nur eine Steilstellung auf und elfmal haben wir in erschlaffter Sitzhaltung noch eine Lordose gesehen. Auch bei dieser Klassifizierung ist eine Altersabhängigkeit deutlich. Im Alter unter 10 Jahren fanden wir noch keine Lordose in der Ruhehaltung. Sie wurde nach dem 20. Lebensjahr häufiger. Der Häufigkeit von 6,8% unter 20 Jahren steht eine solche von 14,6% im höheren Lebensalter gegenüber. Auch hier ist nach der obigen Formel eine statistische Sicherung vorhanden. Mit dem Anstieg der Ruhelordose sinkt die Kyphosierung in Ruhehaltung ab (Abb. 47).

Tabelle 8. *Altersverteilung der Wirbelsäulenformen in entspannter und lockerer Sitzhaltung auf dem Röntgenbild*

Aufrichtung

	Lordose	Steilstellung	Kyphose	
unter 20 Jahre	10	21	13	44
über 20 Jahre	22	31	3	56
	32	52	16	

Ruhehaltung

	Lordose	Steilstellung	Kyphose	
unter 20 Jahre	3	7	34	44
über 20 Jahre	8	25	23	56
	11	32	57	

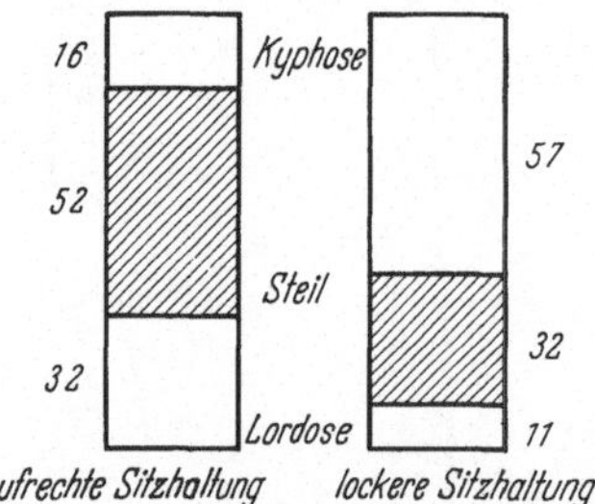

Abb. 47. Verteilung der Wirbelsäulenform in entspannter und aufrechter Sitzhaltung

Die Lendenwirbelsäule zeigt also in Ruhehaltung, d. h. wenn die aufrichtende Muskulatur weitgehend erschlafft ist und das Becken zurückgedreht wurde, in den meisten Fällen eine Steilstellung oder eine Kyphose. Eine Lordose ist auch beim Menschen jenseits des 20. Lebensjahres nur in etwa 15% anzutreffen. Damit kann auf Grund unserer Röntgenbildanalyse die Anschauung bestätigt werden, daß die Wirbelsäule in erschlaffter Sitzposition bei den meisten Menschen (bei etwa 85%) eine totale Kyphose zeigt, welche die Lendenwirbelsäule mit einbezieht. Erst in höherem Alter, wenn die Bewegungsausschläge in den Lendensegmenten geringer werden, bleibt eine Restlordose bestehen.

In aufrechter Sitzhaltung tritt stets eine Streckung der Lendenwirbelsäule auf. Bei jugendlichen Individuen wird aber nur in 23,0% eine echte Lordose erreicht, bei älteren Menschen nimmt die Häufigkeit mit fortschreitendem Alter zu, erreicht aber auch dann nur knapp 50% (Altersgruppe über 40 Jahre).

Zusammenfassung

Die Wirbelsäule zeigt im Sitzen grundsätzlich eine andere Form als im Stehen, denn aus statischen Gründen muß eine Vorneigung des Oberkörpers gegen das Becken erfolgen. Zur objektiven Erfassung der tatsächlichen Wirbelsäulenform in aufrechter und erschlaffter Sitzhaltung wurden verschiedene Untersuchungen durchgeführt.

Bei 1035 Schulkindern im Alter von 6 bis 14 Jahren fand sich in erschlaffter Sitzposition immer eine Kyphose. Der Krümmungsgrad wies aber Unterschiede auf. In 64% aller Fälle war eine mittlere Krümmung vorhanden, bei 11% der Kinder fand sich eine flachere, bei 25% eine stärkere Rundung. Bezogen auf die einzelnen Jahrgänge zeigt sich, daß die Rundrückenbildung in den Altersklassen unter 10 Jahren etwa doppelt so häufig anzutreffen ist, wie bei älteren Kindern. In der aufrechten Sitzhaltung wurde in 30,5% eine Lordose der Lendenwirbelsäule erreicht, während 19,4% eine Kyphose behielten. Bei dem Rest trat eine Steilstellung der Lendenwirbelsäule ein. Grundsätzlich kann aus jeder Ruhehaltung, auch aus solcher mit sehr starker Rundung, eine Lordose bei aufrechter Sitzhaltung erreicht werden, doch ist dazu eine verschieden große Muskelarbeit erforderlich.

Bei sechs jugendlichen wirbelsäulengesunden Individuen wurde der Gesamtbewegungsausschlag der Lenden- und Brustwirbelsäule beim Wechsel von der entspannten zur aufrechten Sitzhaltung gemessen. Er betrug zwischen 39 und 65°.

Die Form der Lendenwirbelsäule wurde auf den seitlichen Röntgenaufnahmen im Sitzen, und zwar in erschlaffter und aufrechter Position bei 100 Personen untersucht. Bei der aufrechten Sitzhaltung zeigt die Lendenwirbelsäule 32mal eine Lordose, in 52 Fällen war sie steilgestellt, während bei 16 Individuen eine Kyphose bestehen blieb. Die Lordosen sind im Alter nach 20 Jahren wesentlich häufiger als früher. In der erschlafften Sitzposition zeigten nur wenig mehr als die Hälfte der untersuchten Personen, nämlich 57 auch eine Kyphose der Lendenwirbelsäule, während bei elf Individuen eine Lordose bestehen blieb.

IV. Die Ursachen der Wirbelsäulenkrümmung im Sitzen

1. Stellungsänderung des Beckens

a) Wirbelsäulenform und Beckenneigung

Alle Autoren, die sich mit dem Sitzproblem beschäftigt haben, sind sich einig in dem Punkt, daß die Wirbelsäulenform im Sitzen mit der Rückdrehung des Beckens in Zusammenhang steht, wenn sie nicht sogar durch sie bedingt wird. Wir haben den Grad der Beckenkippung markiert durch den Winkel, den die Sitzbeintangente mit der Horizontalen bildet. Im aufrechten Stehen beträgt dieser bei voller Streckung der Beine 105°.

Er kann unter Heranziehung der Überstreckbarkeit von 15° auf 90° absinken. Eine weitere Rückdrehung des Beckens ist durch die Gegenspannung des Ligamentum ileo-femorale aber nicht mehr möglich. Im Sitzen fällt durch die Beugung in den Hüftgelenken diese Bandhemmung fort. Deshalb kann das Becken auch weiter zurückgedreht werden. Unter den 100 untersuchten Patienten fanden wir Sitzbeintangentenneigungswinkel zwischen 57° und 117°. Auf die einzelnen Wirbelsäulenformen bezogen, ergab sich folgendes Bild:

Aufrechte Sitzposition

Gruppe I: Eine Lordose wurde von einer Sitzbeinneigung gegen den Horizont von 84° an gefunden. Einmal betrug der Winkel 87°, in allen anderen

Fällen war er sogar größer als 90°. Der rechnerische Mittelwert bei unseren 32 Fällen betrug 97°.

Gruppe II: Bei einer Steilstellung der Lendenwirbelsäule war im Durchschnitt auch die Beckenneigung geringer. Die Rückwärtsdrehung gegenüber dem aufrechten Stand war bereits deutlich. Das kommt in einem Sitzbeinneigungswinkel von durchschnittlich 88,2° zum Ausdruck.

Gruppe III: Wie zu erwarten war, ist bei den Kyphosen der Winkel am geringsten. Wir fanden mit 71,1° einen Unterschied zu den Lordosen von durchschnittlich 26° (Abb. 48).

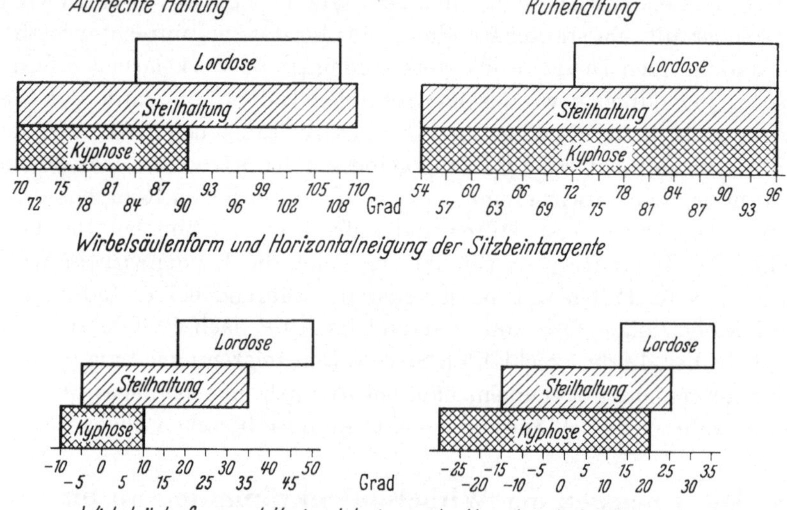

Abb. 48. Abhängigkeit der Wirbelsäulenform vom Grad der Neigung von Sitzbein- und Kreuzbeindeckplattentangente in entspannter und aufrechter Sitzhaltung

Ruhehaltung

In der Ruhehaltung war nur bei den Lordosen eine Abhängigkeit zwischen Wirbelsäulenform und Beckenstellung gegeben. Die rechnerischen Mittelwerte für den Umfang der Sitzbeinneigung betrugen hier bei *Gruppe I* der Ruhelordosen 84°, in *Gruppe II* der Steilstellungen und der *Gruppe III* der Ruhekyphosen fand sich beide Male ein Winkel von 75°.

Den Zusammenhang zwischen Beckenneigung und Wirbelsäulenform hat Leger (1959) im Stehen untersucht. Er wählte als Beziehungslinie für die Inklination die Conjugata anatomica. Irgend eine sichere Konkordanz zwischen Beckenneigung und Form der Wirbelsäule konnte er im Stehen nicht finden. Demgegenüber zeigen unsere Untersuchungen vor allem in aufrechter Sitzhaltung doch einen eindeutigen Zusammenhang. Das hängt unseres Erachtens damit zusammen, daß die Conjugata anatomica zwar ein sicheres Maß für die Neigung der Beckeneingangsebene ist, über die wirkliche Beckenstellung aber keine sichere Aussagen ermöglicht. Die Conjugata orientiert sich nur nach der ventralen oberen Kreuzbeinkante. Diese steht aber beim Kanalbecken (Kirchhoff) das bis zum 11. bis 12. Lebensjahr in der Regel vorhanden ist, höher über dem Becken als im späteren Alter. Zudem findet man einen Hochstand von S 1 auch beim Erwachsenen gar nicht so selten.

Wir haben an 19 seitlichen Wirbelsäulenganzaufnahmen von erwachsenen Frauen, die Inklination und die Neigung der Sitzbeintangenten verglichen.

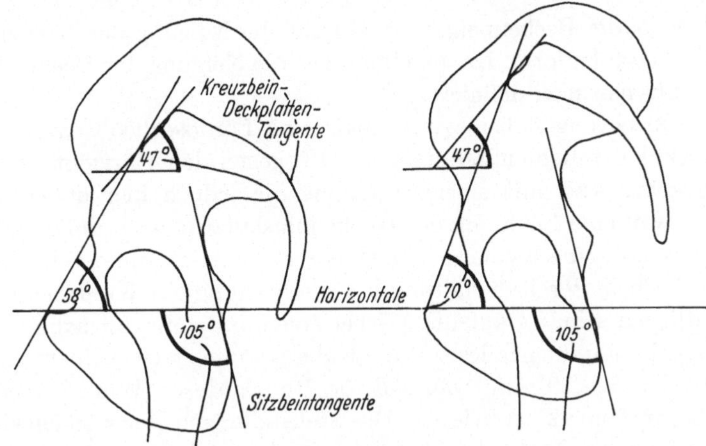

Abb. 49. Verschiedener Inklinationswinkel bei gleicher Beckenstellung durch unterschiedlichen Einbau des Kreuzbeines in das Becken

Dabei ergeben sich im einzelnen Unterschiede bis zu 30° (Tab. 9). Die Abbildung veranschaulicht die Ursachen der Meßdifferenzen (Abb. 49).

Tabelle 9. *Neigungswinkel zwischen der Conjugata anatomica und der Sitzbeintangente gegen den Horizont auf der seitlichen Wirbelsäulenganzaufnahme im Stehen bei 19 erwachsenen Frauen*

Winkel zwischen Horizont und Conjugata	Winkel zwischen Horizont und Sitzbeintangente	Winkel zwischen Horizont und Conjugata bei einer Sitzbeintangentenneigung von 105°	Winkel zwischen Conjugata und Sitzbeintangente
40	102	43	62°
46	102	49	56°
45	100	50	55°
48	102	51	54°
50	102	53	52°
56	108	53	52°
56	108	53	52°
50	100	55	50°
55	105	55	50°
48	98	55	50°
58	108	55	50°
55	104	56	49°
54	100	59	46°
52	98	59	46°
50	95	60	45°
55	96	64	41°
50	90	65	40°
54	92	67	38°
60	92	73	32°

Die physiologische Inklination kann mit der Conjugata anatomica nicht definiert werden, denn sie berücksichtigt den Einbau des Kreuzbeines in das Becken nicht. Alle Schlüsse, die aus der Neigung des Beckeneinganges auf die Wirbelsäulenform bezogen wurden, sind darum nicht zutreffend.

b) Die Neigung der Kreuzbeindeckplatte gegen den Horizont

Deutlicher als die Beckenneigung bestimmt die Neigung der Kreuzbeindeckplatte die Wirbelsäulenform. LEGER (1959) hat die Neigung der Deckplatte durch den Kreuzbeinbasiswinkel definiert.

Bei der Aufrichtung haben wir niemals eine Lordose beobachtet, wenn die Kreuzbeindeckplatte nicht mindestens um 18° gegen den Horizont nach ventral abfiel. Umgekehrt war, mit einer Ausnahme die jedoch hier unberücksichtigt bleiben kann, weil eine Lähmung der Rückenmuskulatur nach Poliomyelitis jede Aufrichtung verbot, eine Kyphose nicht mehr zu finden, wenn der Winkel größer als 10° war. Auch in der Ruhehaltung hat die Stellung der Kreuzbeindeckplatte einen wesentlichen Einfluß auf die Wirbelsäulenform. Mit Ausnahme des eben erwähnten Kinderlähmungsfalles trat die Ruhekyphose erst bei einem Kreuzbeinneigungswinkel unter 20° ein, während die Ruhelordosen Winkel über 13°, im Mittelwert sogar von 22° aufwiesen. Die Steilstellungen der Lendenwirbelsäule standen jeweils in der Mitte. Im einzelnen ergaben sich als rechnerische Mittelwerte:

Aufrichtung: In Gruppe I (Lordosen) war die Kreuzbeindeckplatte durchschnittlich 35,9° gegen den Horizont geneigt, bei Gruppe II (Steilstellungen) betrug die Neigung 11,5°. Bei den Kyphosen (Gruppe III) fiel die Kreuzbeindeckplatte im Mittelwert 2,2° nach dorsal ab.

Ruhehaltungen: Bei den elf Fällen, die in erschlaffter Sitzposition eine Lordose zeigten, fand sich im Mittel ein Kreuzbeindeckplattenneigungswinkel von 22°, bei Steilstellungen dagegen von 8°. Die Ruhekyphosen zeigten im Mittelwert einen Deckplattenabfall um 2,9° nach dorsal.

Das Ergebnis ist in mehrfacher Beziehung bemerkenswert. Sowohl bei der Erfassung des Sitzbeintangentenwinkels als auch bei der Beurteilung der Kreuzbeindeckplattenneigung kommt zum Ausdruck, daß die Form der Wirbelsäule von der Beckenhaltung abhängig ist. Bei der Rückdrehung des Beckens flacht sich auch beim Erwachsenen in der Regel die Lordose ab, wenn man von den Fällen absieht, in denen es durch pathologische Prozesse zu einer Versteifung oder Bewegungsbehinderung gekommen ist. Von einer gewissen Beckenhaltung an ist eine Steilstellung der Lendenwirbelsäule zu erkennen und schließlich entsteht sogar eine Kyphose. Außerdem hat sich ergeben, daß die Abhängigkeit der Wirbelsäulenform von der Neigung der Kreuzbeindeckplatte eindeutiger ist, als die von der Stellung der Sitzbeintangente.

Dieses Verhalten ist dann nicht überraschend, wenn man berücksichtigt, daß zwischen Sitzbein- und Kreuzbeintangente zwar im Einzelfall eine feste Abhängigkeit besteht, daß diese aber in den verschiedenen Altersgruppen unterschiedlich ist. Sie steht im Zusammenhang mit der sagittalen Kreuzbeinkrümmung, die im Laufe des postnatalen Lebens entscheidende Veränderungen erfährt. Wegen der Bedeutung dieser Vorgänge für unsere Problemstellung sind wir der postnatalen Kreuzbeinentwicklung nachgegangen.

c) Die Einkrümmung des Kreuzbeines in den Beckensockel

α) Material und Methode

Ausgewählt wurden die Röntgenpausen von 150 Sitzaufnahmen, die von 90 weiblichen und 60 männlichen Probanden angefertigt worden waren. Zur Bestimmung der Kreuzbeinkrümmung haben wir uns einer Methode bedient, die für direkte Untersuchungen am anatomischen Präparat schon 1893 von PATERSON angegeben wurde, und die auch RADLAUER (1908) für seine anthropologischen Studien verwandt hat. Wir haben sie auf die Kreuzbeinform, wie sie sich auf dem seitlichen Röntgenbild darstellt, übertragen. Faßt man die ventrale Kontur des Kreuzbeines als einen Kreisbogen auf, dann läßt sich durch die beiden Endpunkte leicht die Bogensehne errichten. Die Auffindung des Promontoriumerkers als den kranialen Ausgangspunkt ist im allgemeinen leicht. Der fünfte Kreuzbeinwirbel, dessen ventrale Caudalkante den zweiten gesuchten Punkt abgibt, ist an dem dorsal gelegenen Cornu ossis sacri leicht zu erkennen. Außerdem ist er durch den breiten Spalt, der ihn vom Steißbein trennt, gut abzugrenzen. Auf die durch diese Punkte gezogene Bogensehne wurde vom höchsten Punkt der konkaven Kreuzbeinkontur das Lot gefällt. Das Verhältnis dieser beiden Strecken faßt RADLAUER in seinem mittleren Sacralkrümmungsindex zusammen, für den er die Formel angibt:

$$\text{Sacralindex} = \frac{\text{größte Bogenhöhe} \cdot 100}{\text{vordere Sehnenlänge}}$$

Je kleiner die Zahl ist, desto schwächer ist die Kurve gekrümmt, je größer sie wird, um so stärker ist die ventrale Aushöhlung.

β) Ergebnisse

Bei $^4/_5$ der untersuchten Personen fanden wir einen Krümmungsindex zwischen 12 und 29,8°, was einen Mittelwert von 24,2 ergibt. Diese Zahl deckt sich mit dem mittleren Krümmungsindex von RADLAUER, den er auf Grund von direkten Messungen an nahezu 500 Kreuzbeinen mit 23,6 errechnet hat. Bei 18 Patienten lag der Index unter 12, in acht Fällen sogar unter dem von RADLAUER für die höheren Affen gefundenen Wert von 9,6 (Abb. 50). Daß die Kreuzbeinkrümmung sehr gering sein kann, ist lange bekannt. So machte z. B. WALDEYER (1899) die Mitteilung, daß die Berliner Beckensammlung ein Kreuzbein enthalte, bei welchem eine Krümmung fast vollkommen fehle. Auf der anderen Seite wiesen zehn Personen besonders starke Kreuzbeinkrümmungen mit einem Index von über 30 auf.

Zur Vereinfachung der weiteren Untersuchungen haben wir je nach dem Grad der Kreuzbeinkrümmung vier Krümmungstypen unterschieden und sie wie folgt bezeichnet:

Kreuzbeinform A Index bis 11,9;
Kreuzbeinform B Index 12,0 bis 19,9;
Kreuzbeinform C Index 20 bis 29,9
Kreuzbeinform D Index über 30.

Diese zunächst willkürliche Unterteilung hat sich als zweckmäßig erwiesen, so daß wir sie im folgenden beibehalten haben.

Tabelle 10. *Verteilung der Kreuzbeintypen bei 150 Personen*

Kreuzbeintyp	A	B	C	D	
männlich	6	29	21	4	60
weiblich...........	12	33	39	6	90
	18	62	60	10	150

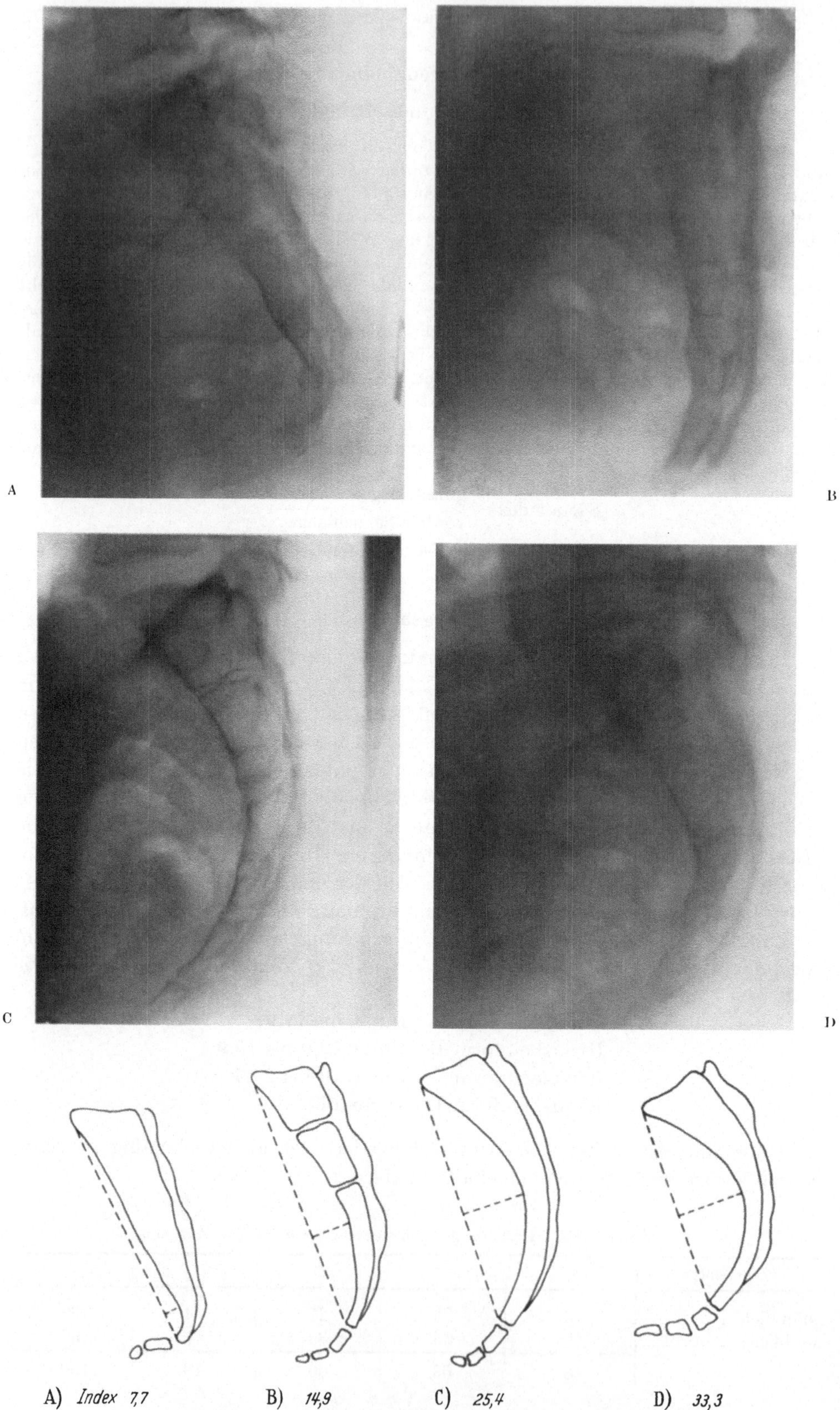

Abb. 50 A—D. Kreuzbeinform im seitlichen Röntgenbild. Typ A bis D

Bei der Auswertung hat sich gezeigt, daß die einzelnen Kreuzbeintypen in den verschiedenen Altersklassen in unterschiedlicher Häufung zu finden sind.

In den ersten Lebensjahren haben wir in allen Fällen einen Kreuzbeinindex unter 20 gesehen. Um die Pubertät tritt mit einer Ventral- und Caudalverlagerung des ersten Kreuzbeinwirbels eine stärkere Ausbildung des Promontoriums auf. Nachdem wir bei unseren Messungen von der ventralen Promontoriumkante ausgingen, mußte nunmehr auch der Kreuzbeinindex ansteigen, d. h. es mußten stärkere Kreuzbeinkrümmungen zu beobachten sein. Um das 40. Lebensjahr tritt nochmals eine Veränderung ein, dergestalt, daß die Häufigkeit von Kreuzbeinformen mit einem Index über 20 zunimmt (Abb. 51). Diese Ergebnisse belegen die lange bekannte Tatsache, daß die Kreuzbeinkrümmung, die zwar schon embryonal angedeutet ist, ihre endgültige Ausbildung erst im Laufe des Lebens erfährt.

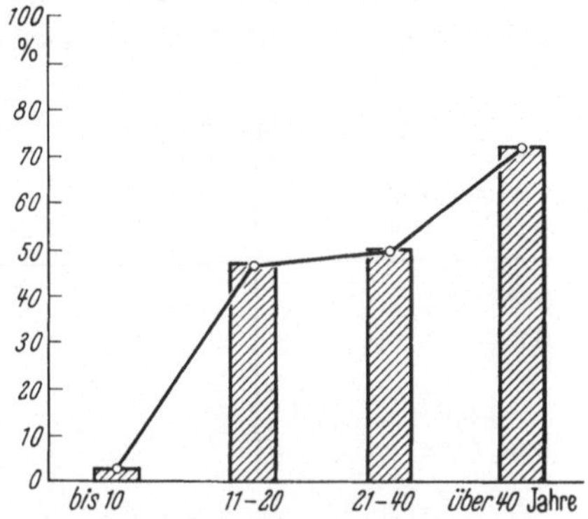

Abb. 51. Entwicklung der Kreuzbeinkrümmung im Laufe des Lebens bei 150 Personen

Dabei kann man zwei Perioden unterscheiden, in denen offenbar ein Krümmungsschub vor sich geht: Die erste Krümmungsphase fällt in die Zeit der Pubertät. In unserem Material liegt sie zwischen dem 10. und dem 16. Lebensjahr. Dann ist zunächst ein gewisser Stillstand erreicht. Mit dem Klimakterium der Frau zusammenfallend, tritt jenseits des 40. Lebensjahres nochmals eine Krümmungszunahme auf. Die Kreuzbeinformen A und B mit einem Krümmungsindex

Tabelle 11. *Verteilung der Kreuzbeinformen auf die verschiedenen Altersklassen*

	A	B	C	D	
0—10	8	22	1	—	31
11—20	5	18	17	3	43
21—40	3	17	18	5	43
über 40	2	5	24	2	33
	18	62	60	10	150

von 20 sind am häufigsten im ersten Lebensjahrzehnt anzutreffen. Bis auf den Fall eines 8jährigen Jungen mit einem Krümmungsindex von 23 zeichneten sich alle kindlichen Kreuzbeine durch die mehr oder weniger gestreckte Form aus. Wir halten uns darum für berechtigt, die Kreuzbeinformen A und B die jugendlichen oder infantilen zu bezeichnen. Zwischen dem 11. und dem 40. Lebensjahr hat die Kreuzbeinkrümmung zugenommen, so daß sich die jugendlichen Formen und die reifen Formen der Typen C und D nahezu die Waage halten. Jenseits des 40. Lebensjahres beobachteten wir eine weitere Zunahme der Kreuzbeinkrümmung, so daß nur noch $^1/_4$ der Fälle unter einem Index von 20 liegen, während $^3/_4$ der Kreuzbeine der Gruppen C und D angehören.

Im Gegensatz zu Speransky (1926), der die Krümmungszunahme lediglich durch eine ventrale Knochenapposition an S 1 erklärt, glauben wir eine direkte

Ventral- und Caudalverlagerung von S 1, wie das fast allgemein in der Literatur angenommen wird, auch an unserem Material bestätigt zu finden. Jedenfalls ändert sich zusammen mit dem Ansteigen des Krümmungsindex gleichsinnig auch der Winkel, den die Bogensehne des Kreuzbeines mit der Deckplattentangente des ersten Sacralwirbels bildet. Beim senkrecht stehenden Sacrum des Neugeborenen, wie beim Primaten, ist die Deckplattentangente nahezu in die Horizontale gestellt. Je stärker der Krümmungsgrad wird, um so mehr neigt sich auch die Deckplatte. Den Umfang der Ventralverlagerung kann man erfassen, wenn man den Winkel zwischen der Bogensehne und der Kreuzbeindeckplattentangente bestimmt und ihn in Beziehung zum SK-Winkel setzt. Dieser ist nach den obengemachten Darlegungen ein direktes Maß für die Erfassung der Kreuzbeinstellung zum Becken selbst.

Tabelle 12. *Beziehung zwischen Kreuzbeinform und Bogensehnen-Deckplattenwinkel*

Bogensehnen-Deckplattenwinkel	Kreuzbeinform			
	A	B	C	D
55°—65°	4	1	—	—
65°—75°	6	16	2	—
75°—85°	8	31	13	—
85°—95°	—	12	33	2
über 95°	—	2	12	8

Die geringsten Winkelgrade zwischen Bogensehne und Kreuzbein findet man beim gestreckten, also beim infantilen Kreuzbein. So hatten die Kreuzbeine des Typs A einen durchschnittlichen Winkel von 76,5°, die Kreuzbeine der Typen B von 82,5°, die der Gruppe C von 92,5° und die der Gruppe D von 106°.

Tabelle 13. *Verteilung des SK-Winkels auf die verschiedenen Altersklassen*

	45—50	51—55	56—60	61—65	66—70	71—75	76—80	81—85	86—90	über 90	
0—10...	—	—	—	—	—	13	8	4	4	2	31
11—20...	1	1	3	7	7	8	7	6	3	—	43
21—40...	2	5	4	6	5	5	9	6	—	1	43
über 40 .	2	2	9	5	6	2	3	3	1	—	33
	5	8	16	18	18	28	27	19	8	3	150

Entsprechend dem Einkrümmungsprozeß wird das Kreuzbein selbst im ganzen kürzer. Objektiv läßt sich das an der Länge der ventralen Bogensehne erkennen. Sie beträgt für die Kreuzbeintypen A und B im Erwachsenenalter zusammen im Durchschnitt 143 mm, für die Gruppen C und D 131 mm. Bei den gestreckten Formen der Gruppen A finden wir einen Mittelwert von 145 mm, die Kreuzbeine der Gruppe D haben dagegen nur eine Länge von 118 mm. Zusammenfassend kann also gesagt werden, daß durch Ventral- und Caudalverlagerung der Winkel zwischen Bogensehne und Kreuzbeindeckplatte größer wird, andererseits aber entsprechend der stärkeren Krümmung das Kreuzbein kürzer erscheint.

Die Lagebeziehungen zwischen Kreuzbeindeckplatte und Becken lassen sich mit dem SK-Winkel (Sitzbein-Kreuzbeindeckplattentangente) erfassen. In unserem Material haben wir einen SK-Winkel von durchschnittlich 71° bei Streuungen zwischen 45° und 90° gefunden. Nach den angestellten theoretischen Überlegungen, daß sich nämlich die Lagebeziehung des ersten Kreuzbeinwirbels — und damit natürlich auch die der Deckplatte — zum Becken, dargestellt durch die Sitzbeintangente, im Laufe des Lebens ändert, war die Überprüfung eines möglichen Zusammenhanges zwischen Lebensalter und SK-Winkel von besonderem Interesse.

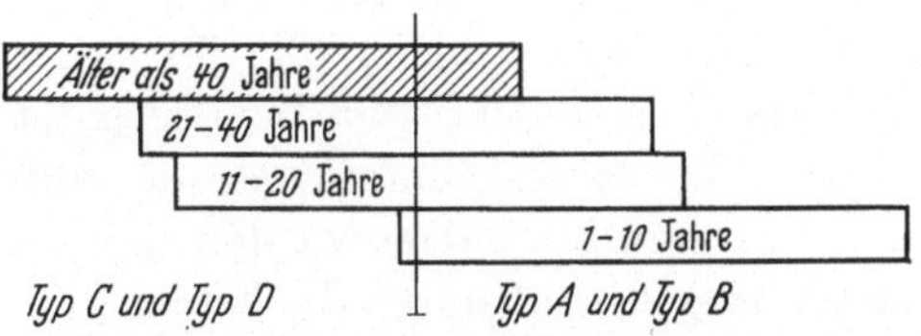

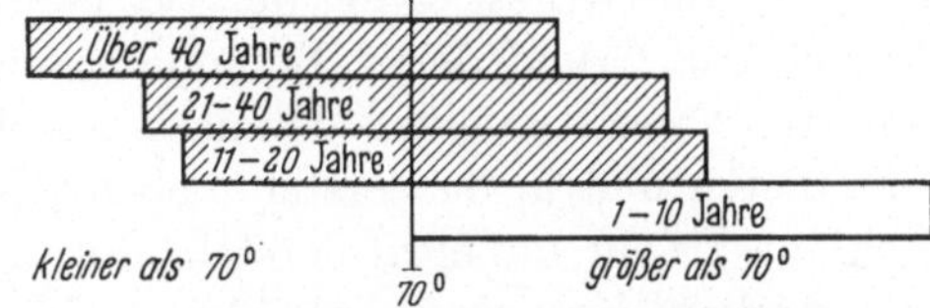

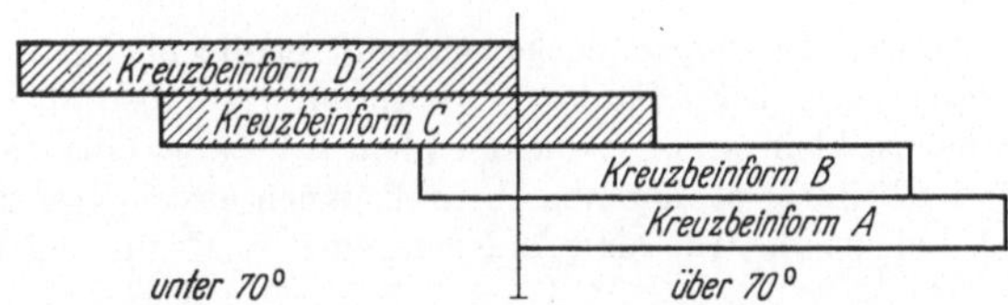

Abb. 52. Zusammenhang zwischen Lebensalter, Kreuzbeinform und SK-Winkel

Von den 31 Fällen, die zwischen dem 1. und 10. Lebensjahr stehen, ist der SK-Winkel stets größer als 70°. Daß er nicht höher liegt, mag vielleicht damit zu begründen sein, daß die meisten der untersuchten Kinder zwischen 7 und 10 Jahren alt waren und nur fünf jünger gewesen sind. Bei den älteren Kindern muß man aber annehmen, daß der Kreuzbeineinkrümmungsprozeß bereits in Gang gekommen ist. Nach dem 10. Lebensjahr findet sich eine Winkelbildung über 70° etwa gleichhäufig wie eine solche unter 70°. Diese Verteilung bleibt bis zum 40. Lebensjahr erhalten. Später werden die Winkel über 70° immer seltener. In unserem Material stehen jenseits des 40. Lebensjahres 24 Fälle mit einem SK-Winkel unter 70° nur noch neun mit

Tabelle 14. *Kreuzbeinform und SK-Winkel*

	A	B	C	D	
45—60°	—	1	19	9	29
61—70°	—	11	24	1	36
71—80°	9	33	13	—	55
81—90°	7	16	4	—	27
über 90°	2	1	—	—	3
	18	62	60	10	150

einem größeren Winkel gegenüber. Vergleicht man dieses Ergebnis mit den Befunden, die sich bei der Messung des Kreuzbeinindex ergeben haben, dann findet man eine fast völlige Übereinstimmung.

Der Zusammenhang wird schließlich noch unterstrichen, wenn man den SK-Winkel und die Krümmungsform des Kreuzbeines zueinander in Beziehung bringt. Die gestreckte Kreuzbeinform A hat in allen Fällen einen Winkel über 70° aufzuweisen, während kein Kreuzbein der Gruppe D, welche die am stärksten gekrümmten Formen umfaßt, einen Winkel über 70° hat (Abb. 52).

Die angestellten Untersuchungen sollten die Entwicklung des Kreuzbeines im Laufe des Lebens zahlenmäßig festhalten. Zu diesem Zweck wurden zwei verschiedene Wege beschritten. Bei der ersten Durcharbeitung des Materials war nur auf den Kreuzbeinkrümmungsgrad, ausgedrückt durch den Index, geachtet worden. Daraufhin haben wir den Grad der Kreuzbeinkrümmung in das Beckengefüge, ausgedrückt durch die Winkelbildung zwischen Kreuzbeindeckplatte und Sitzbeintangente (SK-Winkel) untersucht. Bei beiden Untersuchungen ergab sich eine fast vollständige Übereinstimmung der Befunde. Diese wurden schließlich überprüft durch Festlegung der Beziehungen zwischen Kreuzbeinform und SK-Winkel. Auf Grund dieser Befunde kommen wir zu folgendem Schluß: Die gestreckte Kreuzbeinform, definiert durch den kleinen Krümmungsindex, ist beim Feten und in den ersten Lebensjahren physiologisch. Im Laufe der Entwicklung bis zur Pubertät entsteht mit dem Tiefertreten des ersten Sacralwirbels eine stärkere Kreuzbeinaushöhlung. Nach Abschluß der Pupertät tritt ein gewisser Stillstand ein. Im 5. Lebensjahrzehnt kann man dagegen einen nochmaligen Entwicklungsschub beobachten, der zu einer weiteren Kreuzbeinkrümmung führt.

Unsere Ergebnisse decken sich mit Beobachtungen, die von gynäkologischer Seite gemacht worden waren. So fand von Schubert (1929), daß der Beckenöffnungswinkel beim Kind zunächst klein ist, mit zunehmendem Alter aber eine Vergrößerung erfährt. Kirchhoff (1949) findet beim Neugeborenen ebenfalls einen gestreckten Kreuzbeinverlauf. Erst um das 11. bis 12. Lebensjahr tritt eine Änderung in Kreuzbein- und Beckenform ein.

Diese normale Entwicklung der Kreuzbeinkrümmung kann in jedem Lebensalter zum Stillstand kommen. Erreicht das Kreuzbein keine genügende Einkrümmung, dann bleibt es auf einer infantilen Entwicklungsstufe stehen. Daß dabei auch die Beckenentwicklung unvollkommen bleiben muß, soll am Rande erwähnt sein. Sie hat für den Gynäkologen und Geburtshelfer große Bedeutung.

Wie unsere Zahlen beweisen, finden sich auch beim Erwachsenen infantile Kreuzbeinformen. Da Stellung und Lage des Kreuzbeines und des Beckens aber einen Einfluß auf die Haltung des Rumpfes haben, muß die Kreuzbeinform für die Ausbildung der Lendenwirbelsäulenkrümmung von Bedeutung sein.

Dieser Zusammenhang wurde an dem Patientengut, von dem die erwähnten 100 Sitzaufnahmen in den beiden Positionen stammten, nachgeprüft. Dabei ergab sich folgender Befund: Der SK-Winkel in aufrechter Sitzhaltung betrug in der Gruppe I der Lordosen im Durchschnitt 63,6°, bei den Steilstellungen der Lendenwirbelsäule der Gruppe II 73,5° und bei den Fällen der Gruppe III 82,5°. Bei den Ruhehaltungen war für die Lordosen der Gruppe I ein Winkel von 59,4° gefunden worden, für die Gruppe II mit einer Steilstellung der Lendenwirbelsäule ein Winkel von 65,5° und für die Totalkyphosen der Gruppe III ein Winkel von 76,2° (Tab. 15). Je geringer die Kreuzbeineinkrümmung ist, desto größer ist, wie mitgeteilt, auch der SK-Winkel. Aus diesem Grunde mußte sich auch ein entsprechender Zusammenhang zwischen der Form des Kreuzbeines selbst und der Haltung der Lendenwirbelsäule feststellen lassen. Das infantile Kreuzbein mit einem Krümmungsindex von unter 12 war am häufigsten in der Gruppe der Kyphosen in Aufrichtung und in Ruhehaltung zu finden. Umgekehrt waren die Kreuzbeine mit einem Krümmungsindex über 20 am häufigsten mit einer Lordose vergesellschaftet.

Wie durch die bisherigen Untersuchungen gezeigt werden konnte, hängt die Form der Wirbelsäule im Sitzen von der Neigung der Kreuzbeindeckplatte, normale Beweglichkeit und Formausbildung der einzelnen Wirbel ab. Wegen des unterschiedlichen Einbaues des Kreuzbeines in den Beckenring, ist zur Erreichung einer entsprechenden Deckplattenneigung ein unterschiedlicher Grad der Beckendrehung auf dem Sitz erforderlich.

Bei der Mehrzahl der untersuchten Personen ließ sich allein auf Grund des SK-Winkels, der ja die Lagebeziehung zwischen Sacrum und Becken definiert, eine Voraussage über die zu erwartende Wirbelsäulenform im aufrechten und lockeren Sitzen machen.

Tabelle 15. *SK-Winkel und Form der Lendenwirbelsäule im aufrechten und entspannten Sitzen*

SK-Winkel	Aufrechte Sitzhaltung			Entspannte Sitzhaltung		
	Lordose	Steilstellung	Kyphose	Lordose	Steilstellung	Kyphose
45—49	3	—	—	1	1	—
50—54	2	4	—	1	5	—
55—59	8	—	—	5	4	—
60—64	5	6	—	1	4	6
65—69	8	8	1	3	8	6
70—74	3	8	1	—	5	7
75—79	1	12	5	—	3	15
80—84	—	9	2	—	1	10
85—89	1	4	4	—	1	8
über 90	1	1	3	—	—	5

Eine Lordose fanden wir in aufrechter Sitzhaltung im allgemeinen nur bei einem SK-Winkel unter 74°. Die folgenden drei der 32 Fälle bilden eine Ausnahme:

1. 10jähriger Junge mit SK-Winkel von 85°. In der aufrechten Sitzhaltung wurde eine Lordose der Lendenwirbelsäule durch eine verstärkte Beckenkippung, die sich in einem Sitzbeintangentenwinkel von 105° ausdrückt, erreicht. Dadurch stellte sich die Kreuzbeindeckplatte in einen Winkel von 20° gegen den Horizont ein.

2. 19jähriges Mädchen mit einem SK-Winkel von 90°. Die Deckplattenneigung gegen den Horizont von 20° wurde durch eine Beckenkippung mit einer Sitzbeintangentenwinkelbildung von 110° erreicht.

3. Bei einem 14jährigen Mädchen schließlich war ein SK-Winkel von 79° vorhanden. Die Beckenkippung wurde bis zu einem Sitzbeintangentenwinkel von 99° ausgeführt, so daß wiederum die Kreuzbeindeckplatte 20° gegen den Horizont geneigt war.

War der SK-Winkel also größer als 74°, dann mußte eine verstärkte Beckenvordrehung die kritische Horizontaleinstellung der Kreuzbeindeckplatte von 20° herbeiführen. Andererseits konnte im Falle eines kleinen SK-Winkels, die für die Lordose notwendige Kreuzbeindeckplattenneigung schon bei einer geringen Beckenvorneigung eintreten.

Bei zwei Patienten haben wir bei einem Sitzbeintangentenwinkel unter 90° eine Lordose beobachtet. Bei einem 16jährigen Mädchen mit einem SK-Winkel von 57° betrug die Horizontalneigung der Sitzbeintangente 87°, während ein 15jähriges Mädchen mit einer Sitzbeinneigung von 84° einen SK-Winkel von 68° zeigte.

Die mitgeteilten Fälle sind in mancher Beziehung interessant. Allen ist gemeinsam, daß sie zur Erreichung einer Lordose in Aufrichtung ihre Kreuzbeindeckplatte so einstellen, daß ein Winkel mit dem Horizont von 20° entsteht. Nur in einem Falle lag er knapp darunter. Wegen der unterschiedlichen Einkrümmung des Kreuzbeines in den Beckenring wird die Deckplattenneigung mehr oder weniger leicht erreicht. Bei kleinen SK-Winkeln ist die Lordose schon bei geringer Beckenvorneigung möglich. Bei großen SK-Winkeln dagegen ist immer eine er-

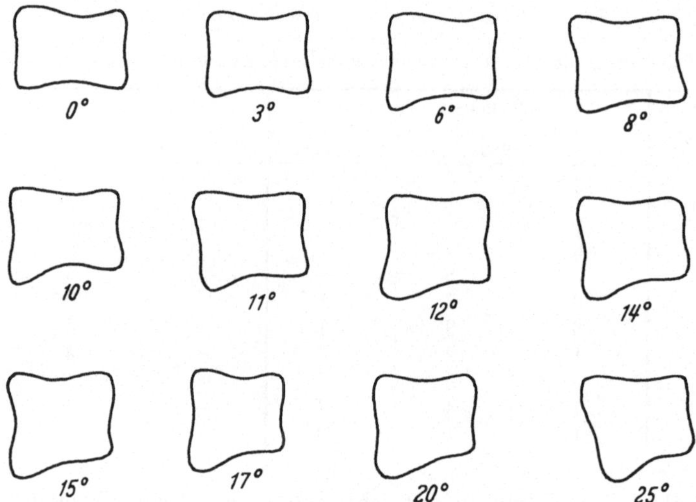

Abb. 53. Verschiedene Formen des fünften Lendenwirbels im seitlichen Röntgenbild, definiert durch den ventralen Winkel der Deck- bzw. Grundplattentangente

hebliche Muskelarbeit erforderlich, um die notwendige Beckeneinstellung zu erreichen. Bei der Beurteilung der Situation im erschlafften Sitzen muß darauf hingewiesen werden, daß die Beckenneigung in vorderer Sitzlage keine Rolle spielt. Hier ist ja in jedem Falle das Becken so weit vorgedreht, daß die kritische Neigung der Kreuzbeindeckplatte praktisch immer vorliegt, natürlich ohne daß eine Lordose entsteht. Für die hintere erschlaffte Sitzhaltung gelten grundsätzlich die gleichen Gesetzmäßigkeiten, die wir für die aufrechte Sitzhaltung gefunden haben. Bei drei untersuchten Personen haben wir allerdings eine Lordose gesehen, bei einer Neigung der Kreuzbeindeckplatte von weniger als 20°. Im einzelnen handelt es sich dabei um:

1. Ein 15jähriges Mädchen mit einem SK-Winkel von 68°. Die Sitzbeintangente war um 78° gegen den Horizont geneigt. Interessant ist, daß wir bei diesem Mädchen eine Kreuzbeinform vom Typ D mit einem Index von 30,3 fanden.

2. Eine 65jährige Frau mit einem SK-Winkel von 65° und einer Sitzbeintangentenneigung von 83°. Sie hatte ebenfalls einen sehr hohen Krümmungindex von 29,5°.

3. Einen 22jährigen Mann mit einem SK-Winkel von 48°. Die Horizontalneigung der Deckplatte betrug 11° bei einer Sitzbeintangentenneigung von 59°. Bei ihm fand sich ebenfalls ein stark gekrümmtes Kreuzbein mit einem Krümmungsindex von 27,3°.

Einer kurzen Erwähnung bedarf an dieser Stelle schließlich noch die anatomische Form des fünften Lendenwirbels. Wegen der häufig anzutreffenden Keilform wäre rein theoretisch die Möglichkeit gegeben, daß auf diese Weise eine Deckplattenneigung des Kreuzbeines von 20° kompensiert werden kann und somit die zu erwartende Lendenlordose ausbleibt. Wir sind auch dieser Möglichkeit nachgegangen (Abb. 53). Zur Definition der Form des fünften Lendenwirbels haben wir den Winkel bestimmt, den die beiden Tangenten an Deck- und Grundplatte miteinander bilden. Über die Verteilung unterrichtet die Tab. 16.

Tabelle 16. *Form des fünften Lendenwirbels im seitlichen Röntgenbild, Verteilung der ventralen Winkelgröße der Deck- bzw. Grundplattentangente*

Winkel											
0—1°	2—3°	4—5°	6—7°	8—9°	10—11°	12—13°	14—15°	16—17°	18—19°	20—21°	22—25°
6	11	8	18	17	13	10	8	6	1	1	1

In unseren Fällen haben wir 94mal eine Keilform des fünften Lendenwirbels angetroffen. Die Winkelbildung schwankte zwischen 1 und 25°. Der Mittelwert betrug 8,18°. Eine Beeinflussung der Wirbelsäulenform durch die Gestalt des fünften Lendenwirbels war aber an unserem Material nicht nachzuweisen.

Zusammenfassung

Die Form der Lendenwirbelsäule wird von verschiedenen Faktoren mitbestimmt. Einmal spielt die Stellung des Beckens selbst eine Rolle. Sie kann definiert werden, durch einen Winkel, den die Sitzbeintangente ventral mit dem Horizont bildet. Zur Erreichung einer Lordose war immer ein Winkel über 85° notwendig, mit anderen Worten, die Sitzbeintangente mußte in die Vertikale gestellt werden. Noch eindrucksvoller waren aber die Zusammenhänge zwischen Horizontalneigung der Kreuzbeindeckplatte und der Wirbelsäulenform. War der ventrale Abfall gegen den Horizont kleiner als 16°, dann war niemals, weder in aufrechter noch in lockerer Sitzhaltung, eine Lordose zu beobachten. Weil es sich gezeigt hatte, daß diese Winkelbildung durch eine unterschiedliche Beckenstellung erreicht werden konnte, wurde die Entwicklung der Kreuzbeinkrümmung in den Beckenring studiert. Dabei stellte sich heraus, daß an dem infantilen gestreckten Kreuzbein, wie man es beim Neugeborenen findet, erst gegen Ende des 1. Lebensjahrzehntes eine stärkere Krümmung erkennbar wird. Nach Abschluß der Pubertät bleibt die Form des Kreuzbeines bis zum 40. Lebensjahr nahezu gleich, danach tritt nochmals ein Krümmungsschub ein. Mit der Einkrümmung des Kreuzbeines, für die vor allem die Ventral- und Caudalverlagerung des ersten Kreuzbeinwirbels verantwortlich ist, ändert sich ein Winkel zwischen Kreuzbeindeckplattentangente und Sitzbeintangente der SK-Winkel. Bei den Lordosen wurde stets ein Winkel unter 64° beobachtet, bei den Kyphosen immer über 76°. Durch die Bewegungen der Lendenwirbelsäule und eine vermehrte Kippung des Beckens, die um die Tubera ossis ischii als Drehpunkt erfolgt, kann ein ungünstiger SK-Winkel teilweise ausgeglichen werden.

2. Die Beweglichkeit der Wirbelsegmente

Die Faktoren, welche die Beckendrehung nach rückwärts erzwingen, sind im wesentlichen passiver Natur. Hat einmal die Rumpfschwerlinie den Drehpunkt des Beckens, das sind im Sitzen wechselnde Punkte an der Berührungsfläche zwischen dem Sitzbrett und dem Sitzbeinknorren, nach rückwärts überschritten, dann bewirkt ihr Drehmoment alleine eine fortschreitende Dorsalverlagerung. Das Becken kippt schließlich so weit nach hinten, daß die Schwerlinie aus der Unterstützungsfläche gerät. Damit fiele der sitzende Körper nach hinten um. Bleibt er in aufrechter Haltung vorher stehen, dann müssen die Drehmomente durch entgegengesetzt wirkende Kräfte aufgenommen werden. Beim Stuhl mit einer Lehne kann diese den notwendigen Gegenhalt geben. Auch durch körpereigene passive Hilfen kann eine Stabilisierung des Beckens versucht werden. So führt z. B. das Umklammern der Stuhlbeine mit Unterschenkel und Fuß eine Sicherung der Haltung herbei. Die dabei notwendige aktive Muskelarbeit bedingt indessen bald Ermüdungserscheinungen, die schließlich die Aufgabe des „Zangengriffes" erfordern. Zur Balancehaltung bedienen wir uns darum oft des Zurückschlagens eines oder beider Beine unter den Sitz. Auch das Überkreuzen der Beine hat offensichtlich einen stabilisierenden Effekt.

Die Sicherung des Gleichgewichtes wird schließlich am einfachsten dadurch erreicht, daß der Oberkörper eine der Beckenrückdrehung entgegengerichtete Bewegung ausführt. Damit flacht sich zwangsläufig die Lendenlordose ab und kann schließlich in eine Kyphose übergehen. Dadurch wird der Rumpfschwerpunkt über der Unterstützungsfläche gehalten, obwohl sich das Becken nach rückwärts dreht. Eine vollkommene Umkrümmung von der Lordose zur Kyphose setzt aber die ungestörte Beweglichkeit in den Bewegungssegmenten der Wirbelsäule voraus.

Beim Übergang vom Stehen zum Sitzen findet, wie oben gezeigt wurde, eine Ventriflexion vor allem in den unteren Lumbalsegmenten statt. Schon durch das Hinsetzen wird also ein gewisser, im allgemeinen nicht unbeträchtlicher Anteil der gegebenen Bewegungsmöglichkeit herangezogen. Eine lumbale Kyphose ist bei normaler Wirbelkörperform nur dann zu erreichen, wenn die Vorwärtsbewegung ungehindert möglich ist. Wird sie durch Elastizitätsminderung in den ligamentären oder muskulären Strukturen der Bewegungssegmente behindert oder sind knöcherne Hemmnisse vorhanden, dann bleibt auch im Sitzen, selbst in der hinteren Ruhelage, die Lordose oder Steilstellung erhalten. Diesen Umständen ist es wohl vor allem zuzuschreiben, daß im Alter die Ruhelordosen häufiger anzutreffen sind. Auch eine vermehrte Brustkyphose muß die Lendenkrümmung maßgebend beeinflussen. In der Gliederkette der Wirbelsäule ist die ungehinderte Funktion an einen in allen Abschnitten erhaltenen normalen Bewegungsablauf gebunden. Versteifungen in einem, wenn auch umschriebenen Bezirk, müssen sich auf die Nachbarsegmente auswirken und beeinflussen nicht selten die ganze Gliederkette.

Über die Form der Krümmung, ob Steilstellung oder Kyphose, entscheidet grundsätzlich die Bewegungsmöglichkeit in den Lendensegmenten selbst. Auch bei entspannter hinterer Sitzhaltung, also dann, wenn die Ventriflexion der

Wirbelsäule maximal ausgenutzt wird, steht das letzte caudale Bewegungssegment praktisch immer in einer lordotischen Einstellung. Wir haben, wie auf Seite 41 angegeben, dies dadurch nachgeprüft, daß wir das Viereck, welches die Diagonalen durch die Wirbelkörper eines Bewegungssegmentes miteinander bilden, durch die Verbindungslinie der Wirbelkörpermittelpunkte in zwei Dreiecke zerlegten. War das ventrale Dreieck größer, dann stand das betreffende Segment in einer Kyphose, war es kleiner, lag eine lordotische Einstellung vor, waren beide Dreiecke gleich, haben wir von einer Mittelstellung gesprochen.

In erschlaffter Sitzhaltung haben wir bei den Kyphosen der Lendenwirbelsäule der Gruppe III im Segment L 4/L 5 unter 57 Fällen 35mal eine lordotische Haltung gefunden und dreimal eine Mittelstellung. Nur 19 Patienten zeigten auch hier schon die an sich zu erwartende Kyphose. In den höheren Segmenten war dagegen immer eine Kyphose vorhanden, von einer Ausnahme abgesehen, auf die später einzugehen sein wird. Interessant ist, daß bei den Steilstellungen unserer Gruppe II im Segment L 3/L 4 ebenfalls 13mal und im Segment L 2/L 3 17mal, also in etwa der Hälfte der Gesamtzahl, eine Kyphose gefunden wurde.

Tabelle 17. *Krümmungseinstellung in den drei unteren Lendensegmenten bei 100 untersuchten Personen in erschlaffter Sitzhaltung*

	L 4/L 5			L 3/L 4			L 2/L 3			
	Lordose	Mittel	Kyphose	Lordose	Mittel	Kyphose	Lordose	Mittel	Kyphose	
Lordose Gruppe 1	11	—	—	10	1	—	8	1	2	11
Steilstellung Gruppe 2	31	1	—	15	4	13	12	3	17	32
Kyphose Gruppe 3	35	3	19	—	1	56	—	1	56	57
	77	4	19	25	6	69	20	5	75	100

Faßt man alle Haltungen zusammen, dann ergibt sich, daß in den letzten beiden Segmenten die Lordose in der erschlafften Ruheposition die Regel bleibt, im Segment L 3/L 4 dagegen die Kyphosierung im allgemeinen schon beginnt und im Segment L 2/L 3 in $^3/_4$ der Fälle gefunden wird.

Damit ist gezeigt, daß unter normalen Umständen die Lendenwirbelsäule, von den beiden unteren Segmenten abgesehen, kyphosiert werden kann. In einem oben erwähnten Fall haben wir eine Mittelstellung der unteren vier Bewegungssegmente gefunden, darüber eine Abknickung nach ventral beobachtet. Man hat hier den Eindruck einer Versteifung der unteren Lendenwirbelsäule. Am Übergang von der steifgehaltenen Lendenwirbelsäule zum beweglichen Teil des Achsenskeletes entsteht dann ein Knick.

Die Vordrehung des Beckens, im Zusammenhang damit die Ventralneigung der Kreuzbeindeckplatte, kann durch die Schwerkraft alleine erfolgen, wenn der Schwerpunkt vor die Tuberlinie gebracht wird. Dann ändert sich wohl die Beckenstellung, die Totalkyphose der Wirbelsäule indessen bleibt erhalten. Die Rundung des Rückens tritt in jeder Beckenstellung unter dem Einfluß der Schwerkraft auf. Kommt es dagegen zu einer Lordose, dann sind, freie Beweglichkeit vorausgesetzt, aktive Kräfte hierfür notwendig. Ein Maß für die Aufrichtung der Lendenwirbelsäule ist der Bewegungsumfang beim Übergang von erschlaffter Ruheposition zur aufrechten Sitzhaltung. Wir haben den Bewegungsumfang an unserem Material studiert (Abb. 54). Dazu wurden die Winkel, die die beiden Wirbelkörper ventral miteinander bildeten auf den Röntgenaufnahmen in erschlaffter und aufrechter Position verglichen. Die Differenz wurde als Bewegungsausschlag gewertet. Unsere Untersuchungen hatten nicht den Zweck, die möglichen Gelenkexkursionen in den einzelnen Segmenten zu erfassen. Es kam uns wesentlich mehr darauf an, den tatsächlich benutzten Bewegungsumfang zu studieren. Weil wir keine extremen Haltungen einnehmen ließen, sondern die physiologische Bewegungsbreite des Einzelnen erfassen wollten, mußten unsere Zahlen unter den Werten bleiben, die Dittmar, Bakke, Tanz, Leger u. a. angegeben haben.

Bewegung der LWS	Form der LWS im aufrechten Sitzen: Lordose	Steil	Kyphose	Lordose	Steil	Kyphose	Lordose	Steil	Kyphose
über 51°	•			••			•	•	
46–50							•		
41–45				••			•	•	
36–40	•			••			•		•
31–35				••••			•	•••••	
26–30	•			••••	•••			••••	••
21–25				•	••			•••••••	••
16–20	••			•	••••			•••••••	•
11–15	•••••				•••			••••••	•••••••
6–10	•				•••			•••••	•
0–5									••
Form der LWS im entspannten Sitzen	Lordose			Steilhaltung			Kyphose		

Abb. 54. Umfang der Bewegung der Lendenwirbelsäule beim Übergang von der entspannten zur aufrechten Sitzhaltung

Es hat sich aus dem Vergleich mit den Befunden der genannten Autoren gezeigt, daß die Mehrzahl der beobachteten Personen nur einen relativ geringen Teil ihres an sich gegebenen Bewegungsumfanges ausnützt. Bei $^3/_4$ aller Untersuchten betrug der Bewegungsausschlag im Bereich der Lendenwirbelsäule 10 bis 35°. Nur bei 15 Individuen war er größer, bei 12 blieb er darunter. Die letzte Gruppe kann für irgendwelche Schlußfolgerungen jedoch nicht herangezogen werden, weil bei allen pathologische Veränderungen von seiten der Hüftgelenke, der Lumbo-sacraljunkturen oder der Zwischenwirbelscheiben vorlagen. Bei ihnen vollzieht sich der Übergang von der aufrechten zur lockeren Sitzhaltung fast ausschließlich durch eine Drehung des Beckens. Unter den 100 Probanden fanden sich fünf, denen aus einer tiefen Senkung die volle Aufrichtung zur Lordose gelang. Alle fünf benötigten einen Gesamtbewegungsausschlag der Lendenwirbelsäule von über 33°, um aus der Ruhekyphose in die Aufrichtungslordose zu kommen. Dagegen zeigten elf der Patienten, die eine Lumbalkyphose auch in aufrechter Haltung behielten, einen Bewegungsausschlag von unter 17°. An Hand der beobachteten Fälle bestätigt sich, daß nur durch eine aktive Bewegung der Wirbelsäule von einem nicht unbeträchtlichen Umfange die volle Aufrichtung aus der Ruhehaltung möglich ist.

Zwischen Beckenkippung und Bewegungsausschlag der Lendenwirbelsäule besteht im allgemeinen ein direkter Zusammenhang, wie aus dem Diagramm hervorgeht (Abb. 55). Unter normalen Umständen wirken beide bei unverändert aufgerichtetem Oberkörper synergistisch zusammen. Die Bedeutung der einen oder anderen Komponente kann man am besten bei ihrem Ausfall durch pathologische Prozesse beurteilen. Solange die Hüftgelenke frei beweglich sind und dadurch die Beckenkippung ungestört bleibt, kann auch eine weitgehende Versteifung der Wirbelsäule kompensiert werden. Zwar ändert sich dann die Wirbelsäulenform nicht mehr, doch ist durchaus eine Vorneigung des Rumpfes z. B. beim Schreiben oder eine Rücklagerung zum Anlehnen auch auf niederen Stühlen möglich. Versteifende Prozesse im Bereich der Bewegungssegmente des Rückens bestimmen in ihrem Abschnitt die Formung des Rückens, lassen aber grundsätzlich jede Sitzhaltung zu (Abb. 56). Anders ist es bei Erkrankungen, die sich am Gelenkapparat der Wirbelsäule oder im Bereich der Foramina intervertebralia abspielen. So sucht der Bechterewkranke naturgemäß auch im Sitzen eine Stellung, in welcher die schmerzhafte Kapselzerrung nach Möglichkeit vermieden wird. Je nach Art und Lokalisation des Prozesses ergeben sich daraus verschiedene Haltungsbilder. Wie bei der Prüfung der Ventriflexion im Stehen die Erkrankung an der mangelhaften und nicht kontinuierlichen Rundung des Rückens erkannt wird, so drückt sie sich auch im Sitzen in einer Formabweichung aus.

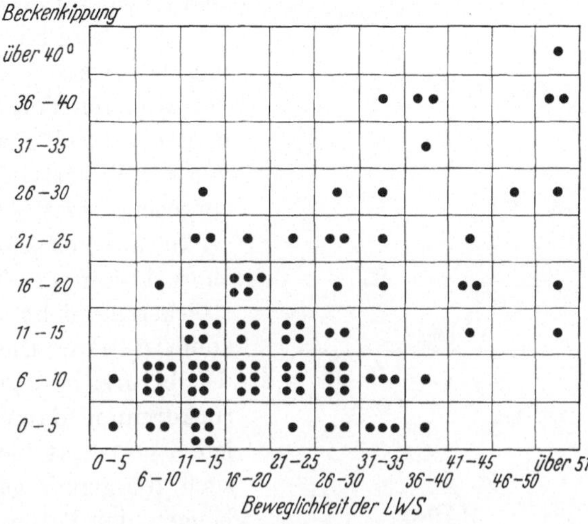

Abb. 55. Zusammenspiel von Wirbelsäulenbeweglichkeit und Beckenkippung

Besonders eindrucksvoll läßt sich die Abhängigkeit von Wirbelbeweglichkeit und Bekkenkippung bei raumfordernden Prozessen im Bereich der Foramina intervertebralia zeigen. Beim akuten Bandscheibenvorfall wird das Becken so eingestellt, daß die Belastung der Zwischenwirbelscheibe eine möglichst gleichmäßige wird. Das kann nur erreicht werden durch Horizontalstellung der sie tragenden Deckplatte des caudal gelegenen Wirbels. Im Stehen wird zur Erreichung dieses Zieles die Überstreckung der Beine in den Hüftgelenken ausgenutzt, d. h. mit anderen Worten, das Becken wird zurückgedreht. Beim Sitzen erfolgt die Beckendrehung ja nach dem SK-Winkel unterschiedlich.

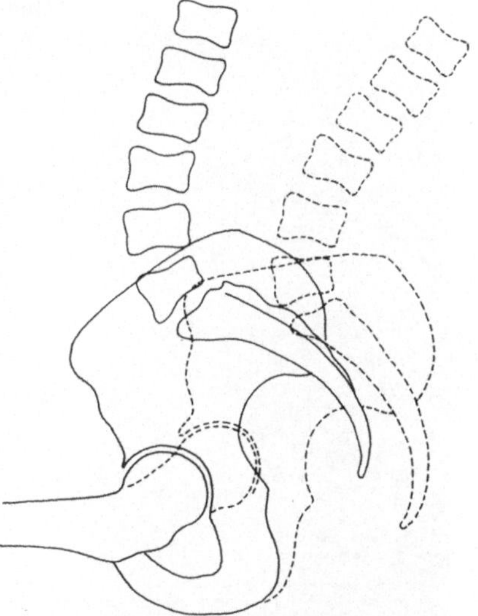

Abb. 56. „Entspannte" und aufrechte Sitzhaltung bei einer 71jährigen Frau mit einem Altersrundrücken

Bei einer 25jährigen Frau mit einem Winkel von 60° fand sich klinisch ein Bandscheibenvorfall nach dorsal, der die Wurzel L 5/S 1 komprimierte, wie die spätere Operation bestätigt hat. Die Deckplatte von S 1 steht dann horizontal, wenn die Sitzbeintangente mit der Horizontalen einen Winkel von 60° bildet. Der weiteren Vorneigung des Beckens durch Flexion in den an sich frei beweglichen Hüftgelenken wird von der Wirbelsäule her ein energischer Widerstand entgegengesetzt (Abb. 57).

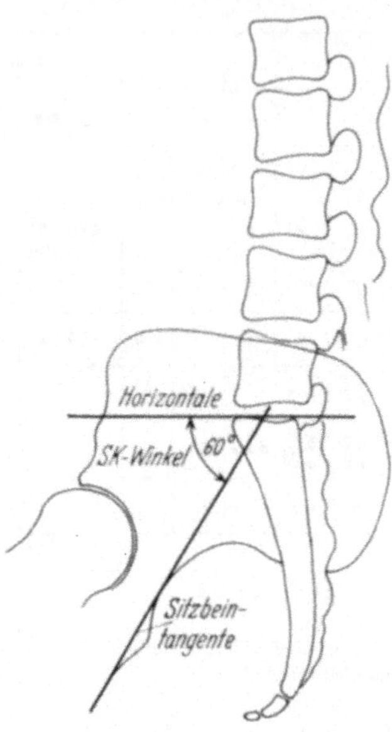

Abb. 57. Röntgenpause der Lendenwirbelsäule bei einer 25jährigen Patientin mit Bandscheibenvorfall

In diesem Zusammenhang ist auch das Verhalten eines 11jährigen Knaben mit einer sog. Lendenstrecksteife nicht ohne Interesse. Die Lendenstrecksteife ist bekanntlich klinisch dadurch charakterisiert, daß bei frei beweglichen Hüftgelenken eine Beckenrückdrehung dann nicht gelingt, wenn die Kniegelenke gestreckt bleiben. So kann man bei dem Versuch, die gerade gehaltenen Beine in den Hüften zu beugen, den Patienten wie ein Brett anheben (Brettsyndrom). Wie die Röntgenaufnahme im Sitzen zeigt (Abb. 58), ist eine normale Kyphosierbarkeit der Wirbelsäule nach Beugung der Kniegelenke vorhanden.

Beim Übergang von der vorderen zur hinteren Sitzhaltung findet eine Rollung bzw. Drehung des Beckens statt. Diese Rollung geschieht um eine Achse,

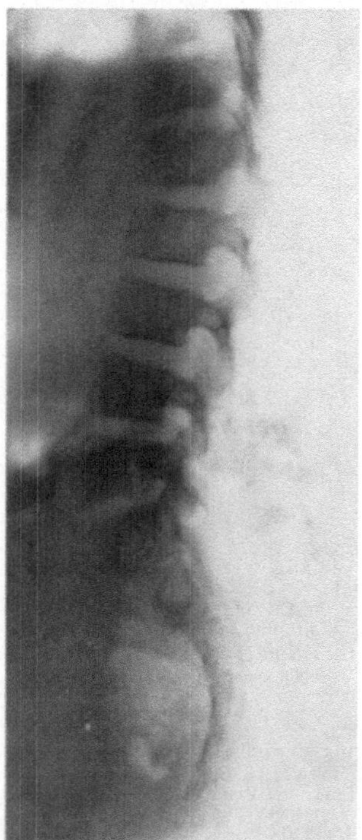

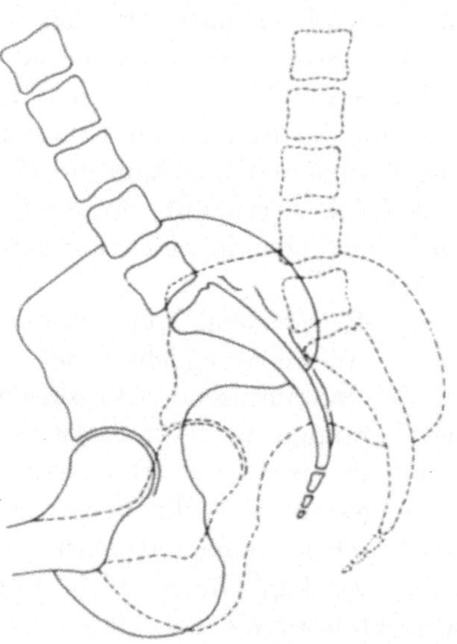

Abb. 59. Röntgenpausen der Lendenwirbelsäule beim Übergang von der vorderen zur hinteren Sitzhaltung

Abb 58. Röntgenbild eines 11jährigen Knaben mit Lendenstrecksteife. Die Lendenwirbelsäule zeigt in den oberen Segmenten eine normale Kyphosierbarkeit die durch die am weitesten nach caudal prominierenden Skeletpunkte, das sind die Tubera ossis ischii, geht (Abb. 59). Alle Partien, die drehpunktfern liegen, erfahren eine Verlagerung um mehrere Zentimeter von ventral nach dorsal. Diese Feststellung hat für die Gestaltung des Sitzmöbels große Bedeutung. Gleiche Veränderungen finden sich auch beim Wechsel von aufrechter zu lockerer Sitzhaltung, wie die übereinander projizierten Ganzaufnahmen in den beiden Stellungen zeigen.

Mit der Rückneigung des Rumpfes ändert sich die Beugestellung in den Hüftgelenken. Wir haben in unserem Material die Beugestellung bei Horizontalhaltung der Oberschenkel auf dem Sitz

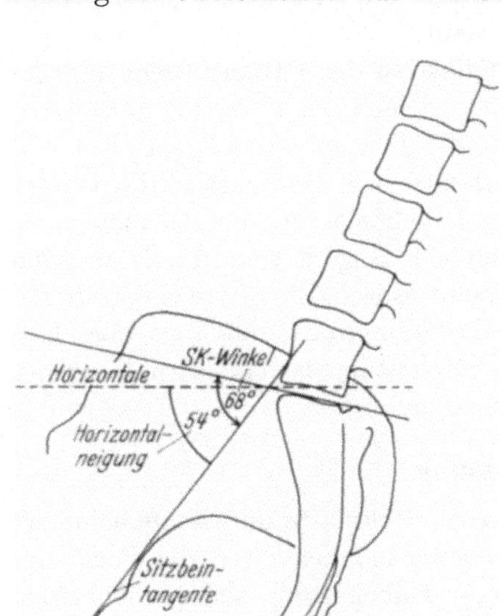

a

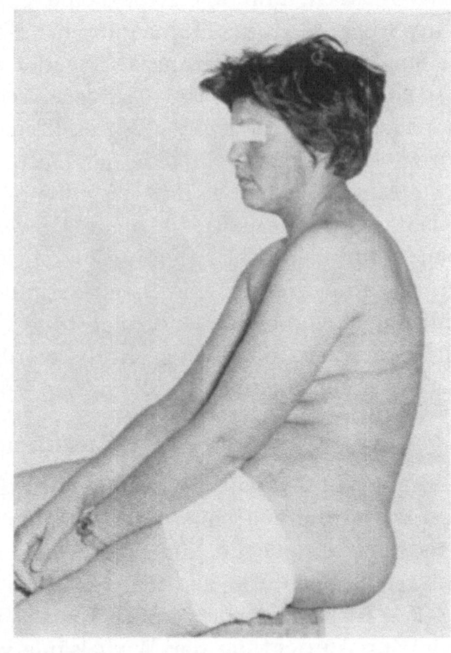

b

Abb. 60a u. b. Röntgenpausen der Lendenwirbelsäule und Fotoaufnahmen einer 30jährigen Patientin mit einer Hüftarthrodese links

studiert und ausführlich beschrieben. Dabei sind Beugestellungen zwischen 60° und 150° beobachtet worden.

Bei stärkerer Hüftstreckung z. B. der Hüftarthrodese ist eine Horizontallagerung des Oberschenkels nicht mehr möglich. Die fehlende Flexion kann auch durch zusätzliche Wirbelsäulenbewegungen nicht mehr ausgeglichen werden, denn die Ventriflexion ist bei einer Horizontalneigung der Sitzbeintangente von etwa 50° restlos erschöpft. Selbst an unseren isolierten Wirbelsäulen von Neugeborenen haben wir keine stärkere Beugung gefunden. Darum muß der Oberschenkel in diesen Fällen schräggestellt werden, d. h. seine Achse von ventral nach dorsal ansteigen. Ein Beispiel soll das eben Gesagte veranschaulichen.

Bei der 30jährigen Patientin wurde wegen einer Arthrosis deformans des linken Hüftgelenkes, die auf dem Boden einer Subluxation entstanden war, vor 5 Jahren eine Arthrodese durchgeführt (Abb. 60). Das linke Bein ist in einer Beugestellung von 160° knöchern versteift. Wie auf S. 45 beschrieben, bildet dann die

Oberschenkelachse mit der Sitzbeintangente einen Winkel von 145° (165° bei voller Streckung des Beines abzüglich 20° Beugekontraktur). Sollte der Oberschenkel auf dem Sitzbrett horizontal aufliegen, dann müßte die Sitzbeintangente ihrerseits mit dem Horizont einen Winkel von 35° bilden. Tatsächlich haben wir in diesem Falle eine Horizontalneigung von 54°, also um 19° mehr gefunden. Da sich die Beugestellung im Hüftgelenk wegen der Versteifung nicht ändern kann, also der Winkel 145° konstant bleibt, muß der Oberschenkel um die fehlenden 19° auf dem Sitzbrett nach ventral abfallen, was die Fotoaufnahme in der gleichen Position bestätigt. Bei einem SK-Winkel von 68°, den wir bei der Patientin gefunden haben, fällt die Kreuzbeindeckplatte um 14° nach dorsal ab (68° SK-Winkel bei 54° Horizontalneigung der Sitzbeintangente). Die Folge ist eine Steilstellung bzw. Kyphosierung der Lendenwirbelsäule.

Die Schrägstellung des Oberschenkels erlaubt bei der Patientin eine hintere Sitzlage. Sie ist bei senkrecht gestelltem Unterschenkel der gesunden Seite aber nur zu erreichen, wenn das in der Hüfte versteifte Bein um etwa 20° nach dorsal ansteigt. Das bedeutet, daß die vordere Stuhlkante sich vermehrt in die Weichteile des Oberschenkels eindrückt. Obwohl die Druckbelastung bei der eingenommenen hinteren Sitzlage gering bleibt, können sich Beschwerden durch direkten Druck auf die Nerven einstellen. Darum empfiehlt es sich, die Sitzfläche in diesen Fällen nach vorne abfallend zu gestalten, wie das Schlegel (1956) angegeben hat. Zur Erreichung der mittleren und vorderen Sitzhaltung ist eine Erhöhung des Stuhles unumgänglich, um die nötige Vorlage zu erzielen.

Zusammenfassung

Neben Beckenhaltung, Neigung der Kreuzbeindeckplatte und Kreuzbeinform bestimmen die anatomisch festgelegten Bewegungsmöglichkeiten die Form der Lendenwirbelsäule im Sitzen. Auch in hinterer Ruhehaltung zeigen die beiden unteren Segmente in den meisten Fällen eine lordotische Einstellung. Zwischen L 3/L 4 ist bei $^2/_3$ und zwischen L 2/L 3 bei $^3/_4$ eine kyphotische Haltung vorhanden. Zur Aufrichtung der Wirbelsäule zur Lordose muß je nach dem Grad der Ruhehaltung eine mehr oder weniger ausgiebige Gelenkexkursion vollzogen werden. Sie betrug bei fünf Patienten, die aus tiefster Senkung zur vollen Aufrichtung kamen, über 33°. Zwischen Bewegungsumfang der Wirbelgelenke und Beckenkippung besteht in der Regel eine direkte Relation, beide wirken synergistisch zusammen.

Der Ausfall der Beweglichkeit in einzelnen Bewegungssegmenten kann leichter kompensiert werden als die behinderte Beckenkippung. So ist bei Patienten mit Hüftankylosen die Einnahme der vorderen Sitzhaltung nur bei nach ventral abfallender Sitzfläche möglich, die eine Schrägstellung des versteiften Oberschenkels erlaubt.

3. Die Bedeutung der aktiven Muskelkräfte

a) Klinische Beobachtungen

Die bisherigen Erörterungen sollten zeigen, welche Veränderungen der Körperform beim Sitzen auftreten und an welche Voraussetzungen von seiten des Skeletsystems und des Gelenk- und Bandapparates sie gebunden sind. Beckenkippung und Bewegung der Wirbelsäule ergänzen sich nach dem Prinzip eines mehrgelenkigen Systems. Eine umfassende Beurteilung der Statik des Sitzens ist aber nur dann möglich, wenn man die Rolle, welche die Rumpfmuskulatur beim Zustandekommen der Haltungsänderung spielt, mit berücksichtigt.

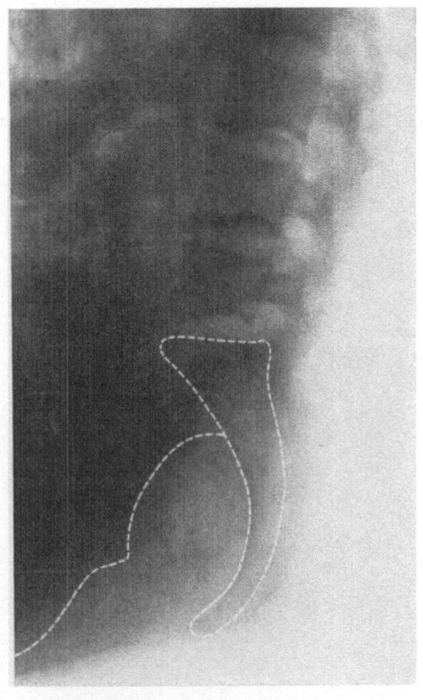

Abb. 61. Beckenhaltung beim Sitzen auf dem Boden mit ausgestreckten Beinen

Die Stellung des Beckens wird durch überwiegend passive Mechanismen, vor allem durch die Schwerkraft, gesteuert. Dabei ist die Muskulatur von untergeordneter Bedeutung. Das gilt auch für die ischio-cruralen Muskelzüge. Seit H. von Meyer (1867) wird in der Literatur fast stets davon gesprochen, daß diese die Sitzbeinhöcker nach ventral ziehen und dadurch die Flachstellung des Beckens bedingen. Diese Ansicht kann einer kritischen Prüfung nicht standhalten. In vorderer Sitzlage, also dann, wenn die Wirbelsäule maximal nach vorne gebeugt ist und die Sitzbeintangente mit der Horizontalen einen Winkel von über 120° bildet, ändert sich die Beckenstellung auch dann nicht, wenn die Kniegelenke gestreckt werden, also Ursprung und Ansatz der Kniebeuger extrem voneinander entfernt werden. Zwar kann man dann ein Ziehen an der Rückseite der Oberschenkel feststellen, doch erfolgt keine Änderung der Beckenstellung. Bekanntlich ist es einem Erwachsenen auch ohne Training möglich, beim Sitzen auf dem Boden mit ausgestreckten Beinen den Rumpf noch gerade aufzurichten. Die Neigung der Sitzbeintangente beträgt, wie uns Röntgenaufnahmen bestätigt haben, dann immerhin noch 60° (Abb. 61). Beim Sitzen auf einem Stuhl werden die Kniegelenke stets mehr oder weniger gebeugt gehalten, also die ischiocrurale Muskulatur entspannt. Sie kommt für eine passive Zugwirkung am Becken nicht in Frage. Auch die Gesäßmuskulatur spielt sicher keine wesentliche Rolle. In vorderer Sitzlage wird das Gewicht des Oberkörpers je nach Grad der Vorneigung über die Bauchblase auf die Oberschenkel übertragen. Daß tatsächlich

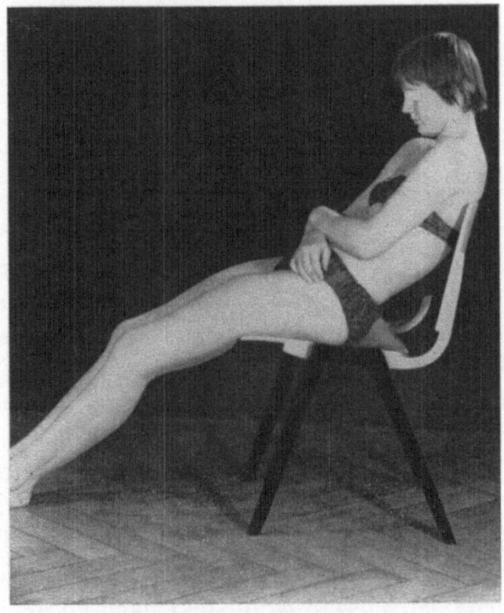

Abb. 62. „Nickerchen" auf einem Stuhl. Totalkyphose der Wirbelsäule in hinterer Sitzhaltung

die Baucheingeweide unter Druck stehen, zeigt die Erhöhung des intraabdominellen Druckes, die bei dieser Sitzhaltung auftritt. Bei erschwerter Stuhlentleerung krümmt sich der Patient in vordere Sitzhaltung zusammen und verstärkt auf diese Weise die Wirkung der Bauchpresse. In dieser Position wird die Exspiration forciert, weil die unter erhöhtem Druck stehenden Eingeweide das erschlaffte Zwerchfell nach oben in den Thoraxraum drücken. Eine Anspannung des Diaphragma andererseits verstärkt in dieser Haltung den Druck in Rectum und Ampulle. — In hinterer Sitzlage verhindert fast ausschließlich die Reibung ein Vorrutschen des Gesäßes. Unterstützt wird die Stabilisierung durch den Gegendruck der sich am Boden abstemmenden Beine. Erst dabei geraten die Gesäßmuskeln in stärkere Spannung.

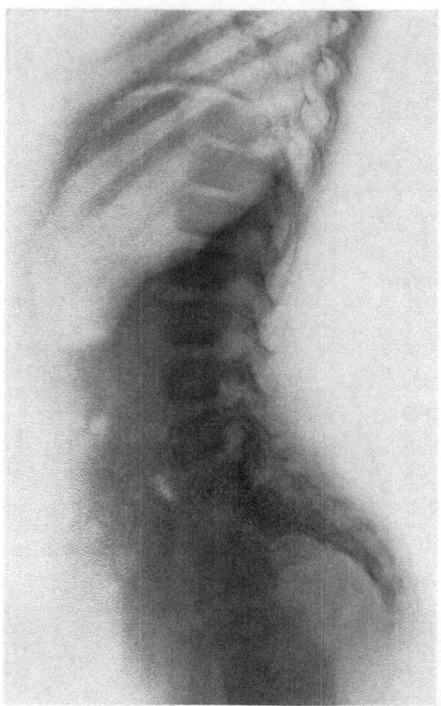

a

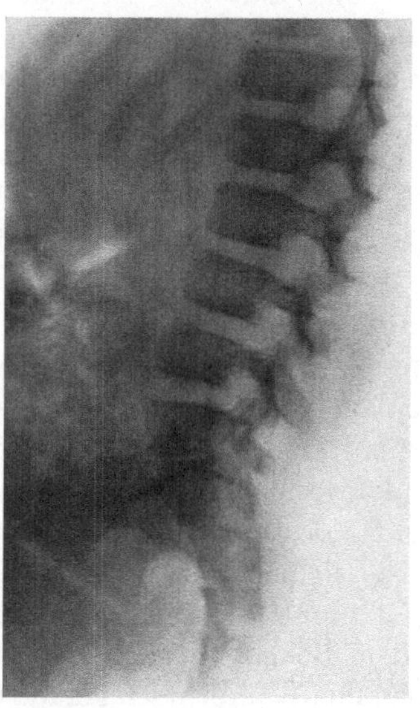

b

Abb. 63a u. b. Röntgenbild der Lendenwirbelsäule a) im Stehen und b) im Sitzen bei einem 9jährigen Jungen mit progressiver Muskeldystrophie

Die Beckenstellung wird überwiegend durch passive Kräfte bedingt; die Sicherung der Position dagegen ist bei der europäischen Art zu sitzen zum größten Teil aktiven Muskelkräften übertragen, wenn nicht passive Einrichtungen wie Lehnen, Sitzpolster usw. einen Teil der Arbeit abnehmen. Die Haltung des Rumpfes ist ohne Zuhilfenahme der statische Arbeit leistenden Muskulatur nicht denkbar. So kann der Betrunkene oder der Schlafende auf einem lehnenlosen Stuhl nicht verharren, weil jede Muskeltätigkeit ausgeschaltet ist. Beobachtet man einen im Sitzen schlafenden Menschen, z. B. beim Nickerchen auf einem Stuhl (Abb. 62), dann fällt die stets starke Totalkyphose der Wirbelsäule auf. Auch die Halswirbelsäule zeigt in diesen Fällen eine totale nach dorsal konvexe Krümmung, denn der schwere Kopf sinkt nach vorne, gelegentlich auch nach der Seite, bis er durch Anspannung des hinteren Halteapparates eine weitgehend passive Stabilisierung erreicht hat. Der Rumpf sucht sich an der Lehne einen äußeren Halt. Das Gesäß ist meist stark vorgeschoben. Dadurch sind die Voraussetzungen für die maximale Rückdrehung des Beckens geschaffen. Es scheint in der Tat so eine Haltung erreicht, in der die Stabilisierung der Wirbelsäule ganz durch den Bandapparat übernommen wird. Aus der Kyphosierung im Sitzen ist immer dann eine Aufrichtung zur Lordose möglich, wenn die Beckenkippung nicht behindert ist, wie z. B. beim Hüftversteiften, und die Lendenwirbelsäule keine Blockierung einzelner oder mehrerer Segmente aufweist, wie beim Bandscheibenvorfall oder bei organi-

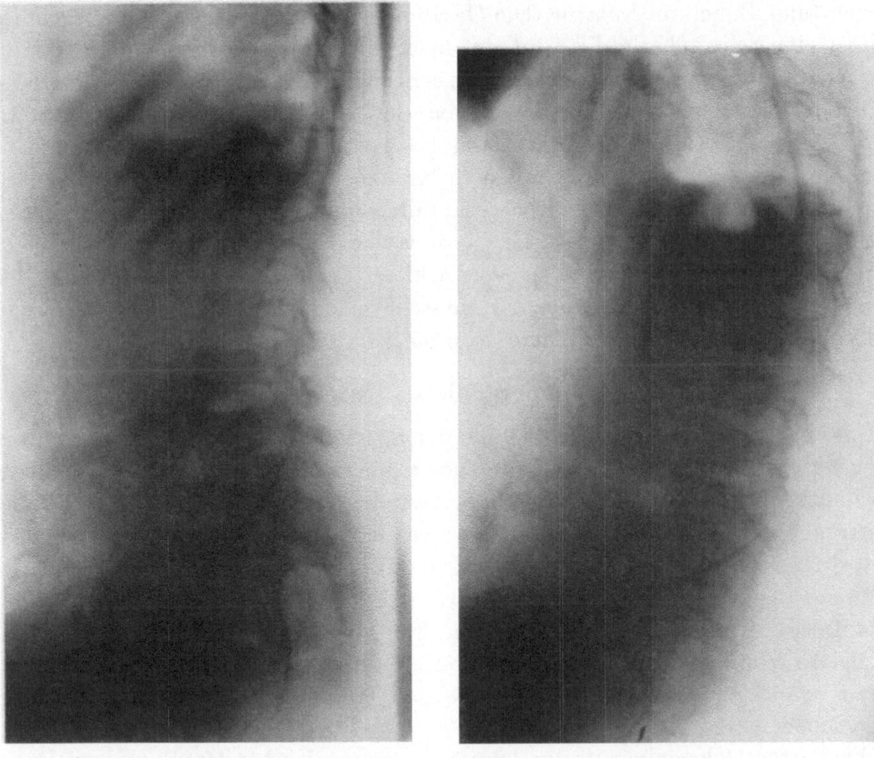

a b

Abb. 64a u. b. Röntgenbild der Lendenwirbelsäule eines 11jährigen Jungen mit Parese der Rücken- und Gesäßmuskeln im Sitzen

schen Gelenkprozessen. Zur Erreichung der Lordose sind schließlich stets die aufrichtenden Kräfte der Muskulatur erforderlich, die gegen die senkende Schwere wirken müssen. Kann diese Muskelarbeit nicht geleistet werden, so bleibt die Wirbelsäule in Kyphosierung. Der Wechsel zwischen den einzelnen Sitzpositionen erfolgt dann nur durch die Rotation des Beckens. Der Fall eines 9jährigen Jungen mit einer progressiven Muskeldystrophie demonstriert wegen des Fehlens der aufrichtenden Kräfte die statischen Unterschiede zwischen Stehen und Sitzen in beiden Positionen deutlich (Abb. 63). Die mangelnde Muskelkraft ruft im Stehen eine Vorneigung des Beckens und damit über die Flachstellung des Kreuzbeines eine Lordose in der Lendenwirbelsäule hervor. Im Sitzen dagegen bedingt der Ausfall der gleichen Muskulatur eine verstärkte Kyphose. Trotz freier Beweglichkeit der Lendenwirbelsäule kann diese nicht umgekrümmt werden, weil einfach die Muskelkräfte dazu fehlen. Dieses Bild läßt in anschaulicher Weise die Faktoren erkennen, welche das Haltungsbild bestimmen. Im Stehen ist das Becken deswegen nach vorne gesunken, weil die Streckmuskeln des Hüftgelenkes zu schwach sind, um das Kreuzbein gegen die Oberschenkel zu ziehen. Im Sitzen dreht sich das Becken nach rückwärts, weil die aufrichtenden Kräfte, die das Sacrum mit dem Becken kranialwärts bewegen könnten, unzureichend sind. Ähnliche Verhältnisse liegen im folgenden Falle vor.

Ein 11jähriger Junge, der im Alter von 9 Jahren an einer Kinderlähmung erkrankt war, zeigt heute noch eine Parese beider Beine sowie eine Schwäche der Rücken- und Bauchmuskulatur. Die Gesäßmuskeln sind nicht völlig ausgefallen, doch ist eine Schwächung des Glutaeus-maximus beiderseits vorhanden. Wie die Röntgenaufnahmen zeigen, reicht offensichtlich die Kraft der Rückenstrecker nicht aus, um den kyphotischen Bogen der Lendenwirbelsäule aufzurichten (Abb. 64). Die Beckenrollung, in Gang gesetzt durch den Ileo- psoas und die Spina-Muskulatur, nimmt wohl mit dem Kreuzbein auch die beiden unteren Bewegungssegmente der Lendenwirbelsäule mit, gerade dadurch aber, daß sie nach ventral gezogen werden und in eine lordotische Einstellung geraten, bleibt die lumbale Kyphose bestehen, ja sie verstärkt sich am Übergang von der Lendenwirbelsäule zur Brustwirbelsäule. Es entsteht so das Bild einer sog. rachtischen Sitzkyphose, trotz eines SK-Winkels von 65°.

b) Elektromyographische Untersuchungen

Um einen Überblick über die Größe der aktiven Muskelarbeit zu bekommen, haben wir elektromyographische Untersuchungen an Lenden- und Halsmuskulatur angestellt. Aus besonderen Gründen haben wir die Registrierung auf einem lehnenlosen Stuhl vorgenommen. Dies geschah vor allem deswegen, weil wir sowohl die Photositzkurven als auch die Röntgenaufnahmen unter gleichartigen Bedingungen gewonnen hatten. Sollte eine Beurteilung der dort gefundenen Verhältnisse erfolgen können, dann mußte auch für die Elektromyographie die gleiche Voraussetzung geschaffen werden. Aber auch ein anderer, wie uns scheint, wichtiger Grund hat uns bewogen, gerade das lehnenlose Sitzen zu untersuchen.

Wir hatten Gelegenheit in den letzten Jahren weit über 100 Stenotypistinnen zu untersuchen, die wegen Kreuz- und Schulter-Nackenschmerzen in Verbindung mit Brachialgien unsere Sprechstunde aufsuchten. Bei der Analyse der im Büro tatsächlich eingenommenen Haltung vor dem Maschinentisch war von den meisten mitgeteilt worden, daß sie die Rückenlehne an ihren Bürostühlen kaum oder doch nur in unwesentlichem Umfange benutzten. Das Maschinenschreiben erfordert ja eine überwiegend aufrechte oder vordere Sitzhaltung. Dabei wird von den meisten Stenotypistinnen das Gesäß auf der Sitzfläche weit nach vorne geschoben, so daß in Wahrheit eine Kyphose der Wirbelsäule entsteht, auch wenn eine Kreuzlehne an dem Bürostuhl vorhanden ist (vgl. Abb. 89). Die Sitzhaltung auf dem lehnenlosen Stuhl entspricht also in Wahrheit wesentlich eher den tatsächlichen Verhältnissen als die lordotische Haltung, die man auf Prospekten so gerne abbildet. Zudem waren Untersuchungen von Lundervold (1951) angestellt worden, die eine ähnliche Themastellung als Ausgangspunkt hatten und bei denen ebenfalls lehnenlose Stühle benützt worden waren.

Die elektromyographische Untersuchung sollte uns Aufschlüsse über die tatsächlich geleistete aktive Arbeit der Schulter-Nacken-Muskulatur und der Lendenmuskulatur in den verschiedenen Sitzhaltungen geben. Es kam von vorne herein nur auf quantitative Unterschiede der Muskelaktivität an, während eine qualitative Auswertung des Kurvenbildes für diese Untersuchungen nicht beabsichtigt war und deswegen auch unterblieb.

α) Material und Methode

Untersucht wurden 36 Personen, nämlich 5 Männer und 29 Frauen im Alter von 17 bis 59 Jahren und 2 Kinder, 1 Junge von 13 und 1 Mädchen von 9 Jahren. Von den Erwachsenen hatten 17 Schmerzen im Schulter-Nackenbereich nach Art eines cervicalen Reizsyndroms bei Osteochondrose der Halswirbelsäule. Im einzelnen waren bei 8 Stenotypistinnen Brachialgien vorhanden, bei den restlichen 9 standen Schulter- und Kopfschmerzen im Vordergrund des klinischen Bildes. In vier Fällen handelte es sich um chronische Schmerzzustände im Lendenbereich. Davon litt ein Patient von 53 Jahren an einer Spondylarthritis ancylopoetica Bechterew, ein anderer von 17 Jahren stand wegen einer Scheuermannschen Adoleszentenkyphose in Behandlung, die anderen beiden klagten über Beschwerden am Lumbo-sacralübergang. Die restlichen 13 untersuchten Personen waren gesund und wurden zu Vergleichszwecken herangezogen.

Die elektromyographischen Untersuchungen wurden in einem Faraday-Käfig durchgeführt. In diesem Raum saß die Versuchsperson auf einem Hocker, die Füße auf einen Schemel gestellt, der Abstand von der Oberfläche des Fußschemels zur Sitzfläche des Hockers war so gewählt, daß die Unterschenkel senkrecht standen und die Rückseite der Kniegelenke die Stuhlvorderkante berührte. In dieser Position lagen die Oberschenkel horizontal der Sitzfläche auf.

Von jeder Versuchsperson wurden in fünf verschiedenen Sitzhaltungen elektromyographische Kurven aufgezeichnet und ausgewertet. Diese fünf Haltungen wurden dadurch nochmals unterteilt, daß zuerst eine Ableitung bei gerade gehaltenem Kopf mit horizontalgestellter Sehachse erfolgte und anschließend eine zweite Registrierung bei gesenktem Kopf, wie zum Schreiben und Lesen. Auf diese Weise kamen wir zu insgesamt zehn Kurven von jeder Versuchsperson. Sie sind im folgenden bezeichnet als Position P 1 bis P 10, wobei die einzelnen Positionen bedeuten:

P 1: Der Oberkörper ist aufgerichtet, die Muskulatur aber nicht wesentlich angespannt. Die Oberarme hängen — wie bei allen übrigen Positionen — locker herab, die Unterarme sind entspannt und auf die Oberschenkel aufgelegt. Der Blick geht geradeaus.

P 2: Die Haltung des Rumpfes und der Arme ist gleichgeblieben. Der Kopf ist gesenkt, der Blick etwa auf die Kniegelenke gerichtet.

P 3: Durch maximale Aufrichtung ist das Becken so weit wie möglich nach vorne gedreht, so daß eine Lendenlordose entsteht. Hierbei wurde auf passive Korrekturen bewußt verzichtet. Die Arme liegen unverändert auf den Oberschenkeln, Blick geradeaus.

P 4: Gleiche Haltung wie bei P 3. Der Kopf ist jetzt nach unten gesenkt, der Blick etwa auf die Kniegelenke gerichtet.

P 5: Durch völlige Erschlaffung unter gleichzeitiger Rückdrehung des Beckens wird eine maximale Kyphose der gesamten Wirbelsäule erzeugt. Die Haltung entspricht einer entspannten hinteren Sitzlage. Der Blick geht geradeaus, was bei dieser Haltung nur mit einer starken Lordose der Halswirbelsäule möglich ist.

P 6: Die Sitzhaltung entspricht der Position 5. Im Gegensatz dazu ist der Kopf so gesenkt, daß der Blick wieder auf die Kniegelenke geht.

P 7: Das rechte Bein über das linke geschlagen. Durch Rückdrehung des Beckens bleibt die Wirbelsäule aber in einem total kyphotischen Bogen. Die Rückenmuskulatur ist weitgehend entspannt. Der Blick geht geradeaus, der Kopf ist erhoben.

P 8: Haltung wie unter P 7 mit der Veränderung, daß der Kopf wieder gesenkt wird.

P 9: Das linke Bein ist über das rechte geschlagen. Die Wirbelsäule nimmt weiterhin eine Totalkyphose ein, der Blick geht geradeaus.

P 10: Haltung der Wirbelsäule wie bei P 9. Der Kopf wird gesenkt, Blick etwa auf die Kniegelenke.

Aus der Beschreibung der Positionen geht hervor, daß die Sitzhaltungen mit ungeradem Index einer Haltung mit Kopf geradeaus entsprechen, während ein gerader Index eine Kopfsenkung mit Blick auf die Kniegelenke erfordert.

Zur Ableitung der Muskelaktionsströme wurden zwei Doppelelektroden mit abgeschirmten Zuleitungen benutzt. Die eine davon wurde rechts neben der Dornfortsatzreihe der Halswirbelsäule in Höhe des fünften Halswirbels über der geraden Halsmuskulatur auf der Haut befestigt. Die zweite Doppelelektrode wurde über dem Erektor-trunci

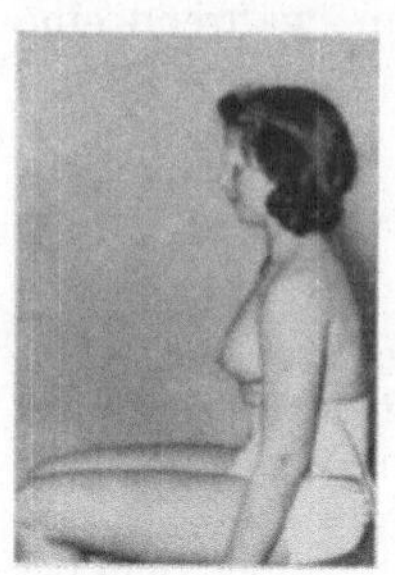

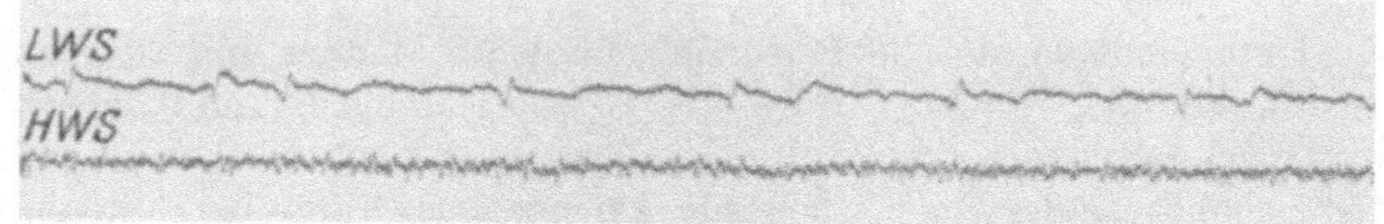

Abb. 65a

Abb. 65a—j. Aktivität der Hals- und Lendenmuskulatur in verschiedenen Sitzhaltungen

in Höhe des Beckenkammes ebenfalls auf der rechten Körperseite angebracht. Als Doppelelektroden dienten zwei Silberplättchen von 2,5 cm Länge und 0,9 cm Breite, die in einem Abstand von 0,7 cm auf eine Kunststoffplatte montiert waren. Über ein Schwarzer-EEG-Gerät, das als Differentialvorverstärker diente, wurden die Aktionsströme in einem Vierfachgleichstromkathodenstrahloscillographen nach J. F. Tönnies, Freiburg, geleitet. Dieses Gerät ist für einen Netzanschluß von 220 Volt/50 Hertz gebaut und

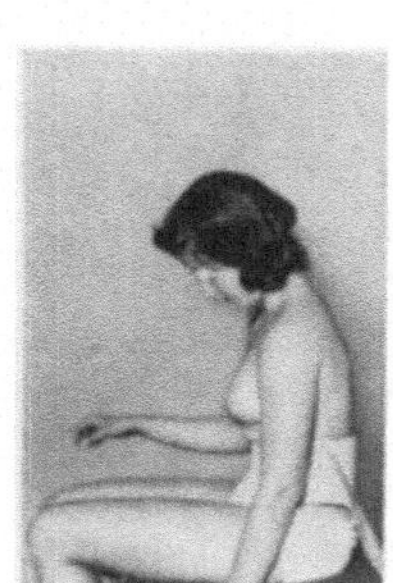

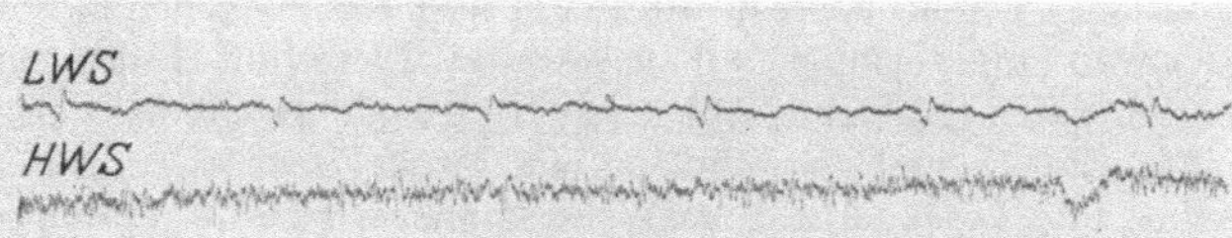

Abb. 65b

hat eine Leistungsaufnahme von etwa 200 VA. Es ist dadurch möglich, die Aktionsströme mittels Kathodenstrahl in Einzelkipps oder auch laufend zu beobachten und zu fotografieren. Die Verstärkung ist beliebig zu wählen, ebenso die Kippgeschwindigkeit des Kathodenstrahles. Dieser kann je nach Bedürfnis heller oder schärfer eingestellt werden. Das Gerät besitzt zwei Kathodenstrahlröhren mit Nachleuchtschirm, wobei in jeder Röhre zwei nach Wahl gegeneinander verschiebliche Kathodenstrahlen laufen. Für unsere Versuche, die nur eine allgemeine Orientierung über die Muskelaktivität bei den einzelnen

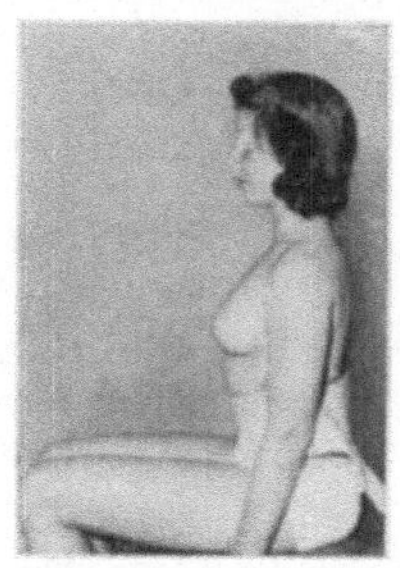

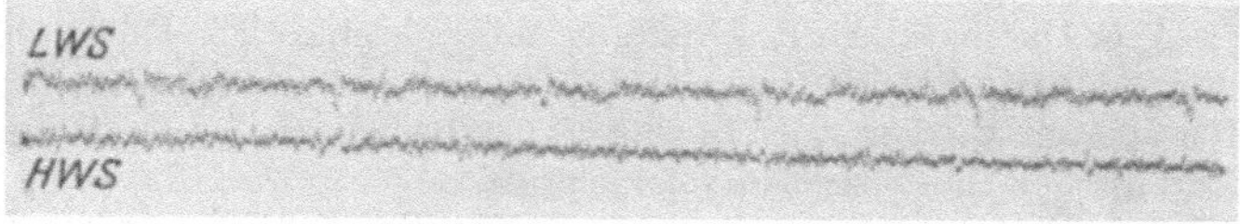

Abb. 65c

Sitzhaltungen geben sollten, haben wir nur eine Röhre mit zwei Kathodenstrahlen benutzt.

Die Registrierung der Aktionsströme erfolgte mit einer Hochleistungsregistrierkamera „Recordine" nach J. F. Tönnies, Freiburg. Es handelt sich hierbei um eine Filmkamera mit Einphasensynchron-Motor im Drei-Phasenbetrieb, der direkt geschaltet wird und eine Geschwindigkeit für laufende Registrierung bis zu 1000 mm/sec leistet. Die Geschwindigkeit kann verschieden gewählt werden. Registriert wurde auf einer Bromfilterfilmrolle mit 35 mm Breite (Abb. 65).

Zur Auswertung der erhaltenen Kurven wurde die Amplitudenhöhe der Muskelaktionsströme zusammen mit der Frequenz beurteilt. Für jeden einzelnen Fall, bei dem Einstellung, Elektrodenlage und Registriergeschwindigkeit konstant blieben, wurde die relative Zu- oder Abnahme des Aktionsstrompotentials bei den jeweiligen Sitzhaltungen gegeneinander abgewogen. Das geschah in der Weise, daß unter den zehn Kurven der Nacken- bzw. der Lenden-

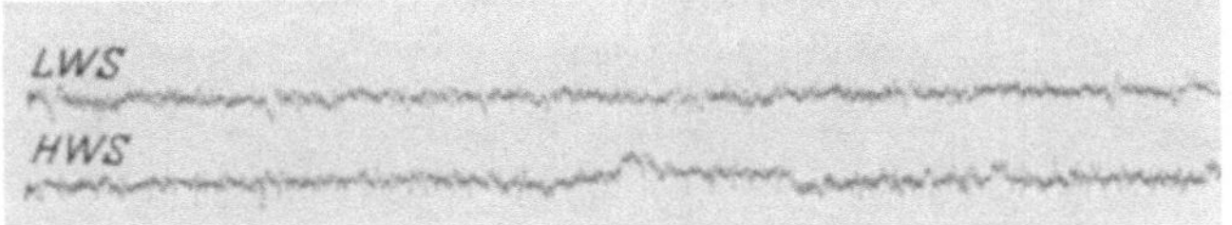

Abb. 65d

ableitung die Kurve mit der geringsten Amplitudenabweichung von der isoelektrischen Linie gesucht wurde. Häufig war dies bei Position 5 im Lendenbereich der Fall. Bei der gewählten Verstärkung war in über der Hälfte aller Fälle überhaupt keine Gipfel- oder Wellenbildung in dieser Position nachzuweisen. Die isoelektrische Linie wurde nur gelegentlich durch das typische EKG-Kurvenbild unterbrochen. Wir haben diese Kurvenform zusammen mit einer

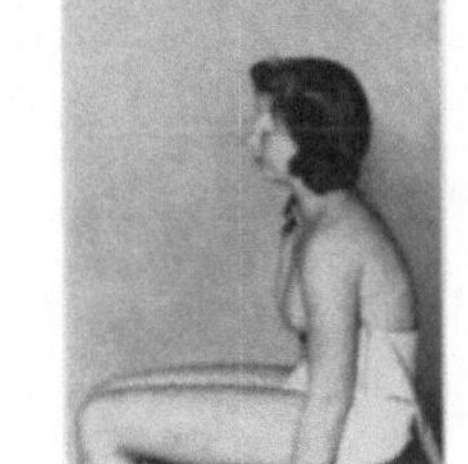

Abb. 65e

eben angedeuteten Zackenbildung im Sinne von geringen Schwankungen als schwache Aktivität bezeichnet. War ein deutlicher Ausschlag im Kurvenbild in rascher Frequenz vorhanden, dann wurde von einer gesteigerten Aktivität gesprochen. Fehler, die sich durch die unterschiedliche Eichung bei den einzelnen Versuchspersonen einschleichen können, wurden durch dieses Vorgehen von vorneherein vermieden. Es kam uns im übrigen nur darauf an,

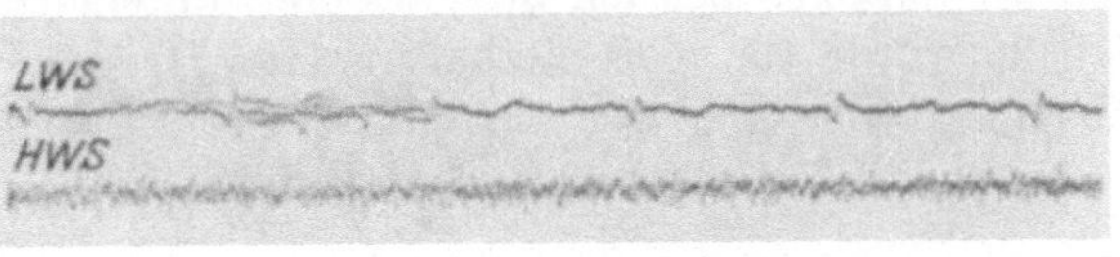

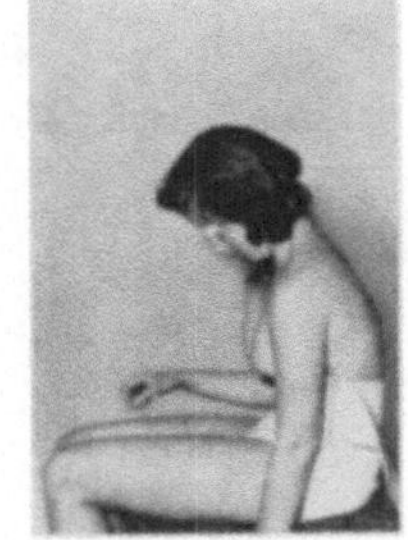

Abb. 65f

festzustellen, in welcher Sitzposition bei den meisten Versuchspersonen eine gesteigerte und in welcher eine geringere Muskelaktivität vorhanden war. Die Kurven geben die elektrischen Entladungen bei einer willkürlichen Muskeltätigkeit wieder. Weil jede Kontraktion der Muskelfaser mit einer Spannungsentladung einhergeht, die als Aktionsstrom registriert werden kann, ist bei schwachen Ausschlägen eine geringe motorische Aktivität unter der Elektrode anzunehmen und andererseits eine gesteigerte und frequentere Amplitudenfolge durch eine höhere Aktivität des betreffenden Muskelabschnittes zu erklären. Die Kurven lassen also Rückschlüsse auf die jeweilige Muskeltätigkeit zu. Bei gesteigerter Entladung kann auf vermehrte, bei geringer auf schwächere Aktivität geschlossen werden. Da jede Muskelkontraktion mit einer Stoffwechselsteigerung ein-

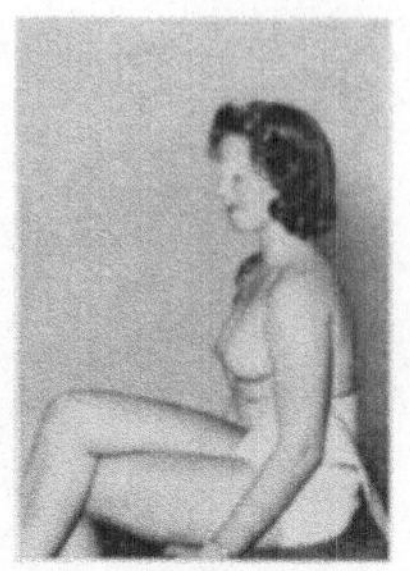

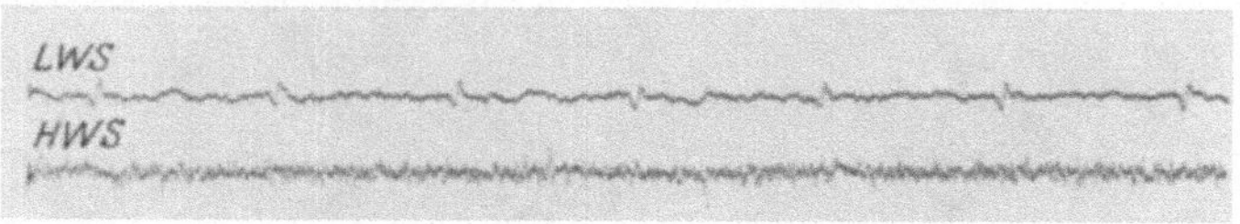

Abb. 65g

hergeht und diese wiederum zur vorzeitigen Ermüdung führen muß, kann man schließlich aus den Aktionsstromkurven auf die zu erwartende Ermüdung schließen. Dann bedeutet aber Erhöhung der Amplitude und Steigerung der Frequenz

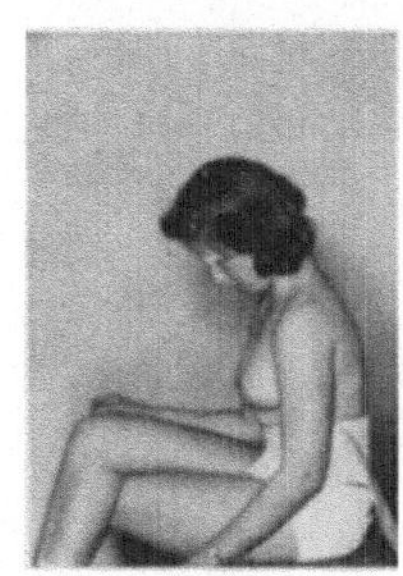

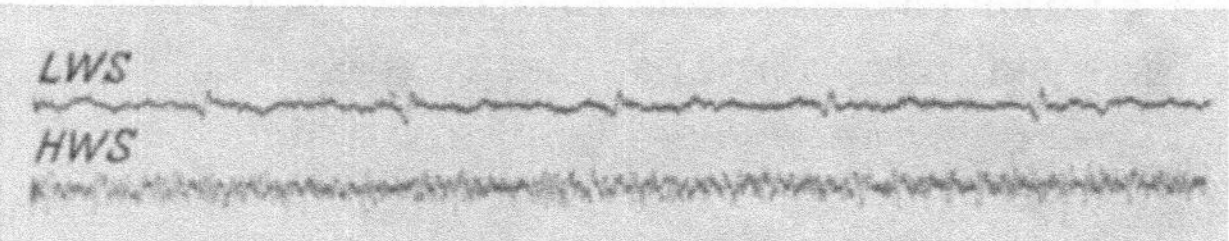

Abb. 65h

erhöhte Aktivität des Muskels, gesteigerten Stoffwechsel und damit raschere Ermüdbarkeit.

β) Ergebnisse

Nach den oben dargelegten Prinzipien haben wir die ein-

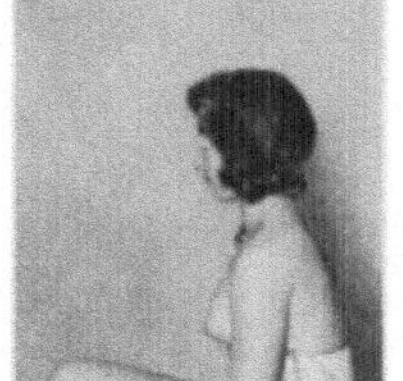

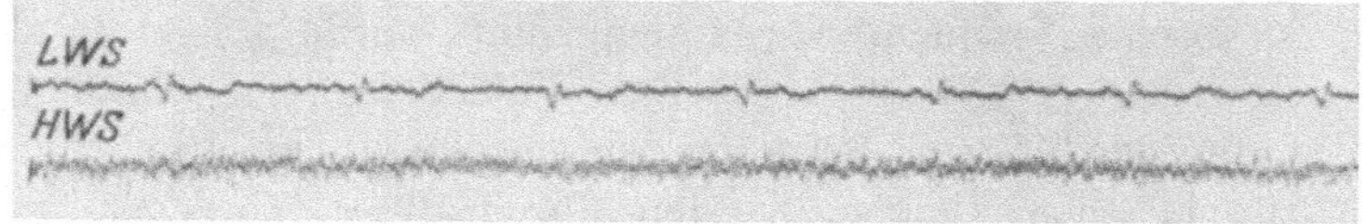

Abb. 65i

zelnen Positionen bei den 36 Patienten untersucht. In einer Tabelle wurde für jede Sitzhaltung für Hals- und Rückenmuskulatur der Grad der Aktivität eingetragen.

Nach der Tabelle wurde dann ein Diagramm gezeichnet,

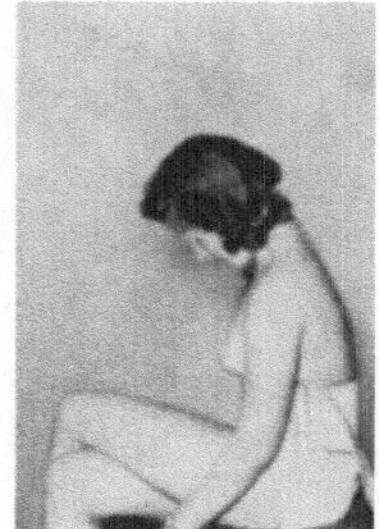

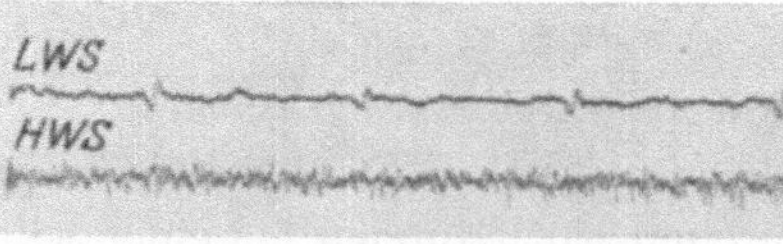

Abb. 65j

welches das Ausmaß der Muskelaktivität wiedergibt. Auf der Ordinate ist die relative Häufigkeit eingetragen, in der eine gesteigerte und frequentere Entladung nach der oben gemachten Definition eintrat. Dabei sind die 36 Fälle gleich 100 gesetzt. Die jeweilige Sitzposition ist auf der Abszisse eingetragen. Klarer als aus der Tabelle ergibt sich aus dem Diagramm, daß bei den Positionen 3 und 4, also in Sitzhaltungen mit Lordose bei der Mehrzahl der Versuchspersonen eine gesteigerte Aktivität im Lendenbereich nachzuweisen ist (Abb. 66). Wie zu erwarten war, ist bei der lockeren hinteren Sitzhaltung hier die geringste Muskelarbeit geleistet worden. Diese Verhältnisse stimmen mit den Untersuchungsergebnissen von LUNDERVOLD (1951) überein. Es hat außerdem den Anschein, als ob die Kopfbeugung, d. h. das Neigen nach vorne, eine gewisse Steigerung der Aktivität im Lendenbereich zur Folge habe. Zur Beantwortung dieser an sich sehr wichtigen Frage reicht unsere Methode indessen nicht aus, so daß weitere speziell darauf gerichtete Untersuchungen notwendig wären. Die Aktivität der Halsmuskulatur war in allen Fällen stärker als die der Lendenmuskulatur. Dabei ergibt sich aber, daß in den aufrechten Sitzhaltungen die Halsmuskeln weniger Entladungen zeigen als in den erschlafften Sitzhaltungen, und daß bei Blick geradeaus die Aktivität unter der in Positionen mit gesenktem Blick bleibt. Dieses Verhalten bestätigt die Auffassung, daß beim Menschen die ligamentären Hemmungen des Septum nuchae ungenügend sind und der Kopf bei Blick nach unten durch statische Muskelarbeit mitgehalten werden muß. Die Senkung des Kopfes, d. h. die Einschränkung des Gesichtsfeldes, wie sie zum Lesen und Schreiben notwendig ist, stellt muskelphysiologisch betrachtet eine ungünstige Haltung dar. Interessant ist die starke Muskelaktivität im Bereich der Halsmuskulatur in hinterer entspannter

Tabelle 18. *Aktivität der Hals- und Nackenmuskulatur bei elektromyographischer Untersuchung von 36 Personen*

Sitzposition	Halsmuskulatur Aktivität		Lendenmuskulatur Aktivität	
	stark	schwach	stark	schwach
P 1	19	17	8	28
P 2	34	2	12	24
P 3	19	17	26	10
P 4	29	7	28	8
P 5[1]	30	5	5	30
P 6[1]	33	2	7	28
P 7	29	7	7	29
P 8	33	3	9	27
P 9	31	5	9	27
P 10	33	3	7	29

[1] in Position 5 und 6 sind nur 35 Kurven ausgewertet, da bei einem Patienten mit einer Bechterewschen Krankheit keine Kurven abzuleiten waren.

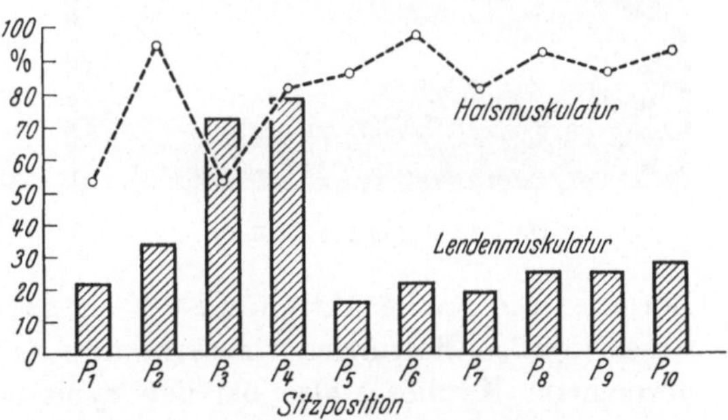

Abb. 66. Diagramm der muskulären Aktivität bei 36 untersuchten Personen im Hals- und Lendenbereich

Ruhelage der Position 5 mit Blick geradeaus. Hier wird die Halslordose, die bei der Totalkyphose der Brustwirbelsäule und Lendenwirbelsäule zwangsläufig entsteht, durch vermehrte Anspannung der Muskeln im Nackenbereich gehalten. Bei der Sitzhaltung mit übergeschlagenen Beinen ist die Nackenaktivität ebenfalls erheblich. Nach den elektromyographischen Untersuchungen ist für Hals- und Rückenmuskulatur zusammen die aufrechte Sitzposition P 1 offensichtlich die günstigste. Diese Haltung erinnert, was die Wirbelsäulenform betrifft, an die Lotosstellung des Yogi, eine Sitzhaltung, in der die Wirbelsäule in sich gestreckt den gerade gehaltenen Kopf balanciert und trägt (Abb. 67).

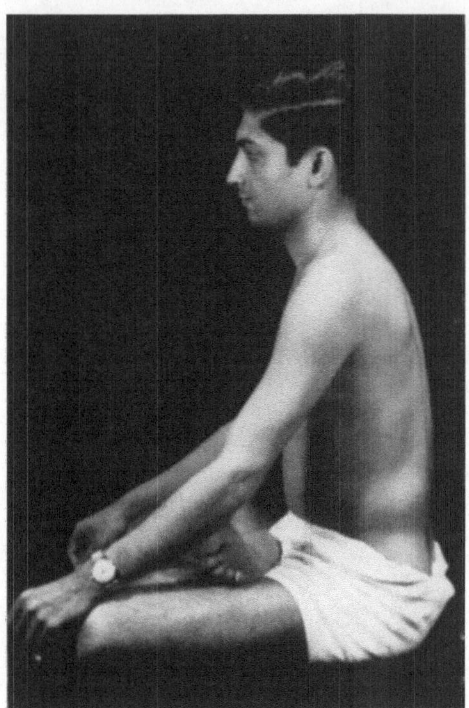

Abb. 67. Yogi in Lotosstellung

Von besonderer Bedeutung scheint uns zu sein, daß die Patienten mit cervicalen Reizsyndromen grundsätzlich einen gleichen Kurvenverlauf der Ableitung über der Halsmuskulatur zeigten wie die 13 gesunden Vergleichspersonen. Dies ist um so bemerkenswerter, als alle Erkrankten stärkere muskuläre Verspannungen aufwiesen, die vor allem den oberen Trapeziusrand betrafen und die auch im Bereich der langen Halsmuskeln nachzuweisen waren.

Zusammenfassung

Die elektromyographische Untersuchung von 36 Personen zeigt in entspannter hinterer Sitzlage im Bereich der Lendenmuskulatur die geringste motorische Aktivität. Sie ist am stärksten bei der aufrechten Sitzhaltung in Lordose. Die Nackenaktivität ist bei gesenktem Kopf wie zum Schreiben oder Lesen in allen Haltungen verstärkt und nahezu gleich. Bei den Haltungen mit vermehrter Kyphose, also bei den typisch entspannten Sitzhaltungen, ist die Aktivität im Bereich der Halsmuskulatur aber auch bei geradeaus gerichtetem Blick sehr erheblich und unterscheidet sich praktisch nicht von der Aktivität mit gesenktem Kopf. Auf Grund der elektromyographischen Untersuchungen muß die gestreckte, aufrechte Sitzhaltung mit gerade gehaltenem Kopf, etwa der mittleren Sitzhaltung entsprechend, als die Position angesehen werden, welche mit dem geringsten Aufwand an Muskelaktivität beibehalten werden kann.

4. Der Einfluß der veränderten Statik

a) Die Unterstützungsfläche des Rumpfes beim Sitzen

Die Form der Wirbelsäule im Sitzen hängt wesentlich von den statischen Erfordernissen ab, es kommt darauf an, den Massenschwerpunkt des Rumpfes über die Unterstützungsfläche zu bringen (Abb. 68). Diese wird beim Sitzen von den beiden Sitzbeinhöckern und den sie umgebenden Weichteilen nach dorsal begrenzt. Wie das Transversalschichtbild zeigt, liegt die Basis der Wirbelsäule, nämlich die Kreuzbeindeckplatte, dorsal davon. Soll der Rumpfschwerpunkt, der in der ventralen Hälfte des neunten Brustwirbelkörpers angenommen wird, über die Tuberlinie gebracht werden, dann muß die Wirbelsäule nach ventral geneigt sein. Zu diesem Zweck kann entweder das Becken so gekippt werden, daß das Promontorium über die Auflagepunkte, die Sitzbeinhöcker, gedreht wird. Dazu ist eine Aufrichtung durch aktive Muskelarbeit erforderlich. Liegt aber das Kreuzbein wie in der Abbildung dorsal davon, dann muß die Wirbelsäule ventriflektiert werden, also eine kyphotische Haltung einnehmen.

Weil im Sitzen die Unterstützungsfläche des Rumpfes größer ist als im aufrechten Stand, darum kann viel an Haltearbeit der Skeletmuskulatur eingespart werden. Dazu kommt, daß der Schwerpunkt der Auflagefläche des Körpers genähert wird, was eine stabilere Gleichgewichtslage bewirkt.

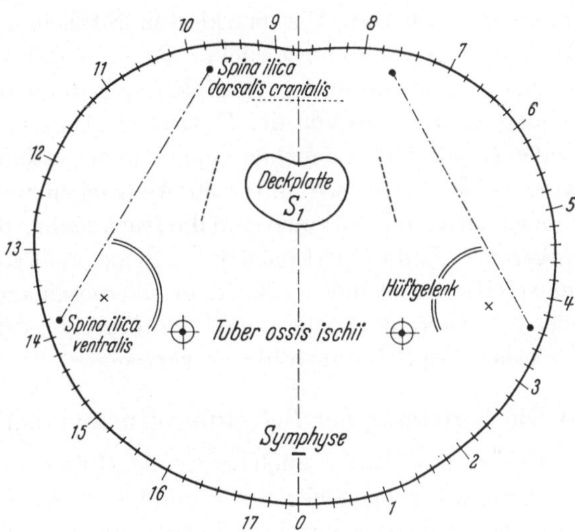

Abb. 68. Transversalschnitt (Topogramm nach Büchner) in hinterer Sitzhaltung in Höhe von S_1

Innerhalb der dem Sitz aufliegenden Körperpartien ist die Belastung nicht gleich groß, da die Hauptlast nur über bestimmte Skeletpunkte übertragen werden kann.

Die Bestimmung der Hauptbelastungspunkte des Körpers innerhalb einer Standfläche ist mehrfach vorgenommen worden. Eingehende Untersuchungen liegen besonders über die Druckbelastungszonen des Fußes vor (Basler, Staudinger, Thomsen u. a.). Ähnliche Verfahren lassen sich auch für Sitzuntersuchungen heranziehen. Ollefs (1951) hat sich hierzu des Gipsabdruckverfahrens bedient. Brauchbare Ergebnisse sind von dieser Methode aber deswegen nicht zu erwarten, weil der weiche Gipsbrei als plastisches Material verformbar ist und dem Druck zu stark nachgibt. Zur einfachen Registrierung der belasteten Sitzfläche ist die Betrachtung des Gesäßes einer auf einer Glasplatte sitzenden Versuchsperson ausreichend. Wie uns eigene Untersuchungen mit dieser Methode gezeigt haben, ist eine Trennung stark oder weniger stark belasteter Areale etwa aus dem Auftreten einer lokalen Hautanämie nicht möglich. Zudem bietet die Registrierung nicht unerhebliche Schwierigkeiten. Wir haben mit einer anderen Methode rascher, billiger und exakter die Umrisse der Sitzfläche festgestellt.

α) Methode

Eine Schaumgummiplatte von 50 × 50 cm Größe wurde mit gewöhnlichem Körperpuder bestreut und der Puder mit der flachen Hand so lange eingerieben, bis keine größeren

Rückstände auf der Oberfläche des Schaumgummis mehr erkennbar waren. Das Kissen hielt nun in seinen Poren so viel von dem Puder fest, daß mehrere Abdrücke ohne erneute Einstreuung hintereinander gemacht werden konnten. Auf die so vorbereitete Schaumgummiplatte wurde die entkleidete Versuchsperson gesetzt. Nach dem Aufstehen haftete der Körperpuder an den Hautbezirken, die zur direkten Auflage gekommen waren. Zum Abdruck setzte sich die Versuchsperson auf ein schwarzes Papier von entsprechender Größe, das neben die Schaumgummiunterlage gelegt worden war. Wollte man bestimmte Punkte der Sitzfläche z. B. die Sitzbeinhöcker markieren, so wurden sie vorher mit Zinkpaste oder besser mit Zahncreme bestrichen. Letztere hat deswegen wesentliche Vorteile, weil sie nicht schmiert, rasch antrocknet und so den gewünschten Punkt durch die Aussparung im Puderabdruck festhält.

β) Ergebnisse

Die Abbildungen lassen die Sitzfläche in den verschiedenen Positionen gut erkennen (Abb. 69). Die markierten Sitzbeinhöcker liegen knapp dorsal von der queren Gesäßfalte. Sie rücken schon in aufrechter, mehr noch in vorgebeugter Sitzhaltung an die hintere Peripherie, bedingt durch die dorsal beginnende Abhebung des Gesäßes von der Unterlage. Auch in hinterer Sitzhaltung bleiben die beiden Gesäßhälften deutlich voneinander getrennt. Ein Aufliegen des Steiß- oder Kreuzbeines haben wir unter 50 Abdrücken nicht ein einziges Mal beobachten können. In allen Positionen sind die Rückflächen der Oberschenkel in die Belastung einbezogen. Beim Überkreuzen der Beine stellt sich das Becken auf der Unterlage schief. Hierbei wandert der dem übergeschlagenen Bein zugehörige Sitzbeinhöcker nach ventral. Die quere Gesäßfurche ist auf diese Weise verstrichen, auf der belasteten Seite nach hinten verzogen.

b) Die Verteilung der Belastungsdrucke innerhalb der Unterstützungsfläche

Geben diese Bilder auch wertvolle Hinweise auf die Größe und Ausdehnung der Unterstützungsfläche des Rumpfes im Sitzen so sind Rückschlüsse auf die Druckbelastung der einzelnen Bezirke nicht möglich. Aus diesem Grunde mußten unsere Untersuchungen durch besondere Druckversuche ergänzt werden. Die Registrierung geschah auf folgende Weise:

α) Methode

Ein Sitzbrett von 38,5 cm Länge und 33 cm Breite wurde in 42 Quadrate von je 5,5 cm Seitenlänge, die in sieben Längs- und sechs Querreihen angeordnet waren, unterteilt. Im Mittelpunkt eines jeden Quadrates wurde ein Loch durch das Brett gebohrt. Durch dieses führten wir jeweils das konische Ansatzstück eines Gummi-Klistierballons. Die Bällchengröße war so gewählt, daß sich die einzelnen auch in maximal komprimiertem Zustand eben nicht berührten. Die Gummibälle stammten aus einer Produktionsserie einer Firma (Abb. 70). Vor dem Einsetzen waren sie mit durch Methylenblau angefärbtem Wasser gefüllt worden. Dies geschah mit Hilfe einer Recordspritze und dünner Kanüle, so daß auch der letzte Rest der verdrängten Luft entweichen konnte. Nunmehr zogen wir über die Klistieransätze Gummischläuche von je 150 cm Länge, die ebenfalls alle aus einer Fabrikationsserie stammten, und fixierten sie mit wasserdichtem Heftpflaster. Auch die Schläuche wurden bis zum Überlaufen mit angefärbtem Wasser gefüllt. Die freien Enden der Schläuche wurden nun jeweils an ein Steigrohr von 120 cm Länge und 0,4 cm lichter Weite angeschlossen. Dabei wurde peinlich darauf geachtet, daß das System Bällchen—Gummischlauch keine Luft enthielt. Die oben offenen Glasrohre waren an einem vertikalen Gestell nebeneinander befestigt. Vor Beginn der Versuche wurde der Flüssigkeitsspiegel in allen Rohren auf die gleiche Höhe bis zu einer waagerechten Grundlinie gebracht. Jeder Druck auf das flüssigkeitsgefüllte Bällchen mußte zu einem Ansteigen der Wassersäule in dem Glasrohr führen. An einem hinter dem Gestell angebrachten Gitternetz mit einer Zentimetereinteilung konnte die jeweilige Steighöhe in Zentimetern abgelesen

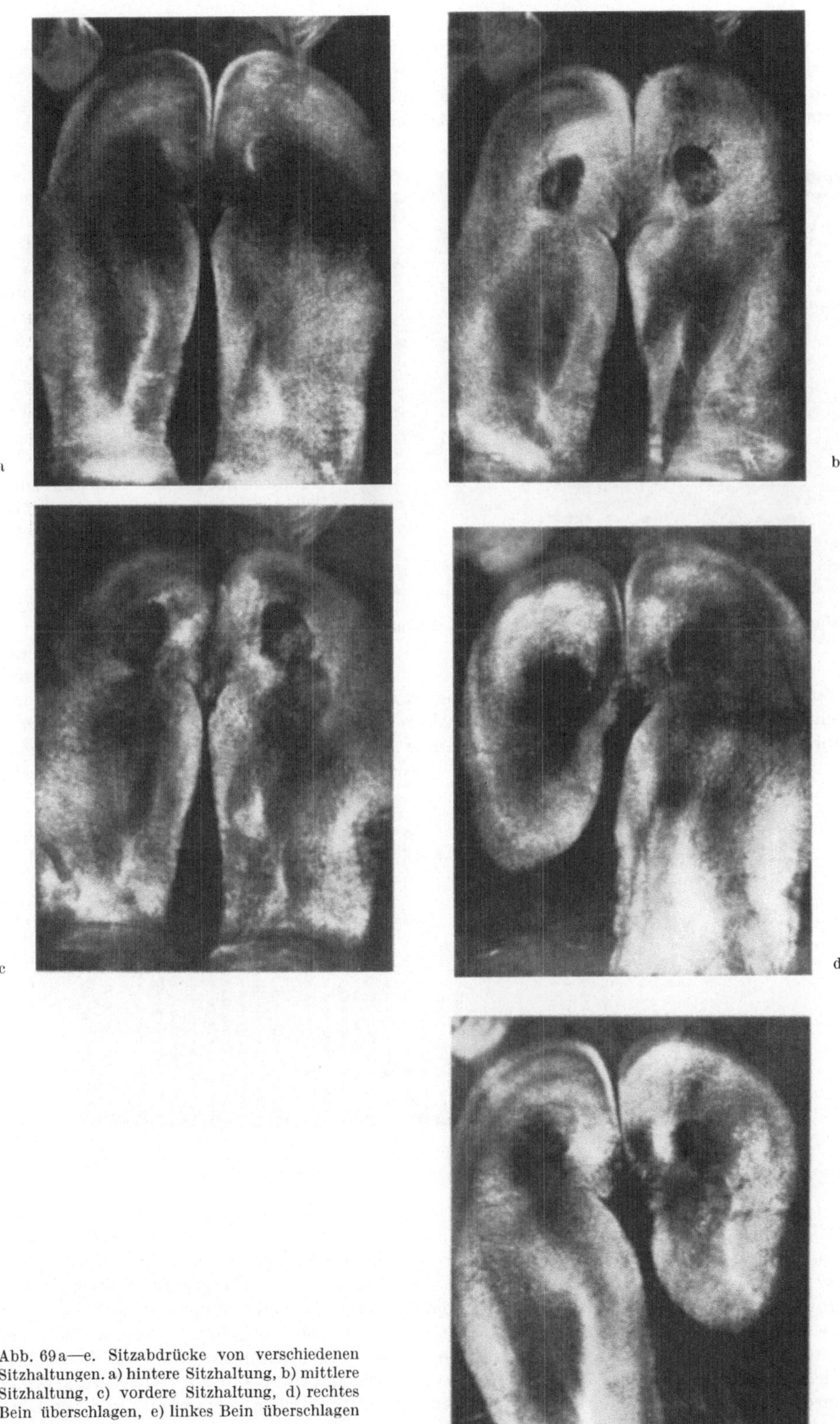

Abb. 69a—e. Sitzabdrücke von verschiedenen Sitzhaltungen. a) hintere Sitzhaltung, b) mittlere Sitzhaltung, c) vordere Sitzhaltung, d) rechtes Bein überschlagen, e) linkes Bein überschlagen

werden. Die Registrierung geschah so, daß bei jedem Versuch nach Beendigung des Steigvorganges, der etwa 3 min in Anspruch nahm, eine fotografische Aufnahme angefertigt wurde (Abb. 71). Auf diese Weise haben wir ein auswertbares Dokument von der jeweiligen Sitzhaltung bekommen. Die abgelesenen Steighöhen wurden in cm in ein Druckdiagramm eingetragen, das die Verteilung der Bällchen auf der Sitzfläche wiedergibt (Abb. 72). Feld 1 liegt ganz vorne rechts, Feld 7 in der ersten rechten Reihe am weitesten hinten, In der zweiten Reihe finden sich von hinten nach vorne die Bällchen 8 mit 14, in der dritten Reihe von vorne nach hinten die Felder 15 mit 21. Das Feld 42 liegt durch diese Aufteilung ganz vorne links. Zur Umrechnung der Steighöhe in tatsächlich aufgetretenem Druck war eine Eichung notwendig. Die Wahl von Gummibällchen zur Druckmessung ließ nicht erwarten, daß die Steighöhe linear mit der Gewichtsbelastung ansteigen würde. Durch die eigene Spannung des Bällchens ist nur anfangs ein geradliniges Steigen möglich. Bei einer kritischen Gewichtsbelastung, die bei unseren Ballönchen bei 3200 Gramm lag, trat eine Verformung des Bällchens ein. Von da an bewirkte eine geringe Mehrbelastung bereits ein starkes Ansteigen. Die den einzelnen Höhen zugehörigen Gewichte lassen sich auf der Eichkurve ablesen (Abb. 73). Diese Kurve wurde folgendermaßen gewonnen: Auf das jeweils zu eichende Ballönchen wurde ein Wiegegerät aufgesetzt. Es trägt

Abb. 70. Versuchsanordnung für Sitzdruckversuche. Hocker mit Gummibällchen

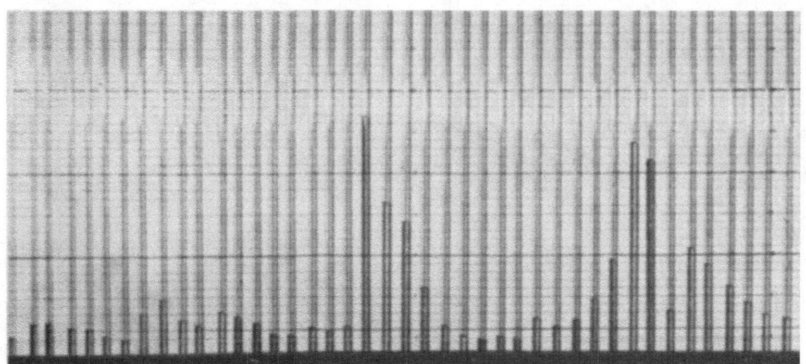

Abb. 71. Registrierung der Steighöhe

auf einem reibungsarm verschieblichen Stempel, der in den sternförmig ausgefeilten Bohrlöchern zweier Führungsschienen gleitet, einen Metallteller. Auf den Teller wurde ein Gewicht von 100 gr gelegt und die zugehörige Steighöhe nach dem Einpendeln der Flüssigkeitssäule abgelesen und notiert. In gleicher Weise erfolgte die Festlegung der Höhe der Flüssigkeitssäule für Gewichte bis 6000 gr. Die Gewichtsunterschiede betrugen jeweils 100 gr. Diese Eichung haben wir exakt an zehn beliebig gewählten Bällchen durchgeführt. Bei den übrigen 32 begnügten wir uns mit Stichproben von zwei bis drei Gewichten. Mit Hilfe dieser Eichkurve war es möglich, die Steighöhen in dem Sitzdiagramm durch die tatsächlichen Gewichte zu ersetzen. Zur rechnerischen Auswertung und zur Kontrolle der Ergebnisse war von jeder Versuchsperson vor der Messung das Körpergewicht festgestellt worden. Außerdem wurde während des Versuches der Gewichtsanteil, der auf die Füße fiel, bestimmt. Dazu setzte die Versuchsperson ihre Füße auf eine Personenwaage, die gewissermaßen als Fußschemel vor dem Untersuchungshocker stand. Im Augenblick der Auslösung des Blitzlichtes zur fotografischen Registrierung der Steighöhe in den Röhrchen las eine Hilfsperson das Gewicht auf der Waage ab. Die gefundenen Werte nach den Messungen auf dem Sitz mußten zusammen mit dem abgelesenen Gewicht auf der Waage das Körpergewicht ergeben.

Fehlerquellen sind bei dieser Methode vor allem im Material der Gummischläuche und der Gummiballönchen zu suchen. Außerdem kann ein seitliches Kanten der Ballönchen beim Sitzen zu hohe Meßwerte ergeben. Wir haben darum nur solche Versuche zur Auswertung herangezogen, bei denen tatsächlich erhaltenes Gewicht und vorher festgestelltes Körpergewicht um nicht mehr als 5% differierten. Die Wägungen wurden in fünf verschiedenen Körperhaltungen durchgeführt. Die Versuchsperson mußte die Sitzfläche entsprechend ihrer Körperform voll ausnützen. Dazu ließen wir sie so an den Hocker treten, daß die Unterschenkelrückseite die Vorderkante des Sitzes berührte. Hinter dem Stuhl war ein Lot an einem Ständer angebracht und genau auf die Mitte der Rückkante des Stuhles zentriert. Die Körpermittellinie des Probanden wurde im Stehen mit diesem Lot in Übereinstimmung gebracht. Nach dem Hinsetzen blieben die Unterschenkel in Kontakt mit dem Hockervorderrand. Die Füße standen, wie oben angegeben, auf einer Waage. Unter diesen Bedingungen wurde der Druckanstieg in den Steigröhren bei hinterer, völlig aufrechter und in vorderer Sitzlage bestimmt. Eine weitere Registrierung erfolgte beim Sitzen mit übergeschlagenem rechten und beim Sitzen mit übergeschlagenem linken Bein. Insgesamt haben wir die Druckkurven von 25 Versuchspersonen jeweils in entspannter hinterer, in angespannter aufrechter und in vorgeneigter Sitzhaltung ausgewertet. Außerdem sind die Druckkurven von 13 Personen in asymmetrischer Sitzhaltung mit übergeschlagenem rechten bzw. übergeschlagenem linken Bein herangezogen worden. Die Ergebnisse stützen sich also auf die Auswertung von insgesamt 101 Sitzdruckkurven.

7	1 8	3 21	2 22	1 35	36
2 6	11 9	12 20	17 23	13 34	1 37
3 5	27 10	14 19	12 24	23 33	1 38
1 4	2 11	18	1 25	2 32	39
1 3	1 12	17	1 26	1 31	40
1 2	1 13	16	27	1 30	41
1	14	15	28	29	42

Sitzdiagramm / Steighöhe in cm

Abb. 72. Sitzdiagramm. Steighöhe in die einzelnen Felder eingetragen

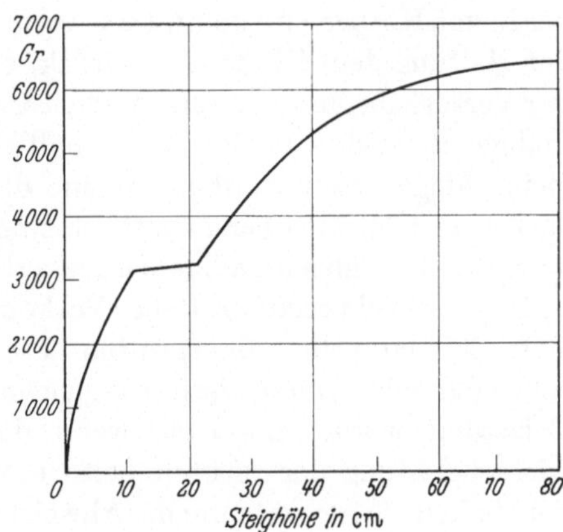

Abb. 73. Eichungskurve zur Umrechnung von Steighöhe in Gewicht

β) Ergebnisse

Die Hauptbelastung erfolgt bei der hinteren Sitzhaltung im mittleren und vorderen Drittel beider Gesäßhälften. Entsprechend der anatomischen Lage der Sitzbeinhöcker werden die Randbezirke sowohl nach dorsal als auch nach lateral nur unwesentlich belastet (Abb. 74). Die Druckaufnahme erfolgt in einem Bezirk der bedeutend größer ist als es den Skeletstrukturen entspricht. Funktionell kann man auch beim Menschen ein

Sitzpolster um die Tubera erkennen. Die Oberschenkel nehmen nur einen geringen Teil der Rumpflast auf. In der aufrechten Sitzhaltung dreht sich das Becken um die Tubera ossis ischii nach vorne. Das kommt in den Sitzdiagrammen dadurch zum Ausdruck, daß die Sitzfläche kleiner wird. Das Rumpfgewicht wird nun auch zu einem größeren Teil von der Rückseite des proximalen Oberschenkeldrittels mit getragen. Am Sitzbild selbst ändert sich jedoch nicht sehr viel. Die eigentlichen lastaufnehmenden Partien, die Sitzbeinhöcker mit ihren umgebenden Weichteilen, werden etwa in gleichem Umfang wie in der hinteren Sitzhaltung beansprucht. Auch hier sind die Seitenteile in die Belastung nur unwesentlich einbezogen. In der nach vorne geneigten Sitzposition ergibt sich grundsätzlich das gleiche Bild. Interessant ist, daß die meisten Versuchspersonen auf die Aufforderung hin, eine Haltung wie beim Schreiben einzunehmen, vor allem die Wirbelsäule vermehrt kyphosieren. Gleichzeitig wird das Becken zurückgedreht und die Lendenwirbelsäule dadurch nach dorsal ausgebogen. Die Auswertung unserer Druckkurven hat gezeigt, daß auch dabei eine hintere Sitzlage entsteht. Beim Vergleich der Gewichtsbelastung zwischen der rechten und der linken Körperseite kommt die Asymmetrie der Haltung deutlich zum Ausdruck, obwohl vor Versuchsbeginn auf eine möglichst gleichmäßige Belastung beider Körperhälften und Beine hingewiesen worden war und die Versuchspersonen, wie oben angeführt, eingelotet wurden. Die gleichmäßige Druckverteilung ist im ganzen ein relativ seltenes Vorkommnis. Von 28 daraufhin überprüften Patienten saßen nur acht symmetrisch. Als gleichmäßige Belastung wurde gewertet, wenn die Gewichtsbelastung der rechten Seite etwa der der linken Seite entsprach. Abweichungen von weniger als 10% wurden nicht beachtet. Bei 17 Probanden, d. h. in nahezu $^2/_3$ der Gesamtzahl, wurde die linke Seite mehr belastet, sechs hatten mehr die rechte Seite als Unterstützungsfläche des Rumpfes herangezogen. Es liegt nahe, dieses Verhalten mit der Rechtshändigkeit zu erklären. Tatsächlich erfordert ein Arbeiten mit dem rechten Arm im Sitzen ja eine gewisse Verlagerung des Körpergewichtes nach links.

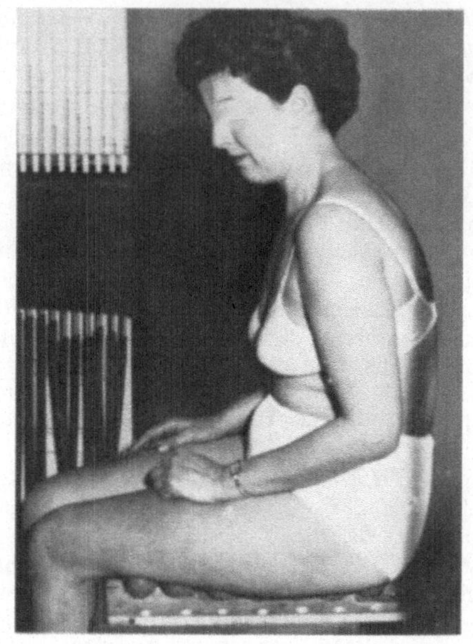

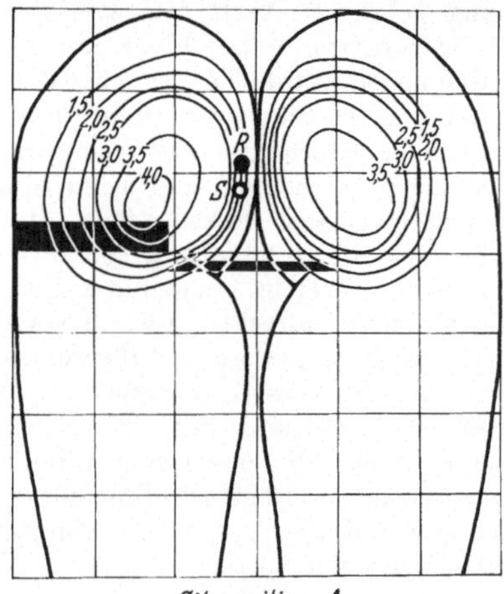

Abb. 74A

Abb. 74A—E. Sitzhaltungen und Sitzreliefs, bei den Druckuntersuchungen gewonnen

Nur auf diese Weise kann der arbeitende Arm genügend Spielraum zur Bewältigung der gestellten Aufgaben bekommen. Bevor aber eventuell voreilige Schlüsse gezogen werden, müßten weitere Untersuchungen in dieser Richtung angestellt werden. Beim Überschlagen der Beine wird stets die dem übergeschla-

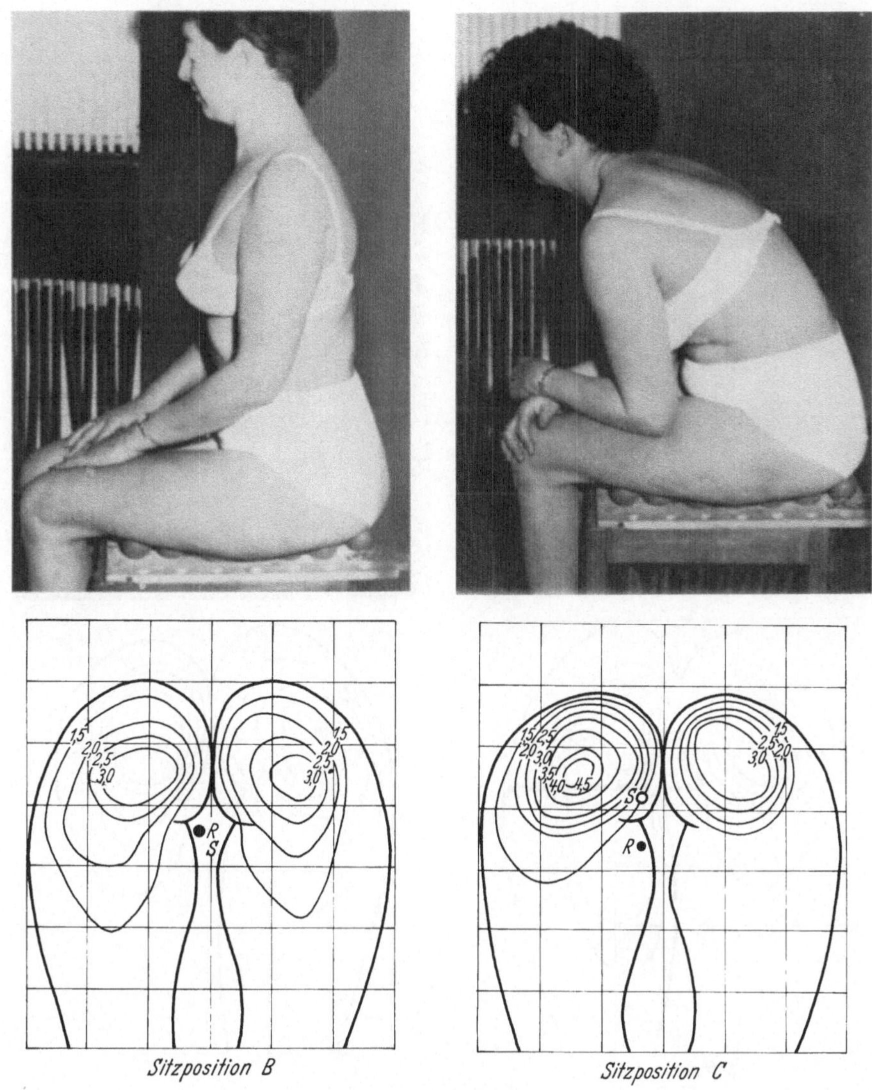

Abb. 74B u. C

genen Bein zugehörige Beckenseite stark mitbelastet.

Zur Berechnung des Gewichtsanteiles, der von den einzelnen Stützpunkten getragen wird, war es notwendig, die Verteilung des Gesamtgewichtes auf die einzelnen Körperabschnitte zu kennen. Wir haben uns bei der Errechnung des Partialgewichtes der Zahlen bedient, die von Meyer 1863 angegeben hat. Er greift dabei auf die Untersuchungen von Harless (1857) zurück. Aus diesen Gewichten, die durch Wägen von Kadaverteilen gefunden wurden, hat von

MEYER einfache Verhältniszahlen abgeleitet. Danach entfallen vom Gesamtkörpergewicht auf den Rumpf mit Kopf und beiden Armen zwei Gewichtsanteile, auf die Beine ein Gewichtsanteil. (Genauer beträgt das Relativgewicht bei einem Körpergewicht von 10000 Gewichtseinheiten für den Rumpf mit Kopf und Armen

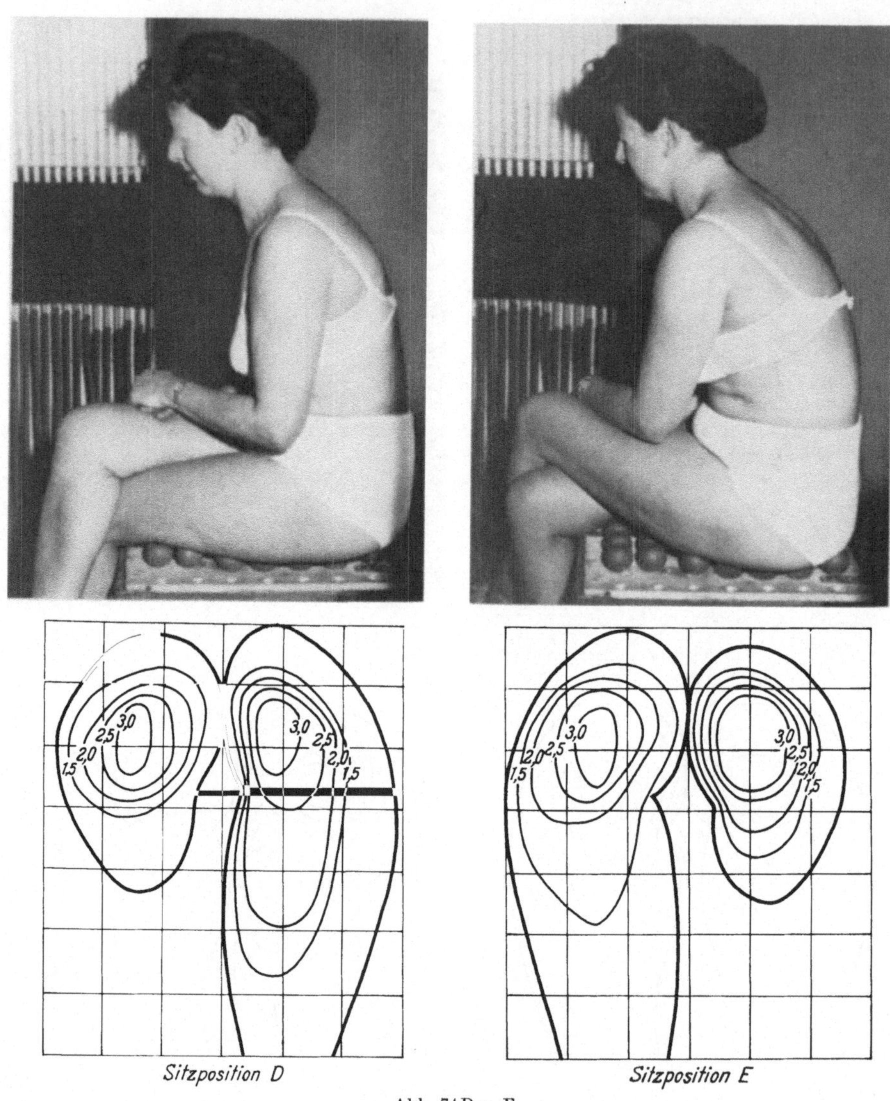

Abb. 74D u. E

6 522, für beide Beine 3 478.) Von dem Beingewicht entfallen auf die Oberschenkel zwei Teile, auf die Unterschenkel ein Teil. Setzt man das Ganze als Gleichung an und bezeichnet Bein mit B und Oberschenkel mit O, dann ergibt sich:

$$B = O + \frac{O}{2}$$

Rumpfgewicht R = 2 · Beingewicht, denn R verhält sich zu B wie 2 : 1

$$R = 2 \cdot \left(O + \frac{O}{2}\right); R = 2\,O + O; R = 3\,O.$$

Das Unterschenkelgewicht U beträgt $\frac{R}{6}$ $U = R : 6$. Dann ist das Oberschenkelgewicht $R : 3$, da es doppelt so groß ist als das Gewicht der Unterschenkel.

Das Gesamtgewicht G errechnet sich dann

$$G = R + \frac{R}{6} + \frac{R}{3}$$

Rumpfgewicht $R = \frac{2\,G}{3}$ (1)

Das Gesamtgewicht G kann auch aus dem Oberschenkelgewicht errechnet werden.

$$G = 3\,O + O + \frac{O}{2}$$

Oberschenkelgewicht $O = \frac{2\,G}{9}$ (2)

Schließlich errechnet sich das Gesamtkörpergewicht G aus dem Gewicht der Unterschenkel.

$$G = 6\,U + 2\,U + U$$

Unterschenkelgewicht $U = \frac{G}{9}$ (3)

Die Formel 2 und 3 geben das Gewicht beider Oberschenkel und beider Unterschenkel an. Für das Gewicht *eines* Oberschenkels gilt dann

Gewicht 1 Oberschenkels $= \frac{G}{9}$

und entsprechend für *einen* Unterschenkel

Gewicht 1 Unterschenkels $= \frac{G}{18}$.

Nach diesen Formeln haben wir die Gewichtsanteile für jede Versuchsperson errechnet.

Wie zu erwarten war, hängt die Gewichtsbelastung der einzelnen Bezirke der Auflagefläche von der Höhe des benutzten Stuhles ab. Aus der Vielzahl der Möglichkeiten, die bestimmt werden durch die Körpergröße, genauer gesagt die Beinlänge des Sitzenden und die Stuhlhöhe, kann man drei Grenzfälle herausgreifen:

Möglichkeit 1: Der Stuhl ist so niedrig, daß das Kniegelenk bei senkrecht aufgestellten Unterschenkeln so hoch über der vorderen Sitzkante steht, daß die Oberschenkel die Sitzfläche nur in ihrem proximalen Anteil berühren. Dann ruht das ganze Gewicht des Rumpfes mit Kopf und Armen auf einem relativ schmalen Areal um die Sitzbeinhöcker. Das Gewicht der Oberschenkel wird je nach dem Grad des Abfalles der Oberschenkelachse gegen das Sitzbrett zum größten Teil von den Sitzbeinknorren aufgenommen, während die Füße nur das Unterschenkelgewicht und den Rest des Oberschenkelgewichtes zu tragen haben.

Möglichkeit 2: Die Oberschenkel liegen der Sitzfläche horizontal auf. Die Unterschenkel stehen senkrecht, die Füße berühren voll den Boden. In diesem Falle wird das Rumpfgewicht auf einer breiten Fläche, nämlich dem Tuberareal und der proximalen Oberschenkelrückseite übertragen. Das Gewicht des Oberschenkels lastet ebenfalls noch zum größten Teil auf dem Sitz. Ein Teil wird aber bereits über die Kniegelenke und Unterschenkel vom Fuß aufgenommen.

Möglichkeit 3: Der Stuhl ist so hoch, daß die Füße den Boden nicht mehr berühren. Während die Gewichtsverteilung des Rumpfes unverändert bleibt, haben die Oberschenkel über den Muskelbandapparat das Gewicht der Unterschenkel und der Füße mitzutragen.

In entspannter Sitzhaltung ruht das Oberschenkelgewicht zum größten Teil auf der Unterstützungsfläche des Rumpfes, d. h. nicht auf den Füßen. Diese haben nur das Gewicht der Unterschenkel und den verbleibenden mehr oder minder geringen Rest des Oberschenkelgewichtes zu tragen. Die Oberschenkelgewichtsbelastung des Fußes in entspannter Sitzlage ist um so geringer, je niedriger der Stuhl ist.

Bei unserem Material wurden in hinterer Sitzlage rund 60% des Körpergewichtes im dorsal der queren Gesäßfalte liegenden Bereich aufgenommen. Hier befinden sich die Tubera ossis ischii. Rund 16% des Körpergewichtes ruhen in dieser Position auf den Füßen, die fehlenden 24% lasten auf dem Sitz zwischen Tuberlinie und vorderer Stuhlkante. In der aufrechten Sitzhaltung ist das Unterschenkelgewicht stärker auf die Füße übertragen. Das gilt auch für den niedrigen Stuhl. Je steiler aber die Oberschenkel ventral ansteigen, um so geringer ist die Gewichtsbelastung der Füße, denn ein Großteil des Oberschenkelgewichtes wird von den Unterstützungspunkten des Rumpfes mit aufgenommen.

Bei der Analyse der verschiedenen Sitzhaltungen, z. B. beim Sitzen mit ausgestreckten Beinen, ändern sich die Belastungsverhältnisse des Tuberpolsters nur unwesentlich. Wie aus den Druckverteilungskurven hervorgeht, bleibt in jedem Falle die Belastung der distalen Oberschenkelhälfte gering. Bei unseren Druckuntersuchungen war die Belastung pro cm^2 44 g. Auch in den Fällen, in denen die Füße völlig entlastet waren, stieg sie nur unwesentlich bis maximal 70 g an.

Diese Feststellung hat insofern große Bedeutung, als in der Literatur immer wieder behauptet wird, daß bei zu hohen Stühlen die Vorderkante des Sitzes die Rückseite der Oberschenkel so erheblich komprimieren könne, daß eine mechanische Kompression der Beingefäße erfolgen muß. Wir sind dem nachgegangen, worüber später im einzelnen berichtet wird.

c) Die Lage der Rumpfschwerlinie innerhalb der Unterstützungsfläche

Die Druckdiagramme geben ein anschauliches Bild von den Belastungsverhältnissen im Sitzen. Man kann aus ihnen ersehen, daß die Sitzbeinhöcker tatsächlich im Verein mit den sie umgebenden Weichteilen den größten Teil der Körperlast aufnehmen. Sie sind in entspannter, aufrechter und vorgeneigter Sitzhaltung die Hauptunterstützungspunkte des Rumpfes. Nach den Sitzabdrücken und der Festlegung der am meisten belasteten Areale der Sitzfläche treten Zweifel an der Richtigkeit der von Strasser (1913) vertretenen Anschauungen auf, daß das Kreuzbein in der hinteren Sitzhaltung mitbelastet werde, ja den dritten Unterstützungspunkt abgebe. Diese Behauptung, die auch VON MEYER (1863) geäußert hat, ließ uns weitere Untersuchungen anstellen.

ÅKERBLOM (1948) hatte gefunden, daß die Kreuzbeinspitze in vorgesunkener Haltung 15 bis 30 mm und die Steißbeinspitze 10 bis 20 mm über dem Sitzbrett liegen. Wir haben an unserem Material seine Angaben überprüft und konnten seine Ergebnisse im wesentlichen bestätigen (vgl. S. 162). Bei verstärkter Vorneigung des Beckens kommen die perinealen Ränder des Ramus inferior ossis ischii und des Schambeines mit zur Auflage. Erst bei sehr starker Rückneigung, die beim freien Sitzen ohne Lehne praktisch nicht zu erreichen ist, kann das Kreuzbein der Unterlage so stark genähert werden, daß es zu einem direkten Kontakt kommen kann. Dann ist es auch weniger die Kreuzbeinspitze, die belastet wird; der Rumpf ruht nun vielmehr auf einem Unterstützungsring, der von den Sitzbeinhöckern und den dort ausgehenden Bändern, den Ligamenta sacrotuberalia gebildet wird.

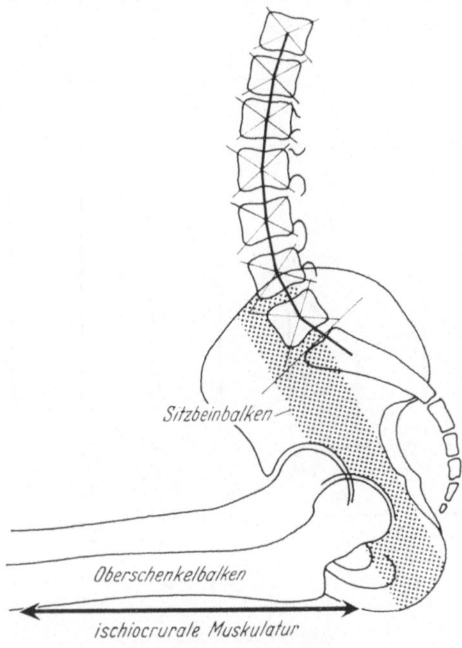

Abb. 75. Seitliches Röntgenbild eines 14jährigen Jungen. Das Kreuzbein steht hoch über dem Sitzbrett. Der Rumpf wird von vier Pfeilern, den beiden Sitzbeinen und den beiden Oberschenkelknochen getragen

Sehen wir von den extremen Fällen von hochgradigem Hängeleib ab, bei denen das geblähte Abdomen sich direkt auf die Oberschenkel stützt, dann kann die Übertragung der Rumpflast nur über die Hüftgelenke erfolgen. Der Rumpf ruht auf vier Grundpfeilern gleichsam auf einem Gewölbe, dessen hintere Pfeiler die Sitzbeinknorren, die vorderen die nach oben ragenden Schenkelhälse und der Hüftkopf bilden. Eine Vorstellung von dieser Konstruktion gibt das seitliche Röntgenbild im Sitzen (Abb. 75).

Aus den gefundenen Druckdiagrammen kann man den Fußpunkt der Rumpfschwerlinie innerhalb der Unterstützungsfläche bestimmen.

Die Grundlage für die rechnerische Bestimmung der Partialschwerpunkte ist von BRAUNE und FISCHER 1873 ermittelt worden. Nach ihren Untersuchungen ergab sich, daß der Schwerpunkt mit großer Annäherung in der Verbindungslinie der Mittelpunkte zweier benachbarter Gelenke liegt. Außerdem teilt der Schwerpunkt die Entfernung der beiden Gelenkmittelpunkte im Verhältnis 4:5; er liegt also bei $^4/_9$ der Länge eines Extremitätenabschnittes von der proximalen Gelenkachse an gerechnet. Wie oben ausgeführt, ist das Gewichtsverhältnis zwischen den einzelnen Körperteilen bekannt. Bekannt ist nach unseren Untersuchungen auch das Gesamtgewicht der Versuchsperson durch Gewichtsbestimmung auf der Waage. Es beträgt G kg. Außerdem ist durch Wiegen bestimmt worden, welches Teilgewicht des Körpers von den Füßen aufgenommen wird. Es ist ausgedrückt durch F kg. Zieht man F von G ab, dann erhält man das Gewicht S, das auf der Sitzfläche ruht. Es muß übereinstimmen mit der Summe der einzelnen, mit Hilfe der Gummibällchen bestimmten Auflagekräfte. S ist die Summe der auf den Sitz ausgeübten Kräfte, die für die mathematische Betrachtung durch eine gleichgroße, im Schwerpunkt der Auflagekräfte angreifende Kraft ersetzt werden kann. Die Auflagekräfte kann man in einem Diagramm darstellen (Abb. 76). Dieses kommt so zustande:

Seitlich betrachtet ist das Sitzbrett in sieben Ballonreihen aufgeteilt. Jede Reihe faßt die Drucke von sechs Bällchen zusammen. Durch Addition aller sechs Ballondrücke kommt man zu einem Reihenwertdruck. Er ist für die erste Reihe A 1, für die zweite Reihe A 2 und für die weiteren Reihen A 3, A 4, A 5, A 6, A 7. Diese Reihendruckwerte sind in ein Koordinatensystem eingetragen. Auf der Abszisse ist die seitliche Verteilung der Angriffspunkte der Reihendruckwerte, beginnend mit der Vorderkante der Sitzfläche als Nullpunkt, verzeichnet. Für die Abstände sind willkürliche Einheiten gewählt, wobei eine Einheit dem Abstand zwischen zwei Reihen entspricht. Der Abstand a 1 für den ersten Reihendruck A 1 ist 0,5 der erwähnten Einheit, da A in der Mitte des Abstandes, also im Zentrum des Bällchens, wirksam wird. Entsprechend ist der Abstand a 2 für den zweiten Reihendruckwert A 2 1,5. Dann sind a 3 = 2,5, a 4 = 3,5, a 5 = 4,5, a 6 = 5,5, a 7 = 6,5 Einheiten.

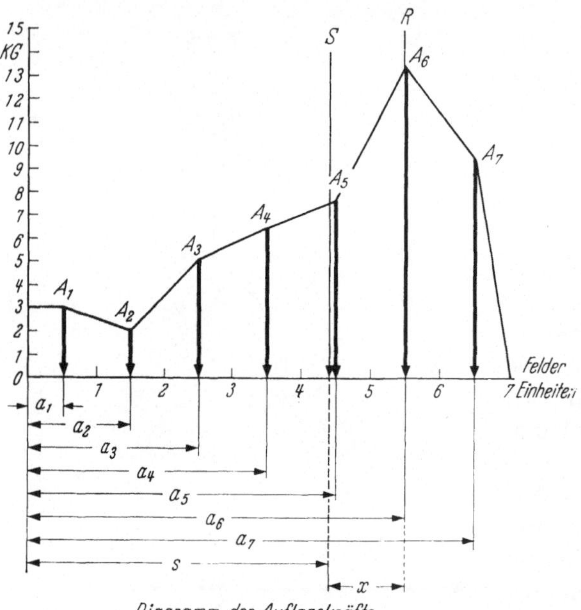

Abb. 76. Druckdiagramm einer 41jährigen Versuchsperson in erschlaffter Sitzposition

Die Lage des Schwerpunktes, in welchem S angreift, wird definiert durch den Abstand s von der Vorderkante der Sitzfläche. Er errechnet sich nach der Momentengleichung:

$$S \cdot s = A_1 \cdot a_1 + A_2 \cdot a_2 + A_3 \cdot a_3 + A_4 \cdot a_4 + A_5 \cdot a_5 + A_6 \cdot a_6 + A_7 \cdot a_7$$

$$s = \frac{A_1 \cdot a_1 + A_2 \cdot a_2 + A_3 \cdot a_3 + A_4 \cdot a_4 + A_5 \cdot a_5 + A_6 \cdot a_6 + A_7 \cdot a_7}{S}$$

$$\text{oder } s = \frac{\text{Summe der Auflagekräfte} : (A_n)}{\text{S kg}}$$

Nachdem jede Einheit eine Länge von 5,5 cm hat, ergibt sich der Abstand s_1 in Zentimetern $= s_1 \cdot 5{,}5$ cm.

Zur Definition von Kräften sind immer zwei Gleichungsgruppen notwendig: Eine Kräftegleichung und eine Momentengleichung. Die Kräftegleichung, wie sie oben aufgestellt wurde, lautet:

$$S + F = G$$

Zur Aufstellung der Momentengleichung ist ein fiktiver Drehpunkt anzunehmen. Um eine einfache Formel zu bekommen, ließen wir den Drehpunkt mit dem räumlichen Angriffspunkt einer der beiden Auflagepunkte zusammenfallen, nämlich mit S. Die Momentengleichung lautet dann:

$$F \cdot (f + s) = R \cdot x + O \cdot \frac{4}{9} \cdot (f + s) + U \cdot (f + s).$$

In dieser Gleichung bedeuten zusätzlich zu den bereits definierten Begriffen:

f = Der Abstand des Auflagepunktes der Fußkraft (welche nach Braune und Fischer 1890 etwa in der Mitte des Unterschenkels selbst liegt) von der Vorderkante der Sitzfläche. Zur mathematischen Vereinfachung wird die Summe (f + s) in den folgenden Berechnungen ersetzt durch die Strecke b.

R = Der Schwerpunkt des Rumpfes mit Kopf und Armen.

x = Gesuchter Abstand des Fußpunktes der Rumpfschwerlinie von dem angenommenen Drehpunkt in S (Abb. 77).

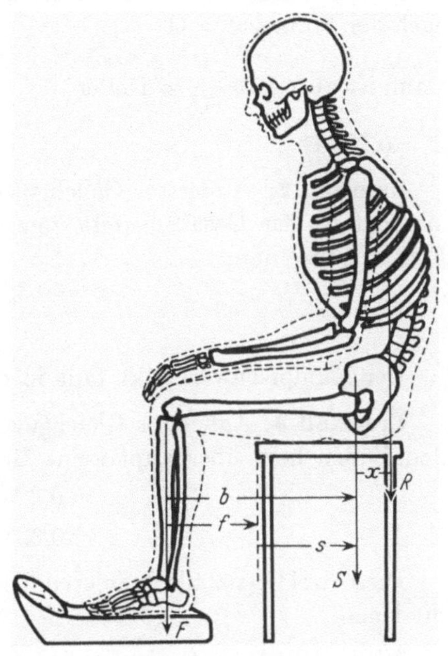

Abb. 77. Schema der Sitzhaltung. Die zur Aufstellung der Momentengleichung notwendigen Strecken sind eingetragen

Der Angriffspunkt des Oberschenkelgewichtes O wurde nach Braune und Fischer mit $^4/_9$ der Oberschenkellänge, von der Hüftgelenksachse aus gerechnet, angenommen.

Die räumliche Verschiebung zwischen dem proximalen Ende des Oberschenkels und dem Auflagepunkt S wurde zur Vereinfachung der mathematischen Ableitung vernachlässigt. Daß dies möglich war, ohne das Ergebnis zu verfälschen, zeigt die spätere räumliche Zuordnung von S.

Die Momentengleichung, die oben aufgestellt wurde, kann nach x aufgelöst werden unter gleichzeitigem Einsetzen von b.

$$x = b \cdot \frac{F - {}^4/_9 \cdot O - U}{R}$$

Um diese Formel an Hand der gemessenen Daten genau auswerten zu können, werden die Gewichte R, O und U auf das Gesamtgewicht nach den Formeln (1), (2) und (3) bezogen.

$$x = b \cdot \frac{F - {}^4/_9 \cdot {}^2/_9\, G - {}^1/_9\, G}{{}^2/_3\, G}$$

$$x = b \cdot \left[\frac{3\,F}{2\,G} - \frac{17}{54}\right]$$

Zahlenmäßig ausgewertet ergibt sich:

$$x = b \cdot \left[1{,}5 \cdot \frac{F}{G} - 0{,}32\right]$$

$$x = 0{,}32 \cdot b \cdot \left(4{,}75 \cdot \frac{F}{G} - 1\right) \qquad (4)$$

Bei der Auswertung des Materials nach Formel 4 erkennt man drei charakteristische Grenzfälle:

Grenzfall 1: Die Rumpfschwerlinie fällt mit dem Schwerpunkt der Auflagekräfte zusammen, d. h. der Rumpfschwerpunkt liegt über S. Für diesen Fall ist nach der Formel x = O.

Dann ist aber $4{,}75 \cdot \frac{F}{G} = 1$ oder

S = 0,23 · G.

Grenzfall 2: Äußerster Gleichgewichtszustand nach vorne F = G. In diesem Moment ist das Gesäß bereits vom Sitz gelöst, der Körper wird erhoben. Die Formel lautet dann:

$$x = 0{,}32 \cdot b \cdot (4{,}75 - 1)$$
$$a = 1{,}2 \cdot b.$$

Der Rumpfschwerpunkt fällt in diesem Falle vor den Punkt F.

Grenzfall 3: Äußerster Gleichgewichtszustand nach hinten. F = O, d. h. auf den Füßen liegt überhaupt keine Gewichtsbelastung mehr. In diesem Falle ist

$$x = 0{,}32 \cdot b \cdot 4{,}75 \cdot O - 1,$$
$$x = 0{,}32 \cdot b.$$

Diese drei Grenzfälle definieren die verschiedenen und auch bisher gebrauchten Sitzlagen:

Mittlere Sitzlage: Der Rumpfschwerpunkt liegt genau über dem Auflagepunkt von S, wenn auf den Füßen rund $^1/_4$ des Körpergewichtes ruht (0,23 · G) (Abb. 78b).

Vordere Sitzlage: Sie ist dann gegeben, wenn die Füße mit mehr als $^1/_4$ des Körpergewichtes belastet werden. In diesem Falle ist x größer als 0, d. h. die Rumpfschwerlinie fällt zwischen den Auflagepunkt Fuß und den Auflagepunkt Rumpf, also zwischen F und S. Der äußerste Grenzfall ist erreicht, wenn F = G und x = 1,2 · b ist (Abb. 78a).

Hintere Sitzlage: Auf den Füßen ruht ein Gewicht, das kleiner ist als rund $^1/_4$ des Gesamtkörpergewichtes. X = kleiner als 0, d. h. negativ. Der äußerste Grenzfall ist gegeben, wenn x = 0,32 · b. Eine weitere Rücklage des Rumpfes darüber hinaus ist nur durch aktive Muskelgegenspannung möglich (Abb. 78c).

Zur Festlegung, welchen anatomischen Strukturen der Schwerpunkt der Auflagekräfte entspricht, haben wir in 50 Einzeldruckdiagramme, die nach dieser Formel ausgerechnete Strecke s eingetragen.

Dabei zeigt sich, daß s in allen Sitzpositionen von der hinteren Begrenzung der Gesäßkontur im Durchschnitt 13,1 cm, bei einer Streuung von 9,4 und 16 cm entfernt ist. Umgerechnet in Raumeinheiten bedeutet das, daß S im Mittel in der dritten Reihe von der dorsalen Begrenzung der Sitzkontur aus gerechnet lag. Wie unsere Sitzabdrücke zeigen, befinden sich an der gleichen Stelle die Sitzbeinhöcker. Demnach liegt S auf der Linie, welche die beiden aufliegenden Punkte der Sitzbeinhöcker verbindet.

Kennt man S, dann kann auch der Fußpunkt der Rumpfschwerlinie annähernd genau bestimmt werden. Die Strecke b, die sich aus s = Abstand S von

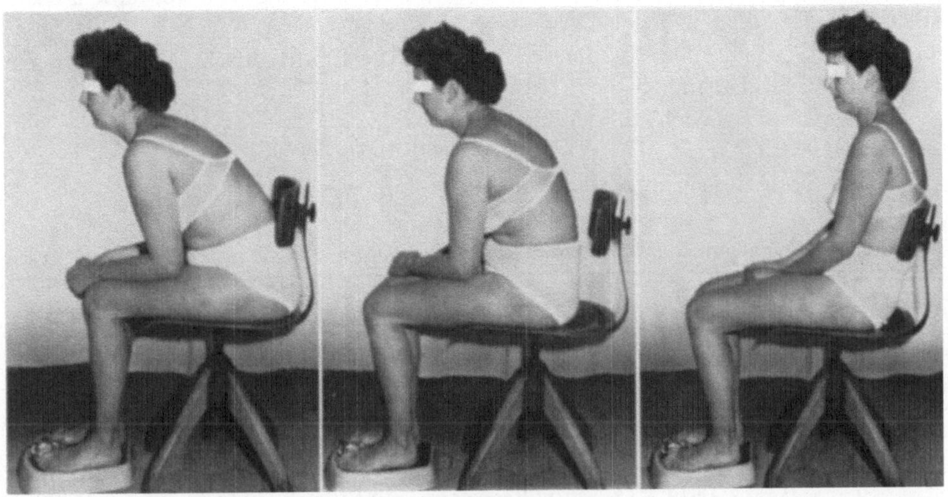

a b c

Abb. 78a—c. Vordere, mittlere und hintere Sitzhaltung auf einem Bürostuhl. 41jährige Versuchsperson, Körpergewicht 53 kg

Tabelle 19. *Entfernung des Schwerpunktes der Auflagekräfte S in der Sagittalebene von der dorsalen Begrenzung der Sitzfläche*

	Entspannte Sitzhaltung	Aufrechte Sitzhaltung	Vorgeneigte Sitzhaltung	Rechtes Bein überkreuzt	Linkes Bein überkreuzt
1	13,2	15,4	16,0	12,7	11,6
2	12,1	14,3	10,4	14,3	13,2
3	11,0	12,1	11,6	12,7	12,2
4	12,2	12,2	11,6	14,3	14,3
5	14,3	13,8	13,2	12,1	11,0
6	11,0	9,4	9,9	12,7	12,7
7	14,3	11,0	15,4	14,9	14,9
8	13,8	14,9	14,9	11,6	13,8
9	15,9	15,4	12,6	13,8	14,9
10	13,7	13,2	9,9	15,4	14,9
Rechnerischer Mittelwert.........	13,15	13,17	12,55	13,39	13,35

der Stuhlvorderkante und f = Abstand der Unterschenkelachse von der Stuhlvorderkante zusammensetzt, entspricht etwa der Länge des Oberschenkels, wenn S mit dem Sitzbeinhöcker zusammenfällt.

Die Femurlänge ist am Lebenden nur röntgenologisch, etwa nach dem Verfahren von Büchner, exakt zu bestimmen. Weil uns Röntgenaufnahmen der Oberschenkel unserer Versuchspersonen nicht zur Verfügung standen, nahmen wir die Oberschenkellänge durch Messung von der Trochanterspitze bis zum äußeren Gelenkspalt des Kniegelenkes an. Diese

Zahlen geben zwar nur einen Näherungswert der Femurlänge, die Differenz zwischen der tatsächlichen und der angenommenen Länge beträgt jedoch, wie uns vergleichende Röntgenuntersuchungen von anderen Personen gezeigt haben, im äußersten Falle 2 cm. Der sich daraus ergebende Fehler ist so gering, daß er für die weiteren Betrachtungen nicht ins Gewicht fällt.

Zur einfachen Bestimmung des Fußpunktes der Rumpfschwerlinie werden benötigt:

1. Die Länge des Oberschenkels (durch direkte Messung von der Trochanterspitze zum lateralen Kniegelenksspalt zu bestimmen).
2. Das Gewicht, das auf den Füßen liegt (bestimmt durch Wägung in der betreffenden Sitzhaltung).
3. Das Gesamtgewicht der Versuchsperson.

Voraussetzungen sind,

a) daß die Unterschenkel senkrecht aufgestellt werden,

Tabelle 20. *Abstand der Rumpfschwerlinie in der Frontalebene von der rechten Stuhlkante in cm*

	A	B	C	D	E
1	17,6	18,15	16,5	19,80	18,70
2	17,6	18,70	18,15	17,05	15,95
3	15,4	15,4	14,30	18,15	17,05
4	15,4	15,4	15,95	12,70	15,40
5	15,4	16,5	16,5	18,15	16,50
6	18,15	17,6	18,15	18,70	15,95
7	17,05	17,6	16,50	18,15	14,85
8	17,05	17,05	17,60	18,15	14,85
9	17,6	17,6	17,05	17,60	14,85
10	15,4	15,4	14,3	18,15	16,50

b) daß die Gewichtsverhältnisse von Rumpf, Ober- und Unterschenkel zu dem Gesamtkörpergewicht nach den Bestimmungen von Braune und Fischer (1890) richtig sind.

Der Fußpunkt der Rumpfschwerlinie in der Sagittalebene wird nach der Formel (4) bestimmt. Die Festlegung der Position in der frontalen Ebene ist ebenfalls leicht möglich. Dazu muß zunächst die Lage des Schwerpunktes der Auflagekräfte in der Frontalebene S′1 festgelegt werden. Dies geschieht nach der Momentengleichung:

$$s' = \frac{A'_1 \cdot a'_1 + A'_2 \cdot a'_2 + A'_3 \cdot a'_3 + A'_4 \cdot a'_4 + A'_5 \cdot a'_5 + A'_6 \cdot a'_6}{S'},$$

wobei der räumliche Beziehungspunkt die rechte seitliche Stuhlkante ist. In der Frontalebene liegen sechs Ballonreihen nebeneinander. Der Druck auf jeder Reihe ist durch A'_n ausgedrückt. S′ ist von der rechten seitlichen Stuhlkante s′ Raumeinheiten entfernt.

Wir haben an 50 Druckkurven die Lage von S′ bestimmt. Bei den Sitzhaltungen, in denen beide Oberschenkel gleichmäßig aufgelegt waren, verändert der Schwerpunkt der Auflagekräfte seine Lage nur unwesentlich (Tab. 20).

Die größte beobachtete Abweichung von der Mittellinie bei den 30 symmetrischen Sitzhaltungen betrug 0,4 Raumeinheiten, d. h. 2,2 cm. Interessant ist, daß auch beim Sitzen mit übergeschlagenen Beinen die Seitenverschiebung nur unwesentlich bleibt. Wir fanden bei 20 Druckkurven in asymmetrischer Sitzposition, d. h. wenn ein Bein über das andere geschlagen war, als stärkste Abweichung von der Mittellinie eine Verschiebung nach links um 3,3 cm (Tab. 20).

Åkerblom (1948) gibt auf Grund von Messungen am Skelet den Abstand zwischen den Sitzbeinhöckern mit 13 cm bei Männern und 14 cm bei Frauen an. Legt man diese Zahlen den Auswertungen zugrunde, dann zeigt sich, daß die Schwerpunktverlagerung der Auflagekräfte durch das Sitzen mit übergeschlagenen Beinen die innere Hälfte der Unterstützungsfläche nicht überschreitet. Das bebestätigt die Erfahrungstatsache, daß die Stabilität des Gleichgewichtes in der Frontalebene auch beim Sitzen mit übergeschlagenen Beinen relativ groß ist.

Tabelle 21. *Abweichungen des Fußpunktes der Rumpfschwerlinie vom Schwerpunkt der Auflagekräfte*

(negative Zahlen — Fußpunkt liegt dorsalwärts, positive Zahlen — Fußpunkt liegt ventralwärts)

	Entspannte Sitzhaltung	Aufrechte Sitzhaltung	Vorgeneigte Sitzhaltung	Rechtes Bein überkreuzt	Linkes Bein überkreuzt
1	— 2,4	— 2,2	— 4,7	— 4,4	— 2,8
2	— 5,1	+ 1,4	+ 8,8	— 1,5	+ 3,3
3	— 4,0	— 1,4	+ 2,9	— 9,9	— 6,4
4	— 2,6	— 7,5	— 1,4	— 5,3	— 7,6
5	— 0,6	+ 0,3	+ 3,9	— 7,4	— 3,5
6	— 3,2	— 6,4	— 4,0	— 5,2	— 7,4
7	— 10,9	— 7,6	— 9,9	+ 0,1	— 2,0
8	— 12,8	— 1,5	0	— 5,6	— 7,9
9	— 9,5	0	— 7,2	— 4,8	— 6,7
10	— 1,9	0	+ 4,4	— 2,4	— 3,7

Erst eine extreme Seitwärtsneigung bringt den Körper nach rechts oder links zum Fallen.

Durch die Bestimmung von s ist die Lage von S definiert. Der Schwerpunkt der Auflagekräfte liegt auf der Parallelen, die im Abstand s_1 cm von der Stuhlvorderkante errichtet wird. Von der seitlichen rechten Stuhlkante als Beziehungslinie ist er s'_1 cm entfernt und liegt auf einer in diesem Abstand zur rechten seitlichen Stuhlkante gezogenen Parallelen. Im Schnittpunkt beider Geraden liegt dann der gesuchte Schwerpunkt der Auflagekräfte S.

Der Fußpunkt der Rumpfschwerlinie muß auf der Geraden, die im Abstand s'_1 von der rechten Stuhlkante aus errichtet wird, liegen, da keine zusätzlichen Kräfte auf den Rumpfschwerpunkt einwirken. Auf dieser Geraden liegt er x cm nach ventral, wenn x positiv, und x cm nach dorsal, wenn x negativ ist. Über die beobachteten Verschiebungen des Fußpunktes der Rumpfschwerlinie, bezogen auf S, unterrichtet die Tab. 21.

Interessant ist, daß auch nach der Aufforderung, eine Haltung wie zum Schreiben einzunehmen, nur fünf unter den zehn untersuchten Versuchspersonen eine vordere Sitzhaltung einnehmen, während bei den restlichen fünf die Rumpfschwerlinie hinter die Tuberlinie fällt, was einer hinteren Sitzlage entspricht.

Zusammenfassung

Im Sitzen ruht der Körper auf einer Unterstützungsfläche, die von der dorsalen Gesäßkontur bis zu den Fußspitzen reicht, sofern die Füße auf dem Boden aufstehen. Das Rumpfgewicht wird im allgemeinen direkt auf die Sitzfläche übertragen. Über die Füße wird, je nach Höhe des Stuhles und nach dem Grad der Vorneigung, nur das Gewicht der Unterschenkel und ein Teil des Oberschenkelgewichtes aufgenommen. Nur in sehr starker Vorneigung kann auch ein geringer Prozentsatz des Rumpfgewichtes auf die Füße übertragen werden. Dies ist besonders dann der Fall, wenn die Oberschenkelachse nach ventral abfällt. Steht dagegen die Kniegelenksachse höher als die Sitzebene, dann trägt die Rumpfunterstützungsfläche einen Großteil des Beingewichtes mit. Lösen sich die Füße vom Boden, dann ruht das ganze Körpergewicht auf dem Sitz.

Die Unterstützung des Rumpfes geschieht zum wesentlichen Teil über eine Fläche, die von den Sitzbeinhöckern und den sie umgebenden Weichteilen begrenzt wird. Sie hat von ventral nach dorsal eine Ausdehnung von 10 bis 15 cm, und von rechts nach links von 16 bis 25 cm. Im Sitzen ruht die Rumpflast also auf einer relativ großen Unterstützungsfläche. Die zur Stabilisierung der Haltung erforderliche statische Muskelarbeit ist im allgemeinen geringer als im Stehen. Zusätzlich wird durch die Entlastung der Beinmuskeln Haltearbeit eingespart.

Durch direkte Druckversuche wurde die Gewichtsbelastung auf den einzelnen Arealen der Unterstützungsfläche gemessen. Es zeigt sich, daß fast $^2/_3$ der untersuchten Personen die linke Gesäßhälfte mehr belastet haben als die rechte, während nur rund $^1/_{10}$ völlig symmetrisch saß, d. h. beide Gesäßhälften gleichmäßig zur Belastung heranzog.

Je nach der Gewichtsbelastung der Füße kann man eine vordere, mittlere und hintere Sitzlage exakt definieren. Die mittlere Sitzlage, in welcher der Rumpfschwerpunkt über den Sitzbeinhöckern ruht, ist dann gegeben, wenn rund $^1/_4$ des Körpergewichtes auf den Füßen liegt. Entsprechend ist eine hintere Sitzlage nur dann anzunehmen, wenn die Gewichtsbelastung kleiner wird, und eine vordere, wenn mehr als 25% des Körpergewichtes von den Füßen getragen werden.

In der mittleren und hinteren Sitzlage fällt der Fußpunkt der Rumpfschwerlinie in die von den Sitzbeinknorren umschlossene Unterstützungsfläche. In der vorderen Sitzlage fällt sie vor die Tuberlinie und liegt dann zwischen der Fußauflagefläche und den Sitzbeinhöckern. Beim Überschlagen der Beine wird im allgemeinen eine hintere oder mittlere Sitzlage eingenommen. Die Unterstützungsfläche des Rumpfes entspricht nahezu der beim Sitzen mit gleichmäßig aufgelegten Oberschenkeln.

V. Die Sitzhaltungen

Wie im Stehen wird die Haltung im Sitzen von einer Vielzahl von Faktoren geprägt und bestimmt. Dabei spielen physische und psychische Momente wechselweise eine mehr oder weniger große Rolle. Auf die Bedeutung der statischen Erfordernisse ist wiederholt hingewiesen worden. Die letzte Entscheidung trifft aber das Einzelindividuum je nach seinen Lebensgewohnheiten und der zu bewältigenden Tätigkeit von Fall zu Fall selbst. Dabei wirken sich gesellschaftliche

Formen ebenso aus wie die Vorbilder der Umgebung. So sitzt ein Asiate grundsätzlich anders als ein Europäer.

Die Einteilung der Sitzhaltungen kann nach verschiedenen Gesichtspunkten geschehen; Überschneidungen lassen sich dabei nicht vermeiden. Am exaktesten ist die Orientierung nach der Lage des Rumpfschwerpunktes. Wie oben ausführlich dargelegt, kann man leicht mit Hilfe einer Waage jede mögliche Position erfassen. Damit läßt sich zwar die Kräfteverteilung exakt definieren, der Grad der Aufrichtung selbst bleibt jedoch unberücksichtigt. Grundsätzlich ist aus jeder Beckenstellung eine Aufrichtung möglich. Je nach Beckenkippung wird sie das eine Mal

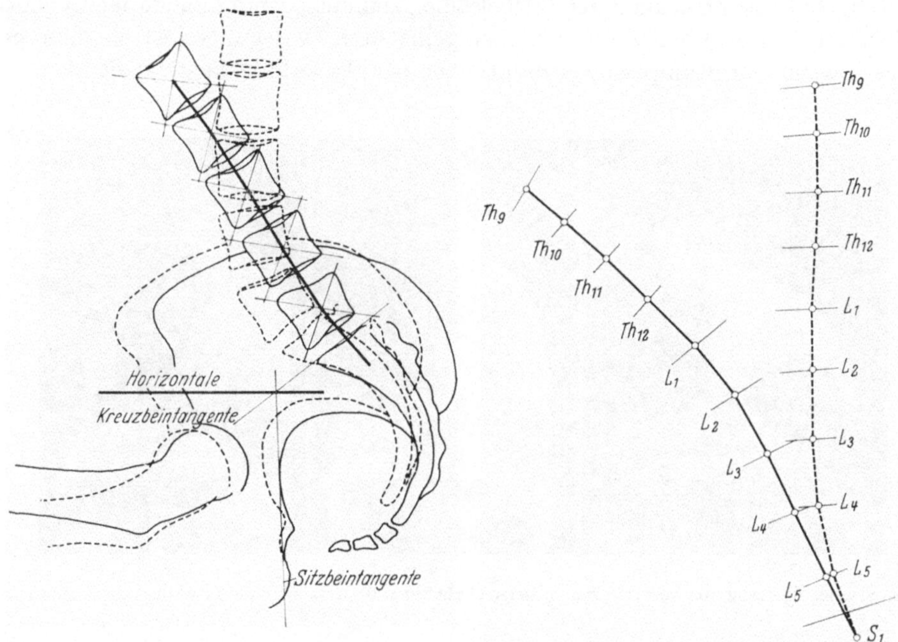

Abb. 79. Aufrichtung aus vorderer Sitzhaltung im Röntgenbild einer 24jährigen Patientin

Abb. 80. Diagramm der Wirbelsäulenform beim Übergang von der vorderen zur mittleren Sitzhaltung

zur Lordose führen, das andere Mal bleibt trotz aktiver Muskelarbeit eine Restkyphose bestehen, wie am Beispiel des Hüftversteiften gezeigt werden konnte.

Um ein Bild von dem Ablauf der Aufrichtung des Rumpfes aus vorgeneigter Sitzhaltung und vom Bewegungsablauf der Wirbelsäule bei der Rückkehr in eine hintere Ruhelage zu bekommen, haben wir von einem 22jährigen wirbelsäulengesunden Mann kinematographische Aufnahmen im Sitzen angefertigt.

In der extremen vorderen Sitzhaltung bildet, wie beim Vorneigen des Rumpfes im Stehen, die Wirbelsäule einen total kyphotischen Bogen. Die Hüftgelenke sind stark gebeugt, der Beckeneingang ist wie im Stand steilgestellt. Aus dieser Haltung ist ohne Änderung der Beckenstellung die Aufrichtung zur Lordose möglich. Wie die Abb. 79 zeigt, werden vor allem die unteren Bewegungssegmente lordosiert, was bei dem starken Horizontalabfall der Kreuzbeindeckplatte ohne große Anstrengung einfach durch Zurückneigen des Oberkörpers möglich wird. Das Ausmaß der wahren Bewegung zeigt das Bewegungsdiagramm (Abb. 80), in dem sich auch die Wirbelsäulenform gut ausdrückt.

Beim Übergang von der vorderen zur mittleren lockeren Sitzhaltung wird vor allem eine Streckung in den Hüftgelenken vollzogen. Sie wird passiv erreicht durch die Rückdrehung des Beckens. Der Oberkörper rollt dabei auf den Kufen der Sitzbeinhöcker nach hinten. Grundsätzlich ist dazu keine Haltungsänderung des Rumpfes vonnöten. Um den Schwerpunkt, der in vorderer Sitzposition mehr bodenwärts liegt als in der mittleren Sitzhaltung, nach oben zu führen, bedarf es der Anspannung der aufrichtenden Rückenstrecker. Sie ergänzen den Effekt der Beckendrehung durch eine lordosierende Bewegung der Wirbelsäule. Damit flacht der kyphotische Bogen ab (Abb. 81). Grundsätzlich ist die mittlere Sitzhaltung an keine Streckung der Wirbelsäule gebunden, sondern auch bei kyphotischem Rücken denkbar. Nach den oben gemachten Darlegungen ist sie dann gegeben, wenn der Rumpfschwerpunkt über der Tuberlinie liegt. Weil aber die

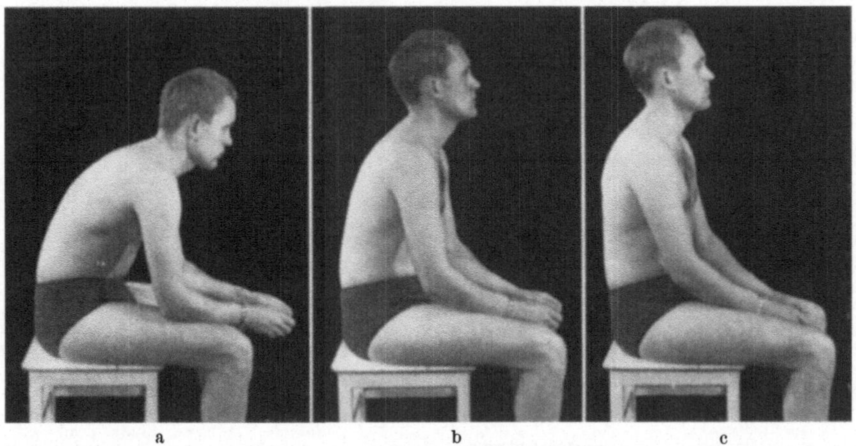

Abb. 81a—c. Übergang von vorderer zur mittleren Sitzhaltung. Die Totalkyphose der Wirbelsäule flacht sich ab

Beckenrückdrehung durch die Tätigkeit der streckenden Muskeln zustande kommt, wirkt sich deren Einfluß im allgemeinen auch auf die Wirbelsäule aus, was in einer Abflachung der Totalkyphose in Erscheinung tritt. Die mittlere Sitzhaltung ist also meist mit einer Streckung des Rumpfes verbunden. Sie ist um so stärker, je geringer die Beckenrückdrehung ist. Auf einer weichen Sitzunterlage, z. B. beim Sitzen auf einem Polster, kann sie völlig fehlen, der Übergang von vorderer zu mittlerer Sitzhaltung führt dann zu einer Lordosierung. Wegen des größeren Muskelkraftaufwandes wird sie oft vermieden, mit anderen Worten, die mittlere Sitzhaltung umgangen. Sie ist dann nur Durchgangsphase beim Übergang zur hinteren Sitzhaltung.

Die Rückführung des Beckens nimmt die stärksten Grade an, wenn die hintere Sitzlage eingenommen wird. Geht man wieder von der maximalen Vorbeugung des Rumpfes aus, dann flacht sich zwar die Totalkyphose im Bewegungsbereich der mittleren Sitzhaltung mäßig ab, sie verstärkt sich aber wieder, wenn die hintere Position erreicht wird. Von der Wirbelsäulenhaltung her besteht kein Unterschied zwischen extremer Vorbeugung in vorderer und maximaler Rückneigung in hinterer Sitzlage (Abb. 82). Geändert hat sich nur der Beugegrad im Hüftgelenk. Das wird durch den Umstand bewiesen, daß der Hüftversteifte auf normal hohen Stühlen nicht in der Lage ist, eine vordere Sitzhaltung einzunehmen, obwohl, wie am Beispiel der 30jährigen Frau mit Ankylose gezeigt wurde, die Kyphosierbarkeit der Wirbelsäule normal ist (vgl. S. 87).

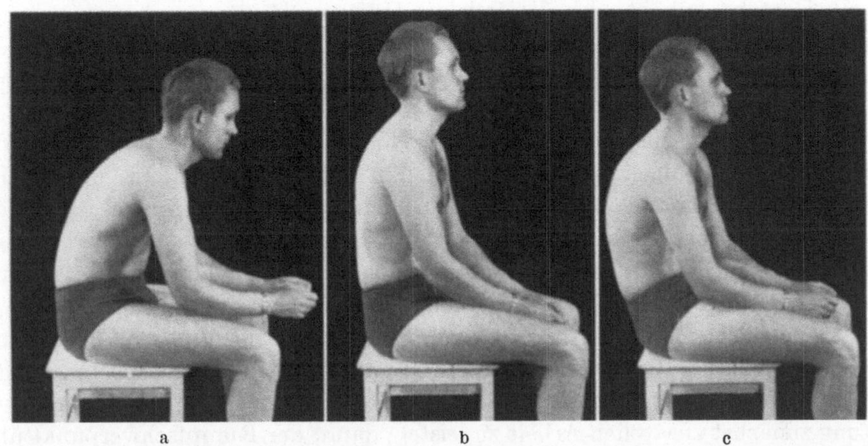

a b c

Abb. 82a—c. Beim Übergang von vorderer zur hinteren Sitzhaltung wird eine ergiebige Beckenrückdrehung vollzogen. Die Kyphose der Rumpfwirbelsäule ist in beiden Fällen nahezu gleich

In hinterer Sitzhaltung ist keine Lordosierung möglich, sieht man von artistischen Zwangshaltungen ab. Die horizontalstehende oder gar nach dorsal abfallende Kreuzbeindeckplatte verbietet die Einstellung des Rumpfschwerpunktes

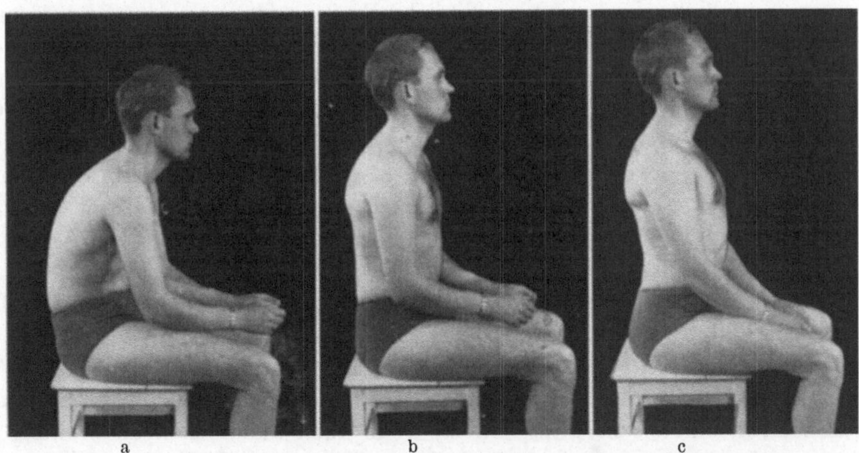

a b c

Abb. 83 a—c. Zur Lordosierung aus hinterer Sitzhaltung wird das Becken vorgedreht und die Wirbelsäule gestreckt

über die Unterstützungsfläche. Darum erfolgt bei der Aufforderung an den Probanden, ein Hohlkreuz zu machen, eine Vorkippung des Beckens. Dieses nimmt mit dem Kreuzbein die unteren Lendensegmente mit und bringt sie aus der kyphotischen in die lordotische Einstellung (Abb. 83). Waren bei der Rückführung des Beckens aus der vorderen Sitzhaltung vor allem die dorsalen Muskelgruppen in Aktion, so tritt nunmehr der Ileopsoas in Tätigkeit. Seine Anspannung bewirkt die Vordrehung des Beckens, vermindert aber gleichzeitig die Streckung im Hüftgelenk. Indem der Ileopsoas das Becken vordreht, wirkt er synergetisch mit dem Erektor trunci, der bei aufrecht gehaltenem Oberkörper den hinteren oberen Darmbeinstachel anhebt, also ebenfalls das Hüftgelenk, wenn auch gering, beugt. Nimmt die Beckenkippung nach vorne stärkere Grade an, dann tritt stets der Erektor trunci in Aktion, wie durch die elektromyographischen Untersuchungen bewiesen wurde.

Überblickt man zusammenfassend die Rückenformen in den einzelnen symmetrischen Sitzhaltungen, dann zeigt sich, daß die Kyphosierung in vorderer und hinterer Sitzhaltung nahezu gleich ist. In beiden Positionen ist beim Blick geradeaus die Halslordose stets erheblich, was für die Prophylaxe von Überlastungsschäden der dorsalen cervicalen Muskelgruppen bedeutungvoll ist. In der mittleren Sitzhaltung flacht sich dagegen der kyphotische Bogen ab, die Rumpfwirbelsäule zeigt einen mehr oder weniger geraden Verlauf. Während in extremer Rundrückenbildung die Ventriflexion durch passive Mechanismen begrenzt wird, also keine wesentliche Muskelkraft aufgewandt werden muß, ist in mittlerer Sitzhaltung zunächst zusätzlich Arbeit zu leisten, damit der Rumpfschwerpunkt über der Tuberlinie gehalten werden kann. Dazu kommt die Notwendigkeit, den Beckensockel selbst zu fixieren.

Dies kann auf verschiedene Weise geschehen. Eine passive Fixation durch Inanspruchnahme der elastischen Kräfte gespannter Muskelgruppen kommt unter den normalen Haltungen auf einem Stuhl nur selten in Betracht. Anders ist es dagegen beim Sitzen auf ebener Unterlage, z. B. auf dem Boden. Derartige Haltungen sind bei Asiaten wie auch bei primitiven Völkern häufig anzutreffen. Auch in unserem Kulturkreis ist eine ähnliche Position als Schneidersitz bekannt. Die besondere Eigenart dieser Sitzweise liegt darin begründet, daß die Beine in den Hüftgelenken abduziert und außenrotiert werden. Dadurch sind die Adductoren gedehnt und bilden eine passive Verspannung zwischen Becken und Bein. Gleichzeitig wird die Pars lateralis des Ligamentum ileo-femorale angespannt und hemmt damit die weitere Außenrotation. Auf dem so festgestellten Beckensockel kann die Wirbelsäule in allen Ebenen frei bewegt werden. Weil die Feststellung eine extreme Rückführung nicht mehr gestattet, ist die Rundrückenbildung begrenzt, die Lendenwirbelsäule bleibt steilgestellt.

Beim Sitzen mit übergeschlagenen Beinen werden die ischio-cruralen Muskeln auf der Seite des überkreuzten Oberschenkels stärker gedehnt und damit relativ gespannt. Beide Tubera bleiben dem Sitz aufgelegt, wenn sich auch die Tuberlinie etwas schräg einstellt. Durch das Überkreuzen wird der Beckensockel stärker als beim symmetrischen Sitz fixiert, wenn auch die Beckenrückdrehung der in hinterer Sitzlage entspricht. Die Anhebung des einen Beines zum Überschlagen über das andere stellt gleichzeitig die Kreuzbeindeckplatte in der Frontalebene schräg, so daß eine nach der Seite des aufliegenden Oberschenkels konvexe Seitwärtsneigung der Lendenwirbelsäule entsteht. Ein weiterer Nachteil ist die Kompression der dorsalen Abschnitte der Unterschenkelbeugeseite durch direkten Druck des Kniegelenkes des der Sitzfläche aufliegenden Beines. Man kann das vielfach gut an der umschriebenen reaktiven Hyperämie im proximalen dorsalen Unterschenkeldrittel, die nach dem Aufstehen eintritt, erkennen. Eine direkte mechanische Kompression der Arterien tritt durch dieses Überkreuzen nicht ein, wie unsere oszillographischen Untersuchungen gezeigt haben. Durch direkten Nervendruck kann sich aber unter Umständen ein „Einschlafen" der Beine einstellen.

Schließlich kann die Beckenfixation durch eine Innenrotation der weitgehend gestreckten Hüftgelenke erfolgen. Durch die Einwärtsdrehung werden die schraubenartig verdrehten Faserzüge des Bertinischen Bandes in Mittelstellung zwischen Ab- und Adduktion angespannt und damit eine Anteversion des Beckens bewirkt. Das Sitzen auf dem Sattel gleicht hinsichtlich der Beckenstellung weitgehend dem Stehen. Dazu kommt, daß beim Reitsitz die Hüftgelenke häufig verhältnismäßig weit gestreckt werden. Aus diesem Grunde ist eine Lordose leicht herzustellen. Auch bei Benutzung eines gewöhnlichen Stuhles kann eine dem Reitsitz ähnliche Haltung eingenommen werden. Dabei umgreifen die Unterschenkel die vorderen Stuhlbeine von innen her, während sich die Fußinnenränder ihnen von außen anpressen. Je stärker die Beine innenrotiert werden, um so stärker wird auch die Vorkippung des Beckens und um so leichter die Vorneigung des Rumpfes.

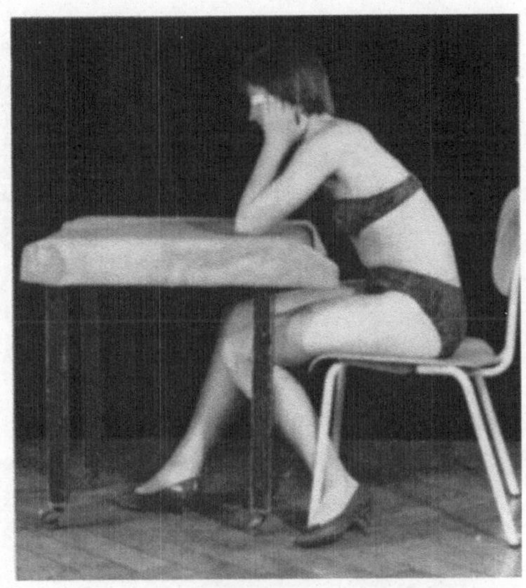

Abb. 84. Abstützung des Kopfes auf den aufgestützten Unterarmen. Totalkyphose der Rumpfwirbelsäule

Die rein symmetrischen Sitzhaltungen spielen im praktischen Leben keine allzu große Rolle. Sie werden dann eingenommen, wenn der Mensch sich gezwungen gibt. So haftet einem Festakt immer etwas Steifes, Unnatürliches an, solange der äußere Zwang oder die gespannte Aufmerksamkeit ein Stillsitzen gebieten. Betrachtet man kritisch die einzelnen Teilnehmer, wird man aber schon bald eine Asymmetrie bemerken können. Besonders eindrucksvoll sind dabei die Versuche, eine zusätzliche Abstützung des Rumpfes durch Anlehnen oder Aufstützen der Arme zu gewinnen.

Der Schultergürtel spielt bei der Sitzhaltung überhaupt eine große Rolle. Wegen der unvollkommenen Automatisation neuromuskulärer Schaltungen tritt bei reiner Haltearbeit sehr rasch eine Ermüdung ein. Aus diesem Grunde ist das Auflegen der Arme auf die Oberschenkel auch beim freien Sitzen eine gern angewandte Hilfe. Das „in den Schoß legen" der Hände ist geradezu zum Symbol des Ausruhens geworden. Der Entspannung des Schultergürtels sind Armlehnen an Ruhestühlen besonders dienlich. Fehlen sie, dann wird oft die Tischplatte vor dem Stuhl zum Abstützen der Arme herangezogen (Abb. 84). Hierbei kommt es weniger auf eine Entlastung der Rückenmuskulatur an, als vielmehr auf die Einsparung von statischer Haltearbeit des Schultergürtels. Damit der Sitzende die Tischplatte erreicht, muß er seinen Oberkörper nach vorne neigen, also die vordere Sitzhaltung einnehmen, sofern der Stuhl nicht teilweise unter die Tischplatte geschoben werden kann. Die starke Vordrehung des Beckens beengt infolge der notwendigen Hüftbeugung den Bauchraum. Aus diesem Grunde wird meistens das Becken zurückgedreht und die Lendenwirbelsäule kyphosiert. Die verstärkte, nach dorsal gerichtete Krümmung wird häufig kompensiert durch eine Streckbewegung im Brustteil der Wirbelsäule. So entsteht eine Rückenform,

Abb. 86. Typische Schreibhaltung. Kyphosierung der Lendenwirbelsäule, Streckung der Brustwirbelsäule

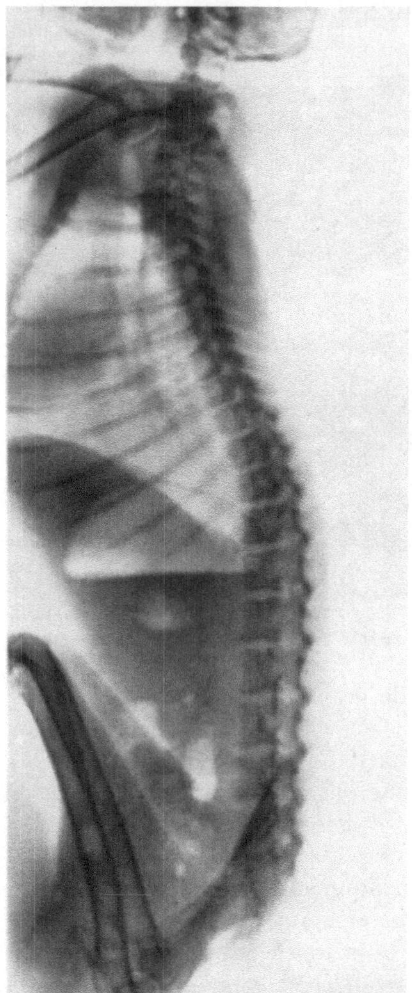

Abb. 85. Knickbildung am dorsolumbalen Übergang bei einem sitzenden Rhesusaffen

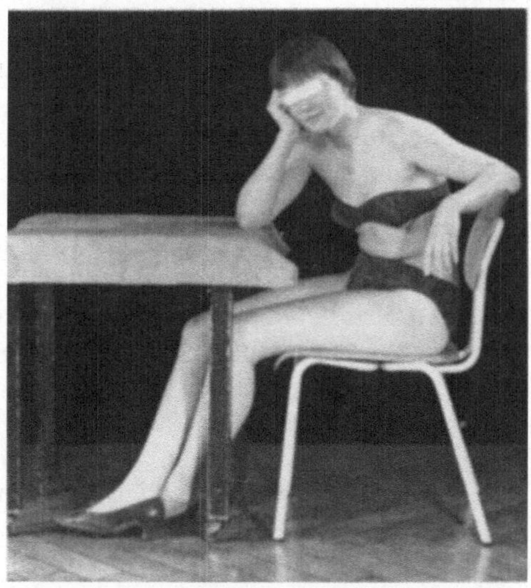

Abb. 87. Verdrehung des Oberkörpers beim Abstützen des Kopfes auf dem der Tischplatte aufgelegten Unterarm. Der andere Arm wird auf die Lehnenkante gelegt

die Staffel (1889) bei muskelschwachen Menschen beobachtet hat. Sie ist charakterisiert durch eine lumbale bzw. lumbodorsale Kyphose und eine Streckung bzw. Lordosierung in den unteren Brustsegmenten. Vergleicht man die so entstehende Wirbelsäulenform mit der eines hockenden Vierbeiners, dann fällt die Ähnlichkeit sofort auf. Man kann darum diese Sitzhaltung nicht von vornherein als pathologisch oder als Ausdruck der Ermüdung auffassen, wie das GÜNTZ (1957) tut. Auch das Röntgenbild eines Rhesusaffen läßt diese Knickbildung bereits deutlich erkennen (Abb. 85).

Die beschriebene Position ist die typische Schreibhaltung, die erfahrungsgemäß über längere Zeit eingehalten werden kann (Abb. 86). Eine häufig zu beobachtende, geradezu typische Begleiterscheinung der beschriebenen Sitzposition ist das Vorstrecken des einen und das Zurückschlagen des anderen Beines. Ein gewisser Vorteil dieser Haltung besteht darin, daß durch einfaches Vorwärtsrollen des Beckens leicht eine vorübergehende Lendenlordose erzeugt werden kann. Dieses kurze Aufrichten hat den gleichen Effekt wie das Dehnen und Recken am Morgen. Es dient offensichtlich der Entmüdung.

In ähnlicher Weise wirkt auch das Aufstützen des Kopfes auf eine Hand streckend auf die oberen Rückenpartien. Durch das Aufstemmen der Arme wird die Schultermuskulatur entlastet. Das Auflegen des Kopfes auf die als Pfeiler wirkende obere Extremität entbindet gleichzeitig die dorsale Halsmuskulatur von der Haltearbeit (Abb. 87). Eine weitere zusätzliche Entlastung ist in dieser Haltung denkbar durch das Anstemmen des Brustbeines an die Tischkante. Dadurch wird aber die im Sitzen an sich behinderte Atmung weiter beeinträchtigt. Gleichzeitig tritt in dieser Position bald ein allgemeines Müdigkeitsgefühl auf.

Nicht selten kann man das Abstützen des Schultergürtels bei asymmetrischem Sitzen beobachten. Dabei wird der Rumpf auf der Sitzfläche verdreht, der lehnennahe Arm auf der Stuhllehne aufgestützt und der Kopf in die entsprechende Hand gelegt. Der andere Arm kann auf der Tischkante eine Stütze finden.

Weil die Stuhlkante die Oberarmstreckseite aber leicht komprimiert, wird die andere Hand nicht selten gleichsam als Polster zwischen Lehnenkante und Oberarm geschoben.

Allen asymmetrischen Haltungen ist gemeinsam, daß sie bestimmte Muskelgruppen einseitig und damit vermehrt beanspruchen. Muß die Position über längere Zeit eingehalten werden, so ist ein Wechsel der Haltung notwendig. Der Sitzende verschiebt sich auf dem Stuhl, legt den anderen bisher hängenden Arm auf, oder schlägt die vorgestreckten Beine zurück. Grob anatomisch betrachtet muß dabei keine Änderung der Beckenkippung und der Wirbelsäulenform in der Sagittalebene eintreten, dagegen sind Verschiebungen in der Frontalebene notwendig. Die seitlichen Abweichungen finden sich besonders häufig beim Schreiben, vor allem wenn der linke Arm extrem nach vorne auf den Tisch gelegt wird oder herabhängt. Der Wechsel der Körperhaltung ist im Interesse der Fortführung der Arbeit notwendig. Er ist nur dann möglich, wenn der Stuhl, auf dem wir sitzen, eine Änderung zuläßt. Darum sind der Körperform zu sehr angepaßte Sitzmöbel nicht bequem und führen rasch zur Ermüdung.

Das Ausruhen auf Stühlen mit Lehnen leitet zur Liegehaltung über. Diese Position ist charakterisiert durch ein mehr oder minder vollkommenes Ausstrecken der Beine. Der Rumpf ruht dann zwischen der Auflagefläche des Gesäßes auf dem Sitz und der des Oberkörpers an der Lehnenkante. In dieser Haltung zeigt der Rumpf in der Regel eine totale Rundung. Durch Änderung der Lage des oberen Unterstützungspunktes kann eine extreme Kyphosierung vermieden werden, besonders dann, wenn die Lehnenkante am Scheitelpunkt der Brustkrümmung angreift. Der gleiche Effekt wird erreicht, wenn man die Arme nach hinten hängt (Abb. 88). In dieser Stellung werden die Bauchmuskeln angespannt und damit die Wirbelsäule gestreckt.

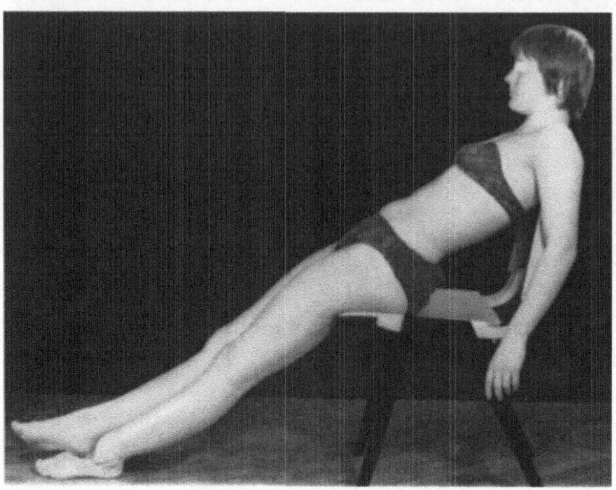

Abb. 88. Ausgestreckte „Liegehaltung". Die Arme hängen über die Lehnenkante nach hinten herab

Es ist unmöglich die einzelnen Sitzpositionen umfassend darzustellen, weil schier endlose Kombinationen denkbar sind. Von grundsätzlicher Bedeutung scheint nach unseren Beobachtungen das Bestreben zu sein, Haltearbeit des Schultergürtels durch Abstützen oder Anstemmen der Arme einzusparen. Ist dies möglich, so wird die Sitzhaltung als bequem angesehen. Finden die Arme keine Auflage, wird eine Rückenlehne vermehrt beansprucht. In diesen Fällen wirken sich dann Fehlkonstruktionen derselben, z. B. zu gerade Lehnen, sehr ungünstig aus und lassen das Gefühl der Unbehaglichkeit aufkommen (Kirchenbank!).

F. Sitzschäden am Haltungs- und Bewegungsapparat

I. Der muskuläre Kreuzschmerz

Die Ergebnisse unserer röntgenologischen, klinischen und elektromyographischen Untersuchungen gestatten nunmehr, zur Frage einer Schädigung am Haltungs- und Bewegungsapparat durch das Sitzen Stellung zu nehmen. Die Erkenntnis, daß sich die Entwicklung zur endgültigen Wirbelsäulenform postnatal vollzieht und daß diese von der funktionellen Beanspruchung entscheidend mitgeprägt wird, hat an einen ungünstigen Einfluß durch langdauerndes Sitzen denken lassen. Ein früher vermuteter direkter Zusammenhang zwischen dem Sitzen, vor allem in der Schule, und der Ausbildung einer Skoliose, wird heute fast allgemein verneint. Die schweren Skoliosen entstehen im frühen Kindesalter, unabhängig von der Körperhaltung. Darauf wird heute fast übereinstimmend hingewiesen. Anders verhält es sich aber mit den Kyphosen.

Die Lebensgewohnheiten des modernen Menschen beeinflussen in entscheidendem Maße auch die körperliche Entwicklung des Kindes. Schon im Kindergarten wird dem heranwachsenden Menschen von unvernünftigen Kindergärtnerinnen ein Sitzzwang auferlegt. Ihm erliegt das Kleinkind um so eher, als es in seiner Umgebung fast ausschließlich sitzenden Erwachsenen begegnet. Der Nachahmungstrieb veranlaßt es auch seine Spiele, die weitgehend dem Vorbild der Großen entnommen werden, im Sitzen auszuführen. Das stillsitzende Kind wird zudem von Eltern und Nachbarn belobigt und als artig mit Geschenken bedacht. Unsere Wohnraumnot ist so recht dazu angetan, schon dem Kleinkind den zur Entwicklung notwendigen Bewegungsraum einzuengen. Die Grünflächen unserer modernen Städte sind zwar ein „erfreulicher Ausdruck modernen Lebenswillens", doch leider ist das Betreten des Rasens den Kindern verboten. Die Straßen sind bei dem wachsenden Verkehr als Spielfläche ungeeignet, und auf den eigens errichteten Spielplätzen tummeln sich die Halbwüchsigen. So wird das Kleinkind zwangsläufig mit allen nur erdenklichen Mitteln zum Sitzen erzogen. Der normale Bewegungsdrang läßt diese Ruhehaltung zunächst nur vorübergehend einnehmen. Schließlich siegen aber doch das Vorbild und die Erziehung. So kommt das Kind bereits vorgeschädigt in die Schule, in der nun Kinderstube und Begabung nur allzu gerne mit dem Bewegungsumfang indentifiziert werden und wo man geneigt ist, dem stillsitzenden sich kaum bewegenden Kind das Prädikat „wohlerzogen" zu verleihen. Sicher kann man die Schule von dem Vorwurf nicht freisprechen, daß sie die körperliche Entwicklung des Kindes durch den Sitzzwang hemmt. Darüber hinaus tut aber die moderne Freizeitgestaltung das ihre. Kinobesuch und Autotouren sind kein wirklicher Ausgleich für die Belastungen der Schule, denn sie fordern im Sitzen eine Körperhaltung, die der Wirbelsäulenentwicklung sicherlich nicht dienlich ist. Aus diesem Grunde kann nicht nachdrücklich genug die körperliche Betätigung, vor allem die Sportausübung gefordert werden. Die normale Entwicklung des Körpers ist gebunden an die physiologische Reizsetzung, d. h. die Beanspruchung. Nicht das Sitzen an sich ist ungünstig, sondern der mangelnde Ausgleich ist der entscheidende schädigende Faktor.

Die Bewegungsarmut läßt die Entwicklung der Wirbelsäule nicht in vollem Umfange ungestört zu Ende kommen. Die Folgen einer solchen Hemmung sind zunächst nicht offenkundig. Sie bedingen lediglich die Einschränkung der physiologischen Leistungsbreite. Die volle Leistungsfähigkeit eines Organes ist aber an seine normale Form gebunden. Hackenbroch hat das am Beispiel der Arthrosis deformans des Hüftgelenkes deutlich machen können. Daß auch für die Wirbelsäule gleiche Gesetze gelten, liegt auf der Hand.

In unserem Krankengut mehren sich die Fälle von Kreuzschmerzen und Beschwerden im Schulter-Nackenbereich bei jugendlichen Patienten. Häufig handelt es sich dabei um Stenotypistinnen, die nach 1 bis 2jähriger Berufstätigkeit mit oft unklaren Schmerzzuständen die Sprechstunde aufsuchen. An der Wirbelsäule selbst ist meistens kein eindeutiger krankhafter Befund zu erheben. Die Röntgenaufnahmen lassen grobe Formveränderungen an den Wirbelkörpern vermissen. In diesen Fällen findet man dagegen stets einen ziemlich umschriebenen Druck- und Klopfschmerz über dem Ursprungsgebiet der Erektor trunci und des Glutaeus maximus einerseits und im Bereich der Schulter-Nackenmuskulatur andererseits. Eine typische Krankengeschichte soll das unterstreichen.

Krankengeschichte: J. N. geb. 4. 7. 39 ist seit dem 17. Lebensjahr in einem Erlanger Großbetrieb als Stenotypistin tätig. Nach einjähriger Berufsausübung traten erstmals Schmerzen im Bereich beider Hände und Unterarme auf. Durch antirheumatische Behandlung mit Kurzwellen und Einreibungen erfolgte keine Besserung. Wegen der ziehenden Schmerzen an den Streckseiten der Unterarme wurde eine Sehnenscheidenentzündung vermutet. Klinisch bestand bei freier Beweglichkeit in Hand- und Fingergelenken kein Anhalt dafür. Am inneren, oberen Schulterblattwinkel beiderseits fand sich eine umschriebene Druck- und Klopfschmerzhaftigkeit. Die Halswirbelsäule war in allen Ebenen frei beweglich, zeigte aber auf der Röntgenaufnahme eine kyphotische Knickbildung zwischen dem 5. und 6. Halswirbel. Eine Einengung der Foramina bestand nicht, wie die Schrägaufnahmen bewiesen. Durch Extension, Bindegewebsmassagen und lokale Wärmeanwendungen (Infrarot) gelang es, die Patientin nach 6wöchiger Behandlung beschwerdefrei zu bekommen und die Arbeitsfähigkeit wiederherzustellen.

Nach einem halben Jahr suchte Frl. N. erneut die Sprechstunde auf. Die Brachialgien waren nur noch geringgradig aufgetreten. Lediglich im rechten Unterarm verspürte sie nach längerem Maschinenschreiben noch ein leichtes Ziehen. Seit 3 Monaten sind nun aber zusätzlich Schmerzen im Rücken vorhanden. Sie waren anfangs nur beim Sitzen spürbar, klangen in letzter Zeit aber auch nachts im Liegen nicht mehr völlig ab. Objektiv fand sich über dem hinteren Darmbeinkamm beiderseits, dem Ursprungsgebiet des Sacro-spinalis entsprechend, eine Druck- und Klopfempfindlichkeit. Die untere BWS zeigte eine leichte linkskonvexe Dorsalskoliose mit eben angedeuteter Torsion. Im übrigen war der orthopädische Befund regelrecht. Durch Extensionen im Perlschen Gerät wurde keine Besserung erzielt. Dagegen brachten Rückenmassagen und lokale Wärmeanwendungen den Schmerzzustand zum Abklingen. Nach 4wöchiger Arbeitsunfähigkeit konnte die Patientin ihre berufliche Tätigkeit wieder aufnehmen.

Abb. 89. Typische Sitzhaltung beim Maschinenschreiben auf einem Bürostuhl. Die Rückenlehne wird nicht benutzt

Wir glauben, daß es sich bei diesen und ähnlichen Fällen um eine ausgesprochene Sitzschädigung handelt. Durch die unzweckmäßige Konstruktion vieler moderner Büromöbel ist zur Erlangung der zum Schreiben notwendigen vorderen Sitzhaltung eine starke Kyphosierung der Wirbelsäule nötig. Die Rückenlehne benützen nur wenige; die meisten Stenotypistinnen sitzen lediglich auf der vorderen Hälfte des Stuhles (Abb. 89). Das eine Bein wird häufig nach vorne gestreckt, das andere unter den Sitz geschlagen, was aus Gründen der Balance sehr zweckmäßig erscheint. Auf diese Weise wird eine auf die Dauer unangenehm starke Hüftbeugung, die in vorderer Sitzhaltung zwangsläufig eintritt, umgangen und eine gewisse Stabilisierung des Beckens erreicht. Wie unsere elektromyographischen Untersuchungen gezeigt haben, sind in hinterer Sitzhaltung die Rückenmuskeln zunächst wirklich entspannt. LUNDERVOLD (1951) hat aber gezeigt, daß auch in dieser Haltung nach kürzerer oder längerer Zeit wieder vermehrte und frequentere Entladungen eintreten, was auf baldige Ermüdung schließen läßt. Das deckt sich mit der subjektiven Erfahrung, daß selbst die bequemste Ruhehaltung auf die Dauer nicht ertragen wird, wenn kein Wechseln möglich ist. Nach einiger Zeit treten darum im Sitzen in hinterer Sitzposition unbestimmte Sensationen im Sinne eines Steifheitsgefühles in der Lendengegend auf. Fehlt die notwendige Entspannung, können diese Sensationen in Schmerzen nach Art des Dehnungsschmerzes der Muskulatur übergehen. Mit der Einnahme einer anderen Körperhaltung verschwinden derartige Mißempfindungen meist nach kurzer Zeit wieder. Bei anhaltender Belastung kehren sie allerdings auch bald zurück. Aus diesen Beschwerden, die wir als echte Überlastungsschäden deuten, kann früher oder später ein echtes Schmerzsyndrom entstehen.

Die Patienten klagen besonders nach längerem Sitzen und in typischer Weise beim Arbeiten in halbgebückter Stellung, z. B. beim Bettenmachen, Abspülen, Waschen oder Blocken über Schmerzen im Kreuz, die zu den Außenseiten der Oberschenkel hin ausstrahlen können. Bei vollkommenem Bücken oder stehender Haltung werden die Beschwerden anfangs geringer, doch macht das Aufrichten aus voller Beugung zunehmend Schwierigkeiten. Schließlich sind auch bei längerem Liegen die Schmerzen noch vorhanden. Der Zustand wird nur dann erträglich, wenn die Patienten etwas herumgehen können. Das Gehen ist im übrigen die einzige Betätigung, die in diesem Stadium ohne nennenswerte Beeinträchtigung ausgeführt werden kann. Nicht immer, in schweren Fällen aber doch häufig, ist auch eine Verstärkung der Beschwerden beim Husten und Niesen vorhanden, so daß der Verdacht auf einen Bandscheibenvorfall aufkommen kann.

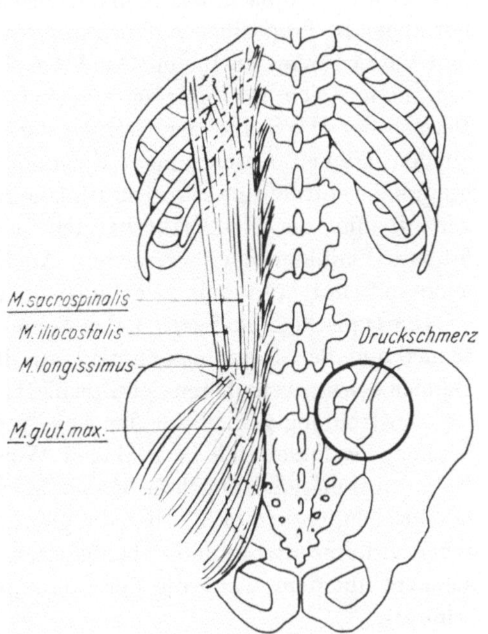

Abb. 90. Typischer Druckschmerz über dem hinteren oberen Darmbeinstachel

Während eine echte dorsale Protrusion, mehr noch ein Prolaps so eindrucksvolle Symptome machen, daß die Diagnose meist leicht zu stellen ist, können allgemeine Zermürbungsprozesse der Bandscheibe ein ähnliches Krankheitsbild auslösen. Bedingt durch Rißbildung der ganzen Bandscheibe, also des Faserringes und des Galertkernes, kommt es dann zu Lockerungen im Wirbelgefüge, im Bewegungssegment, die reflektorische Schonhaltung und Verspannung der autochthonen Rückenmuskeln hervorrufen. Ohne Zweifel können die gleichen Erscheinungen durch akute oder chronische Überlastungen auftreten. Wem sind nicht die Kreuzschmerzen des der körperlichen Arbeit Entwöhnten bekannt, die nach schwerer Gartenarbeit im Frühjahr auftreten.

Der klinische Befund ist in diesen Fällen im allgemeinen sehr gering. Die Wirbelsäule ist ebenso wie die Gelenke der unteren Extremitäten in allen Richtungen frei beweglich. Ein isolierter Druck-, Klopf- oder ein Stauchschmerz wird im allgemeinen vermißt. Das Lasèguesche Zeichen ist immer negativ. Beim Ausgleich der Lendenlordose durch Anziehen des im Kniegelenk gebeugten Beines tritt aber nicht selten ein Dehnungsschmerz am Becken auf. Er wird im allgemeinen an der gleichen Stelle verspürt, wo auch ein direkter Druck- und Klopfschmerz bei der Untersuchung zu finden ist, nämlich über dem hinteren oberen Darmbeinstachel (Abb. 90). Der neurologische Befund ist im allgemeinen regelrecht. Gelegentlich wird eine weder segmental noch peripher begrenzte, geringgradige Hypästhesie oder Hypalgesie angegeben.

Mit diesem Lendensyndrom ist fast regelmäßig ein sog. Schulter-Nacken-Syndrom verknüpft. Am häufigsten sind am inneren, oberen Schulterblattwinkel Druck- und Klopfschmerzen nachweisbar. Im Bereich der Rückenmuskulatur, vor allem an Trapezius- und Levator-scapulae sind schmerzhafte Verspannungen und Verhärtungen zu tasten. Auch am Ansatz des Musculus deltoideus am Oberarm finden sich mitunter entsprechende Beschwerden. Die Beweglichkeit im Bereich der HWS und der Gelenke der oberen Extremitäten ist frei. Die Bewegungen können durch eine „Epicondylitis" radialis, unter Umständen auch ulnaris, beeinträchtigt sein. Die Blutsenkung ist in allen Fällen normal. Die Röntgenaufnahme der HWS läßt bei den in der Regel jugendlichen Patienten meist faßbare Veränderungen vermissen. Auch die Darstellung der kleinen Wirbelgelenke in Schrägaufnahme zeigt normale Verhältnisse.

Die typische Lokalisation der Schmerzen am Ursprungsgebiet des Erektor-trunci und der Dehnungsschmerz an dieser Stelle sowie die Beschwerden im Bereich des inneren oberen Schulterblattwinkels lassen an Sehnenansatzschmerzen im Einstrahlungsgebiet der Rückenstrecker bzw. der Schulterblattmuskulatur denken. Sie findet sich in ähnlicher Weise auch bei anderen Krankheitsbildern. Beim muskulären Hängeleib hat sie Martius (1930) als Muskelansatzschmerzen beschrieben. Güntz (1957) hat die gleichen Erscheinungen bei der Scheuermannschen Adoleszentenkyphose beobachtet. Er weist darauf hin, daß der Druckschmerz mit dem Ursprung der sacro-spinalen Muskeln am Kreuzbein übereinstimmt.

Debrunner (1948) glaubt, daß derartige Periostosen durch mechanische Überbeanspruchung bei ungleichmäßiger Funktionsverteilung und durch verschiedene rheumatische Noxen, wie Kälte, Nässe und Zugluft ausgelöst werden können. Daß längerdauernde Überlastung zu einer periostalen Reaktion führen kann, ist mehrfach behauptet worden. Burdzik (1952) stellt nach der Stärke der mechanischen Einwirkungen auf den Knochen ein Stufensystem von Schädigungen auf. Danach führt eine einmalige Überlastung zum Momentanbruch, eine stärkere Überbeanspruchung zu knöchernem Umbau und Fissur und eine mildere Überbeanspruchung zur periostalen Reaktion.

Bei den beschriebenen Sitzschäden handelt es sich offensichtlich um den Ausdruck einer chronischen Überbeanspruchung, die sich am Ansatz der überdehnten Rückenmuskulatur bemerkbar macht.

Die Behandlung derartiger Krankheitszustände im Lendenbereich ist im allgemeinen leicht, wenn es gelingt, die auslösenden Schädigungen zu beseitigen. Das ist oft allein durch den Wechsel des Sitzmöbels möglich. Dabei scheint es vor allem darauf anzukommen, die starke Kyphosierung zu vermeiden. Therapeutisch bewähren sich lokale Wärmeapplikationen in Form von Moor- oder Fangopackungen. Häufig hat sich die Injektionsbehandlung mit Cortison in entsprechend hoher Dosierung sehr gut ausgewirkt. Die Entspannung der schmerzhaften Rückenmuskulatur durch Unterwassermassagen, besser als durch Massagen mit der Hand, kann vor allem in Kombination mit Stangerbädern anhaltende Linderung bringen. Gute Erfahrungen haben wir mit der Bindegewebsmassage gemacht. Die Versorgung mit stützenden Miedern läßt sich im allgemeinen umgehen. Sie ist bei den oft jugendlichen Patienten aus mancherlei Gründen nicht zu empfehlen. In hartnäckigen Fällen des Lumbalsyndroms kann eine längerdauernde Ruhigstellung notwendig werden. Wir bevorzugen dafür das Gipskorsett, das für 4 bis 6 Wochen getragen werden soll. Bei therapieresistenten Fällen kann ein operativer Eingriff nötig werden. In bisher elf Fällen haben wir nach Versagen aller konservativen Maßnahmen, ähnlich der Hohmannschen Operation bei der Epicondylitis, die operative Einkerbung des Muskelansatzes am hinteren oberen Darmbeinstachel mit Erfolg durchgeführt. Ein einschlägiger Fall soll das demonstrieren.

Ein 48jähriger Patient hatte im Alter von 34 Jahren erstmals einen Ischiasanfall. Seit dieser Zeit leidet er unter häufigen Hexenschüssen, die auf konservative Behandlung innerhalb von 10 bis 14 Tagen abgeklungen waren. Seit etwa 10 Jahren bemerkte er zwei kleine verschiebliche Knötchen in der linken Lendengegend über dem Beckenkamm, die aber nicht größer geworden sind. 5 Monate vor der Klinikaufnahme habe er zunehmende Schmerzen im Kreuz verspürt, die konstant bei längerem Sitzen auftraten. Er mußte dann aufstehen und etwas herumgehen, um sich eine Linderung zu verschaffen. Wenn er sich hinlegte, klangen die Beschwerden meist rasch ab.

Nachdem auf konservative Behandlung keine Besserung der Schmerzen zu erzielen war und auch eine lokale Cortison-Injektionsbehandlung versagt hatte, wurde der Patient am 12. 5. 60 in die Klinik aufgenommen.

Bei der ersten Untersuchung fand sich eine geringe Linksabweichung der unteren Brustwirbelsäule und der oberen Lendenwirbelsäule. Die Beweglichkeit der Wirbelsäule war nicht eingeschränkt. Über dem linken oberen Darmbeinstachel fand sich eine umschriebene Druck- und Klopfschmerzhaftigkeit, dem Ursprungsgebiet des Sacro-spinalis entsprechend. Kein Lasèguesches Zeichen, keine neurologischen Ausfallserscheinungen. Die BKS war mit 2/5 normal. Die Röntgenaufnahmen der Lendenwirbelsäule ergab außer einer geringen Steilstellung keinen krankhaften Befund.

Am 13. 5. 60 wurden in Allgemeinnarkose die beiden tastbaren Knötchen — es handelte sich, wie der histologische Befund bestätigte, um Lipome — entfernt und der Muskelursprung des Sacro-spinalis dargestellt. Nach querer Einkerbung der Sehne und Abschieben der Stümpfe nach kranial und caudal vom Knochen wurde die Wunde schichtweise verschlossen. Am 31. 5. 60 wurde der Patient beschwerdefrei nach Hause entlassen. Er nahm nach 14 Tagen seine Arbeit wieder auf und ist seither trotz starker beruflicher Inanspruchnahme über 1 Jahr beschwerdefrei geblieben. Auch stundenlanges Sitzen bei Konferenzen macht ihm keine Beschwerden mehr.

Große Schwierigkeiten machen im allgemeinen die Brachialgien und die Schmerzen im Bereich der Unterarmstrecker. Bei diesen Schmerzzuständen muß man nach unseren Erfahrungen mit der Massage sehr zurückhaltend sein. Nicht selten gelingt eine Schmerzbefreiung erst nach Beeinflussung der häufig vorhandenen labilen, fast depressiven Gemütsstimmung. Es ist überhaupt auffallend, daß von derartigen Schmerzen besonders Personen befallen werden, die in den Formenkreis der vegetativen Dystonien gehören. Die Behandlung erfolgt dann nach den gleichen Prinzipien, wie beim cervicalen Reizsyndrom bei der Osteochondrose der HWS.

II. Sitzen und degenerative Wirbelsäulenerkrankungen

Grundsätzlich die gleichen Symptome finden sich sekundär auch bei Wirbelsäulenerkrankungen regressiver Art. Bei dem Heer der lumbalen Osteochondrosen und Spondylarthrosen sind die Muskelansatzschmerzen zwar Folgen der Grundkrankheit, sie werden aber oft durch eine monotone Körperhaltung z. B. durch das Sitzen ausgelöst. Charakteristisch ist immer, daß die Beschwerden in der hinteren Sitzlage verstärkt auftreten, also dann, wenn die Rückdrehung des Beckens eine totale Kyphose verlangt. In dieser Haltung sind die kleinen Wirbelgelenke weit weniger beansprucht als in Lordose, wie die Röntgenaufnahmen zeigen (Abb. 91). Die Gelenkfortsätze haben sich dann voneinander entfernt und eine direkte mechanische Kapselirritation, wie sie KELLER (1953) an den Lumbalsegmenten beschrieben hat, ist nicht denkbar. Die Dehnung der Gelenkkapsel selbst spielt in physiologischen Haltungen wegen der früher eintretenden ligamentären Hemmungen durch die gelben Bänder noch keine Rolle. Daß auch die Bandscheiben selbst in Kyphose der Lendenwirbelsäule eher entlastet sind, zeigt die Tatsache, daß beim akuten Bandscheibenprolaps der Körper ja reflektorisch die Lordose ausgleicht und eine Streckhaltung oder sogar eine Kyphose schafft. Im Sitzen spielt die direkte mechanische Irritation im Foramen intervertebrale sicher keine Rolle. Beim Nucleus-prolaps ist anfangs häufig das Sitzen noch möglich, ja wird wegen der Beugung in Hüft- und Kniegelenken zur einzig erträglichen Körperhaltung. Gerät nach einiger Zeit aber die Muskulatur in das Stadium der Ermüdung, nimmt infolgedessen der Spannungsdruck auf die Bandscheibe in der muskulären Zange zu, dann allerdings tritt trotz der lumbalen Kyphose der Schmerz erneut auf.

Wahrscheinlich ist auch die Rückenmuskulatur für den dumpfen Kreuzschmerz verantwortlich zu machen, der nach längerem Autofahren verspürt wird. Unsere modernen Autositze gestatten wegen ihrer geringen Höhe über der Bodenfläche des Fahrzeuges nur eine hintere Sitzhaltung. Diese geht aber immer, wie gezeigt wurde, mit einer totalen Rundung der Wirbelsäule einher. In dieser zunächst günstigen, erschlafften Sitzposition, die anfangs keine besondere Muskelaktivität erforderlich macht, sitzt der Fahrer über viele Stunden. Der moderne Verkehr macht eine geistige Konzentration notwendig, die sich zwangsläufig auf den Körper überträgt und insbesondere die muskulären Halteapparate des Rückens in Mitleidenschaft zieht. Dazu kommt die ungünstige Gesäßeinbettung in der meist viel zu weichen Polsterung. So ist zur Stabilisierung des Beckens auf dem Sitz zusätzliche Haltearbeit notwendig. Schließlich wirken die Erschütterungen durch die permanent auftretenden vertikal und horizontal einfallenden Schwingungen des Fahrzeuges eher tonisierend als erschlaffend auf die Muskeln ein. Nicht die Sitzhaltung an sich, sondern die besondere Anspannung seines aktiven Halteapparates und die geistige Konzentration führen zu den jedem Autofahrer bekannten schmerzhaften Sensationen im Kreuz. Der dumpfe Ermüdungsschmerz der Muskulatur kann im Beginn leicht durch eine Überstreckung der Wirbelsäule kompensiert werden. Das Herumgehen nach einer gewissen Fahrzeit verlangt zwar zusätzliche Bewegungsarbeit der statisch ermüdeten Muskeln, verbessert aber die lokalen Kreislaufverhältnisse und führt zur Entspannung. Wenn als Folge der wechselnden Beanspruchung die Blutzirkulation im arbeitenden Muskel verbessert wird, schwinden meistens auch rasch die Beschwerden.

Aus diesem Stadium der harmlosen statischen Übermüdung entwickelt sich nicht selten der echte muskuläre Kreuzschmerz, wie er oben beschrieben worden ist. Wegen der ausstrahlenden Sensationen zur Außenseite des Oberschenkels

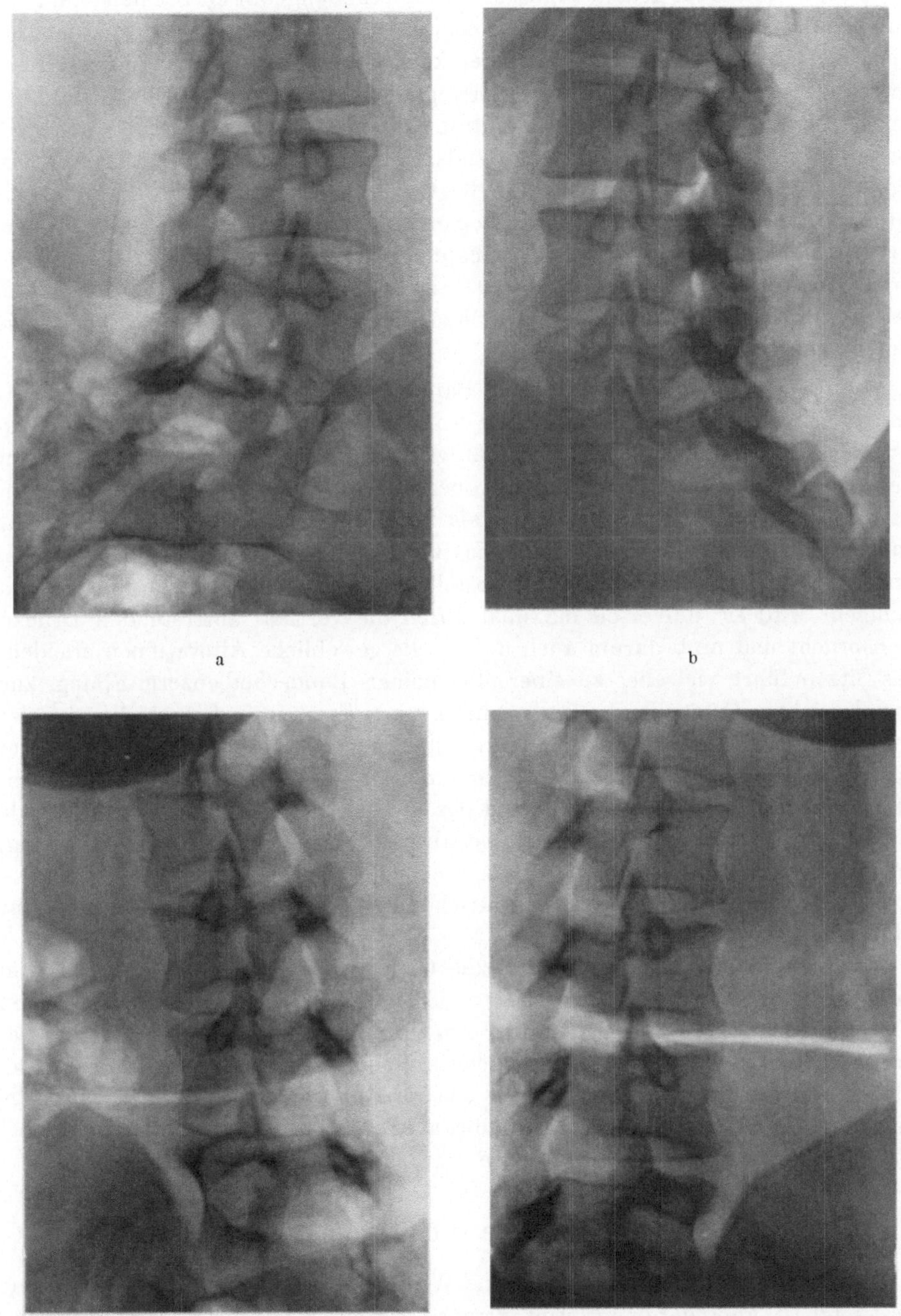

a b c d

Abb. 91a—d. Kleine Wirbelgelenke im Bereich der unteren Lendenwirbelsäule in aufrechter und entspannter Sitzhaltung, a) u. b) in Lordose, c) u. d) in Kyphose

wird häufig ein Bandscheibenvorfall angenommen. Es ist darum nicht verwunderlich, daß wiederholt direkte Beziehungen zwischen der sitzenden Körperhaltung, vor allem beim Autofahrer, und der lumbalen Bandscheibenhernie angenommen worden sind. Schon die genaue klinische Befunderhebung läßt bei solchen Schmerzzuständen wegen der fehlenden neurologischen Ausfallserscheinungen und des typischen Druckschmerzes am Darmbeinkamm die Differentialdiagnose stellen. Aber auch gewichtige theoretische Erwägungen stehen derartigen Gedankengängen entgegen. LINDEMANN und KUHLENDAL (1953) haben zwar unter 367 operierten Patienten mit lumbalem Bandscheibenvorfall 17,1% Kraftfahrer, ein Prozentsatz der fast doppelt so hoch liegt als der Anteil dieser Berufsgruppen unter den Berufstätigen ihres Einzugsgebietes, gefunden, doch sind auch Zimmerleute, Schmiede, Maurer und Bohrer, häufiger als es der Gesamtverteilung entspricht, in dem Krankengut vertreten. Der zahlenmäßige Beweis für die besondere Gefährdung des Kraftfahrers und des Sitzenden zum Bandscheibenvorfall ist bis heute noch nicht erbracht.

Voraussetzung zum Auftreten eines Bandscheibenvorfalles ist das Vorhandensein eines gewissen Gewebsturgors im Kern, der Sprengkraft, des als Flüssigkeitsblase inkompressiblen Nucleus. Die Schrägstellung der Zwischenwirbelscheibe im Stehen schützt den Galertkern vor zu großer direkter Druckbeanspruchung, indem ein Teil der einwirkenden Belastung als Zugkraft den Faserring beansprucht. Anders sind die Verhältnisse, wenn die Bandscheibe nicht mehr geneigt steht, sondern in der Horizontalebene eingestellt ist, wie beim entspannten Sitzen. Nunmehr wird sie universell maximal durch die vertikal auftretenden Drucke beansprucht und muß darum auch universelle gewebliche Alterationen erleiden. Das Sitzen führt viel eher zu einer allgemeinen Bandscheibenzermürbung, zur Chondrose bzw. Osteochondrose als zum hinteren Faserringaufbruch. Wie bei der Entstehung der Arthrosis deformans an den großen Körpergelenken spielen dabei regressive Veränderungen der hyalinen Knorpelplatten eine Rolle, die als Abschlußscheiben des Wirbelkörpers Teil der Zwischenwirbelscheiben sind. Gerade der Knorpel als bradytrophes Gewebe ist aber auf die wechselnde Beanspruchung, auf das physiologische Zusammenspiel zwischen Be- und Entlastung, angewiesen — Voraussetzungen, die bei chronisch statischer Überlastung durch das Sitzen nicht erfüllt sind.

Hat sich mit der Osteochondrose die Gefügestörung (LINDEMANN 1953) im Zwischensegment entwickelt, so machen sich bald die Überlastungen der kleinen Wirbelgelenke im klinischen Bild in Form des arthrogenen Kreuzschmerzes bemerkbar. Im Gegensatz zum Muskelansatzschmerz treten nunmehr die Beschwerden dann auf, wenn der Patient aus der Ruhehaltung kommt, wenn er die Bewegung beginnt. In diesen Stadien führt aber auch das längere Liegen und selbst das Gehen und Stehen zu Beschwerden.

III. Der sogenannte rachitische Sitzbuckel

Die Belastungen, denen der einzelne Wirbelkörper in der jeweiligen Haltung ausgesetzt ist, können nur insoweit ertragen werden, als es die Widerstandsfähigkeit des Knochens gestattet. Ist der Gleichgewichtszustand zuungunsten des Wirbels verschoben, dann müssen zwangsläufig Verformungen auftreten. Am

Beispiel der Scheuermannschen Adoleszentenkyphose läßt sich die Bedeutung statischer Faktoren beim Zustandekommen der Deformierung relativ leicht nachweisen, wenn sich auch die Pathogenese heute nicht so einfach darstellt, wie in früheren Jahren angenommen wurde.

Läßt man einen Säugling frühzeitig sitzen, dann zeigt sich in der Regel eine starke großbogige, nach dorsal konvexe Wirbelsäulenbiegung. Sie wird um so stärker, je länger das Kind in dieser Position verharrt. Diese starke dorsale Ausbiegung wird als ein wichtiger Faktor in der Pathogenese des sog. rachitischen Sitzbuckels angesehen. Die andere Ursache ist, wie der Name sagt, in einer rachitischen Erkrankung des Kindes erblickt worden. Man stellte sich dabei vor, daß die pathologische Erschlaffung des Muskel- und Bandapparates eine entscheidende Rolle spielt. Durch das Fehlen einer inneren Stabilität könne die Wirbelsäule im Sitzen, aber auch im Liegen auf weicher Unterlage, in extreme Kyphose gelangen. Die Formveränderung des Achsenskelets ziehe eine Deformierung der Wirbelkörper selbst nach sich. So entstünden die für die rachitische Sitzkyphose typischen Keilformen der Wirbelkörper.

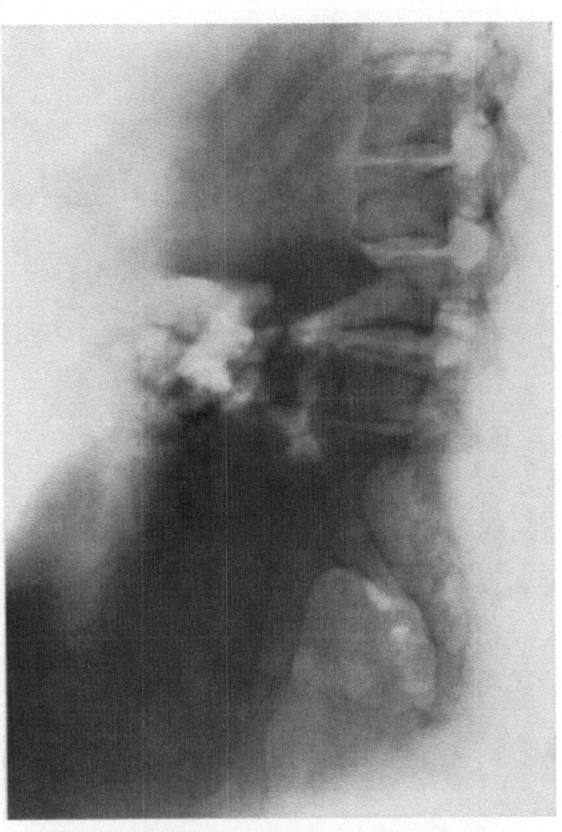

Abb. 92. Röntgenaufnahme der Lendenwirbelsäule bei Frau U. H. Infantiler Kreuzbeintyp mit SK-Winkel von 85°

M. B. Schmidt (1929) beschreibt zwar ungleichmäßige Abplattungen der Wirbelkörper beim rachitischen Sitzbuckel mit seitlichem Höhenunterschied und berichtet über zentrale Deckplatteneindellungen durch die Bandscheiben im Sinne des osteoporotischen Fischwirbels, doch stehen unseres Wissens systematische, pathologisch-anatomische Untersuchungen über die Wirbelsäulenveränderungen bei der Rachitis bis heute aus. Wie Maneke (1959) in anderem Zusammenhang betont, wird der Krankheitsbegriff der Rachitis sicher zu weit gefaßt. Nach unseren heutigen Erkenntnissen genügt die Annahme dieser Erkrankung auf Grund des klinischen Befundes in keiner Weise für ätiologische Schlußfolgerungen. Die Rachitis ist erst dann als pathogenetischer Faktor anzuerkennen, wenn die serumchemischen Befunde, die sie charakterisieren, sichergestellt sind.

In unserem Krankengut fanden sich fünf Fälle mit einer lumbalen Kyphose nach Art des rachitischen Sitzbuckels bei Erwachsenen.

1. U. H.: Der 42jährigen Hausfrau, die seit ihrer frühesten Kindheit intensiv Gymnastik treibt und die als lokale Tennismeisterin noch heute aktiv am Sport teilnimmt, war es von jeher unmöglich die Wirbelsäule zu überstrecken. Aus diesem Grunde konnte sie nie eine „Brücke" machen und mußte sich eine besondere Aufschlagtechnik beim Tennisspielen aneignen. Bis zu ihrem 35. Lebensjahr hatte sie nie Kreuzschmerzen. Seit einigen Jahren machten sich häufiger Hexenschüsse bemerkbar. Anhalt für einen Bandscheibenvorfall war nach Mitteilung des Hausarztes nie gegeben. Bei unserer Untersuchung fand sich ein typischer muskulärer Kreuzschmerz bei mäßigem Flachrücken. Über beiden hinteren Darmbeinstacheln wird

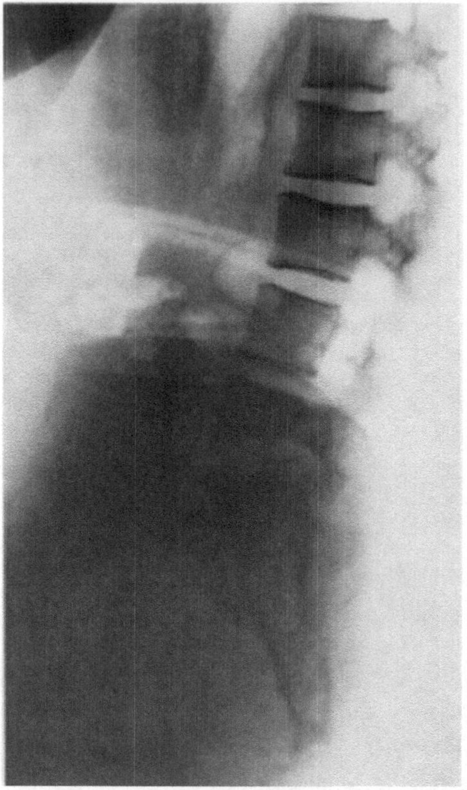

Abb. 93. Röntgenaufnahme von U. v. Pf.; infantiles Kreuzbein, SK-Winkel 85°

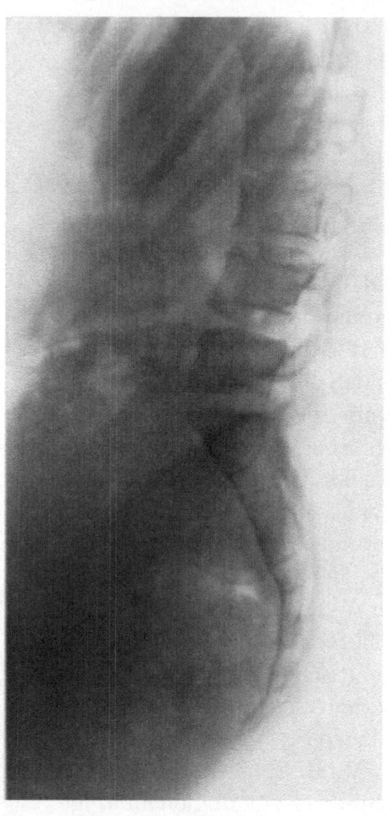

Abb. 94. Röntgenaufnahme der Patientin V. B. Infantiles Kreuzbein, SK-Winkel von 85°

ein umschriebener Druck- und Klopfschmerz angegeben. Die Beschwerden strahlen gelegentlich, vor allem wenn sie akut auftreten, zur Außenseite des Oberschenkels aus. Neurologische Ausfallserscheinungen fehlen (Abb. 92).

2. U. v. Pf.: Die 28jährige Patientin arbeitet seit 10 Jahren als Stenotypistin. In ihrer Freizeit ist sie als Gymnastiklehrerin im Rahmen des Betriebssportes eingesetzt. Trotz ihrer gymnastischen Betätigung war sie stets „steif" im Kreuz, was sie aber nur unwesentlich behindert hat. Bei längerem Sitzen im Büro hat sie vor 5 Jahren erstmals Schmerzen am Scheitel der Brustkyphose verspürt. Sie bezog diese Beschwerden auf einen harmlosen Sturz, bei dem sie auf eine Treppenkante aufgeschlagen war. Die ersten Beschwerden sind Wochen nach dem Unfall allmählich aufgetreten. Eine äußere Verletzung oder eine Hämatombildung war nicht beobachtet worden. Nach Massage- und Wärmebehandlung waren die Schmerzen rasch wieder abgeklungen. Bei einer gymnastischen Übung zog sie sich vor 3 Jahren eine Ruptur der Achillessehne zu. 4 Monate nach der Operation konnte sie ihre Gymnastik

wieder aufnehmen, verspürte aber nunmehr neben ziehenden Sensationen im Bein auch Schmerzen im Rücken. Brachialgien hat sie nie gehabt. Klinisch findet sich ein Flachrücken. Über dem Ursprungsgebiet des Erektor-trunci ist ein isolierter Druckschmerz vorhanden (Abb. 93).

3. V. B.: Das 17jährige Mädchen stand wegen seiner schlechten Haltung wiederholt in orthopädischer Behandlung. Trotz intensiver krankengymnastischer Übungsbehandlung ist eine Besserung der Beweglichkeit der Wirbelsäule nicht eingetreten. Auf Befragen gibt die Mutter an, daß das Kind früher in kinderärztlicher Überwachung stand und ausreichend Vigantol bekommen habe. Klinisch findet sich bei dem Mädchen eine starke lumbale Kyphose, die vor allem im Sitzen deutlich wird. Schmerzen sind bisher nicht aufgetreten. Das Röntgenbild der Wirbelsäule zeigt eine Deformierung des dritten Lendenwirbels mit Abschrägung der oberen ventralen Kante. Es handelt sich hier um eine Wirbelsäulendeformierung, die auf eine enchondrale Dysostose schließen läßt. Der erste Kreuzbeinwirbel steht auffallend hoch über dem Becken, die Kreuzbeindeckplatte ist nur wenig geneigt, der SK-Winkel beträgt 85° (Abb. 94).

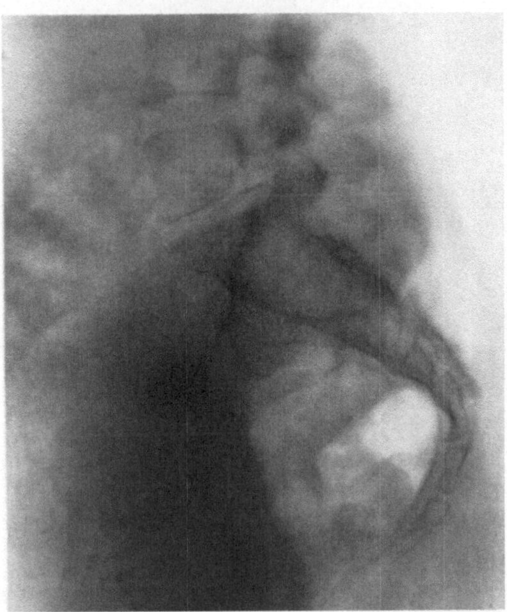

Abb. 95. Röntgenaufnahme des Beckens im Stehen (Pat. A. H.). Infantiler Kreuzbeintyp. SK-Winkel 82°

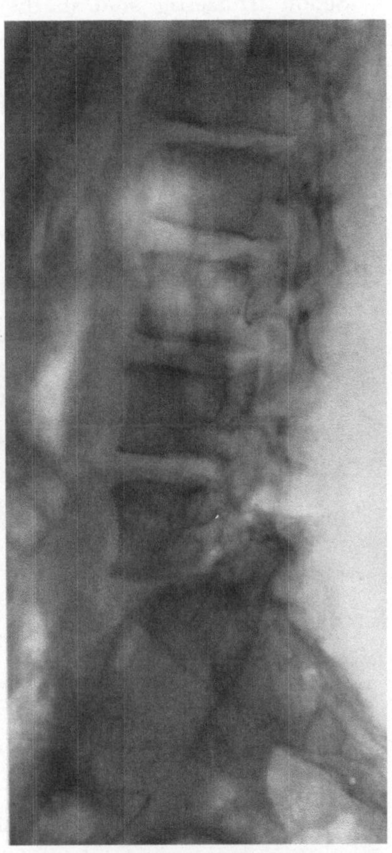

Abb. 96. Röntgenaufnahme von E. J. Infantiles Kreuzbein, SK-Winkel von 100°

4. A. H.: 31jährige Jugendleiterin, die gerne und viel Sport treibt. Wegen eines Steifheitsgefühles im Kreuz habe sie immer Schwierigkeiten die Lendenwirbelsäule zu überstrecken. Sie klagt in letzter Zeit über Schmerzen im Rücken, vor allem wenn sie auf niedrigen Stühlen sitzen muß. Die Beschwerden strahlen zu den Außenseiten des Oberschenkels aus. Gelegentlich ist im Bereich der linken Hüfte ein Knacken nach Art der schnappenden Hüfte zu hören. In den letzten Jahren hat sie außerdem wiederholt Hexenschüsse gehabt, die aber unter Wärmebehandlung meist rasch wieder abklangen. Klinisch findet sich ein typischer muskulärer Kreuzschmerz mit Verspannung im Erektor-trunci und eine Druckempfindlichkeit am lumbo-sacralen Übergang und über beiden Sitzbeinkämmen (Abb. 95).

5. E. J.: 17jähriger Junge, der wegen starker Rückenschmerzen seinen Beruf als Gärtner aufgeben mußte. Wegen einer gleichzeitig bestehenden Debilität kann er selbst über den Beginn seiner Beschwerden nur wenig aussagen. Auf Befragen teilen die Eltern mit, daß bei dem Jungen schon in der Kindheit eine starke Sitzbuckelbildung aufgefallen sei. Schmerzen sind um das 13. Lebensjahr erstmals aufgetreten. Klinisch besteht bei ihm eine starke lumbale Kyphose, die Überstreckung der Wirbelsäule ist völlig unmöglich. Über der unteren Lendenwirbelsäule und dem Lumbo-sacralübergang wird Druck- und Klopfschmerz angegeben. Im übrigen ist der orthopädische Befund regelrecht (Abb. 96).

Schon frühzeitig sind in diesen und ähnlichen Fällen spondylarthrotische Veränderungen zu beobachten. Als auffallendstes Merkmal haben wir bei allen fünf Patienten eine geringe Beweglichkeit der Lendenwirbelsäule gefunden. Bei allen war anamnestisch eine Steifheit im Kreuz mitgeteilt worden. Die Röntgen-

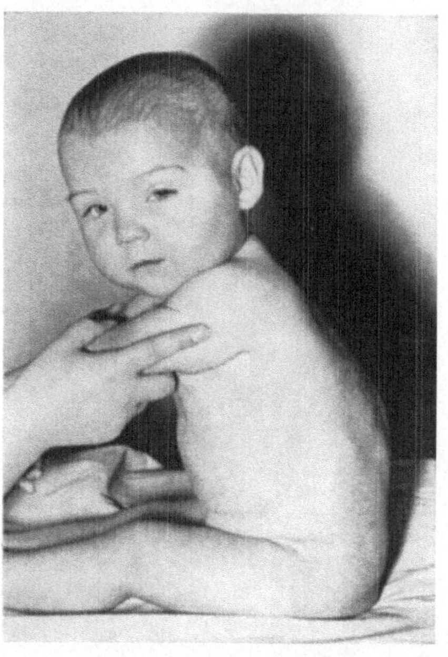

a

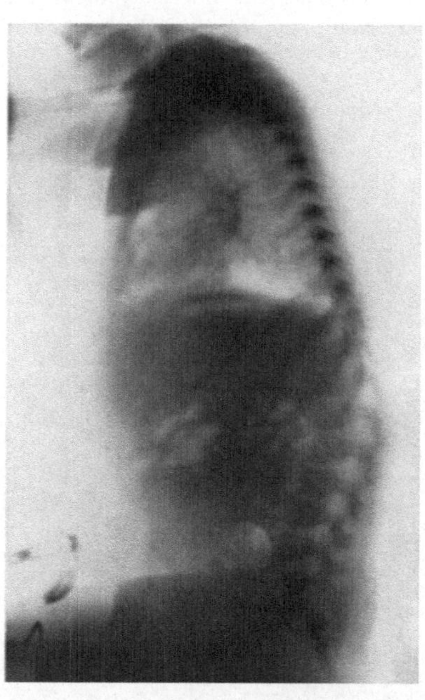

b

Abb. 97a u. b. „Rachitischer" Sitzbuckel beim Säugling. Knickbildung am Lenden-Brustwirbelsäulenübergang

aufnahmen zeigten, daß die Sitzkyphose in allen Fällen mit extrem großem SK-Winkel vergesellschaftet war. In keinem Falle war die Winkelbildung kleiner als 82°.

Bei drei Kleinkindern im 2. Lebensjahr mit einem sog. rachitischen Sitzbuckel haben wir Röntgenaufnahmen im Sitzen anfertigen können. Bei diesen drei Aufnahmen fällt die starke Kyphosebildung am Übergang von der Brust- zur Lendenwirbelsäule auf. Diese zeigt dabei eine Steilstellung; die beiden unteren Segmente stehen in Lordose. Dadurch ist der kontinuierliche kyphotische Bogen, den wir bei unseren Wirbelsäulenpräparaten gesehen haben und der sich nicht selten, wie mitgeteilt, auch bei Schulkindern findet, unterbrochen.

Es ist bei der pathogenetischen Darstellung des rachitischen Sitzbuckels in der Literatur immer von einer frühzeitigen Versteifung die Rede. So schreibt Güntz in seiner 1957 erschienenen Monographie „Die Kyphosen im Jugendalter" unter anderem:

„Bildet sich nun durch die Rachitis in einem oder in einigen benachbarten Wirbelkörpern eine wenn auch nur geringe Gestaltänderung aus, so ist der ganze Verband der Wirbelsäule im Rahmen der alten Haltung gestört, was sich durch eine relative Fixierung eines solchen Abschnittes bemerkbar macht, im Gegensatz zu der guten Beweglichkeit beim einfachen Sitzrundrücken." Nach unseren Befunden ist, wie mitgeteilt, diese von GÜNTZ beschriebene Fixation ebenfalls deutlich erkennbar. Es steht aber der Beweis aus, daß diese eine Folge der rachitischen Erkrankung sei. Die Beobachtung von 81 Trichterbrustpatienten, die im Laufe der letzten 4 Jahre an der chirurgischen Universitätsklinik Erlangen (Prof. Dr. G. HEGEMANN) operiert worden sind, bekräftigen uns in der Kritik an der rachitischen Genese des Sitzbuckels. Wir haben bei allen schweren Trichterbrustbildungen einen Sitzbuckel beobachtet mit einer Kyphose am Übergang von der Brustwirbelsäule zur Lendenwirbelsäule und mit einer kompensatorischen Lordose oberhalb derselben (Abb. 98a und b). Bei diesen Fällen war die Trichterbrust immer verbunden mit abnormer Verminderung des Brustkorblängsdurchmessers, während der Querdurchmesser vergrößert war. Die tiefe sternale Einziehung konnte so erheblich sein, daß der Abstand vom tiefsten Trichterpunkt bis zur ventralen Kante des gegenüberliegenden Wirbels auf wenige cm absank. Dieser abgeplattete Brustkorb ist aber sicher nicht Ausdruck einer rachitischen Erkrankung im Säuglingsalter sondern Symptom einer kongenitalen Formbildungsstörung. Wenn sich bei diesen Patienten aber eine „rachitische"

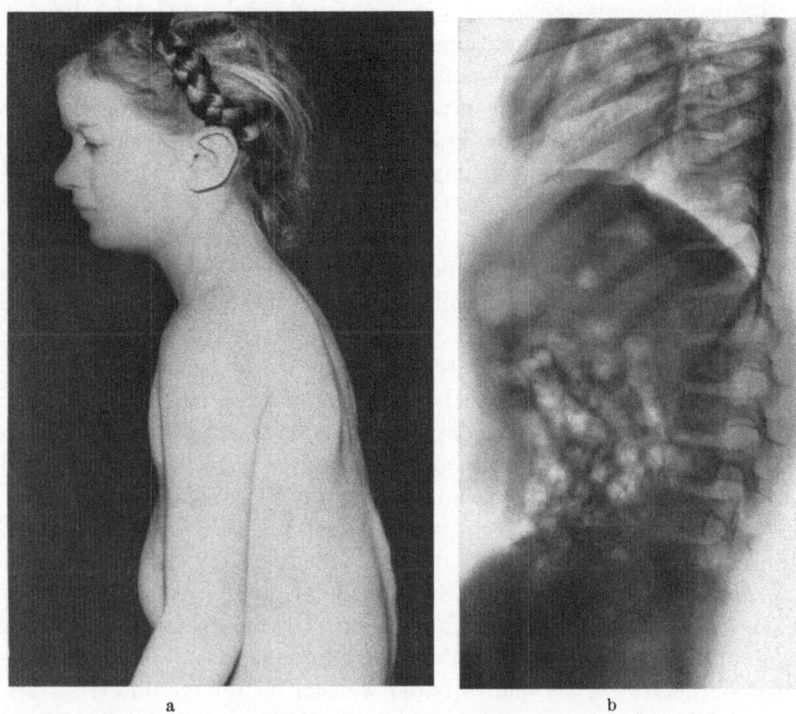

a b

Abb. 98a u. b. Foto und Röntgenbild einer 8jährigen Trichterbrustpatientin mit Sitzbucke

Sitzbuckelbildung zeigt, dann scheint uns wenigstens für diese Fälle die Anerkennung einer kongenitalen Entwicklungsstörung der unteren Körperwirbelsäule begründet.

Mau jr. (1958) hat darauf hingewiesen, daß der Lumbo-dorsalabschnitt in mehrfacher Hinsicht bei seiner Entwicklung besonders gefährdet sei. Wie Bardeen angibt, streckt sich der Lumbo-dorsalabschnitt im Laufe der embryonalen Entwicklung normalerweise zuletzt, so daß die mechanischen Kräfte, die bei der Kyphosierung auftreten, sich hier am stärksten auswirken. Jedenfalls findet Mau die charakteristische Wirbelsäulenkyphose bei der Dysostosis metaphysaria häufig. In diesem Zusammenhang können Beobachtungen von Lindemann (1956) bei der lumbalen Adoleszentenkyphose nicht unberücksichtigt bleiben. Er fand in drei Fällen deutliche Einbuchtungen der Deckplatten der Brust- und Lendenwirbelkörper, die er als Folgen einer gestörten Chordarückbildung auffaßt. Nach seiner Darstellung fehlt bei der juvenilen Kyphose der schlüssige Beweis, daß Belastungseinflüsse die gesunde knöcherne Wirbelsäule so zu schädigen vermögen, daß Wachstumsveränderungen zu bleibenden Formstörungen führen. Solange histologische Befunde ausstehen, ist freilich die Chordapersistenz nicht objektiv zu sichern. Dennoch verdienen in diesem Zusammenhang die Arbeiten der Lindemannschen Schule besondere Beachtung. Wenn schon bei der juvenilen Kyphose die alleinige Rolle der mechanischen Belastung in Frage gestellt werden muß, so gilt das sicher in viel größerem Umfange für den Sitzbuckel des Säuglings. Es fehlt uns das Material, um die Bedeutung der Rachitis bei der Entstehung des Sitzbuckels hinreichend werten zu können. Es ist denkbar, daß durch die Erschlaffung des Bandapparates eine Sitzkyphose im Rahmen der Rachitis entstehen kann. Wesentlich bedeutungsvoller scheint uns aber die Abwandlung des normalen Ossifikationsplanes durch kongenitale Störung, etwa nach Art der enchondralen Dysostosen zu sein. Die zusätzliche exogene Schädigung durch zu frühes Sitzen und das Einsinken der Wirbelsäule auf einer zu weichen Unterlage kann an dem Störungspotential formend wirksam werden. Sicher ist die mechanische Einwirkung allein aber nicht imstande, die Formentwicklung der Wirbelsäule nachhaltend zu beeinflussen. Das zeigen die vielen normalen Wirbelsäulen, die sich trotz der weichen Unterlage und trotz des frühen Sitzens entwickelt haben.

Die Entwicklungsstörung als Ursache des Sitzbuckels wird aber auch durch die mangelnde Kreuzbeineinkrümmung deutlich. Bei keiner lumbalen Kyphose haben wir einen normalen SK-Winkel oder einen höheren Krümmungsindex gefunden. Das Kreuzbein war in allen Fällen auffallend flach geblieben. Demgegenüber fanden sich bei schweren Skoliosen, die mit Versteifung mehrerer Segmente einhergehen, normale Winkelbildungen und normale Kreuzbeinverhältnisse. Nach alledem scheint die Sitzkyphose weniger die Folge einer Rachitis zu sein, sondern vielmehr Ausdruck einer viel tiefergreifenden, angeborenen Störung der normalen Entwicklung der Wirbelsäule.

Kann die frühzeitige Belastung den Sitzbuckel auch nicht bedingen, so sind die exogenen Einwirkungen doch durchaus geeignet, den Ablauf, die Ausprägung der Deformierung und den Grad richtunggebend zu beeinflussen. Das zeigen andererseits ex juvantibus die guten Ergebnisse, die frühzeitige orthopädische Behandlung erzielen kann. Dabei ist in erster Linie auf die Prophylaxe zu achten.

So ist das Aufsetzen der Kinder so lange zu unterlassen, als sie von sich aus nicht den Wunsch dazu zu erkennen geben. Die Lagerung auf den Bauch ist oft erst dann in ausreichendem Umfange möglich, wenn das Kind auf einem Bauchliegebrett fixiert wird. Für die Nacht sollte eine reklinierende Liegeschale verordnet werden. Sind die Kinder nicht mehr vom Sitzen abzuhalten, dann empfiehlt sich die Verwendung eines Gehstühlchens (Abb. 99), das sich auch bei anderen Erkrankungen, vor allem bei Lähmungen nach Poliomyelitis, gut bewährt hat.

In einem verstellbaren Rahmen hängt an vier Gurten ein sattelförmig gestaltetes Sitzbrett. Davor ist in entsprechender Höhe eine Tischplatte angebracht. Der Wagen ist auf vier Rädern beweglich, so daß er gleichzeitig die Funktionen eines Laufstalles und die eines Sitzstühlchens übernehmen kann. Weil auf dem relativ hohen und sattelförmigen Sitz die Streckung der Beine in den Hüftgelenken erhalten bleibt und dadurch auch die Rückdrehung des Beckens vermieden wird, ist die übermäßige Kyphosierung der Wirbelsäule erschwert. Sie bleibt durch die Vorneigung des Beckens in einer gewissen Streckhaltung, zumal das auf der Tischplatte befindliche Spielzeug das Kind in vordere Sitzhaltung lockt. Hat das Kind das Gehen erlernt, sollte es auf keinen Fall zu langdauerndem Sitzen gezwungen werden. Der große SK-Winkel im Kleinkindesalter und die noch nicht ausgeprägte Lendenlordose bringen es mit sich, daß die Kinder beim Sitzen immer in eine totale und häufig vermehrte Ruhekyphose sinken. Wenn auch die Belastung allein nicht dazu angetan ist, direkten Einfluß auf die Wirbelkörperform zu nehmen, so bildet sich durch das lange Sitzen doch eine ungünstige Gewohnheitshaltung aus. Sie läßt die zunächst mögliche volle Aufrichtung vergessen, bis die Ruhehaltung schließlich zu bleibenden Schäden führt. Wir glauben, daß die ungenügende Kreuzbeinkrümmung u. a. eine Folge der mangelnden Belastung des Kreuzbeines ist. Durch die permanente Überdehnung in der Totalkyphose kann die Rückenmuskulatur ohne Zweifel geschädigt werden. Beim Erwachsenen kommt das in den Muskelansatzschmerzen zum Ausdruck. Beim Kind, bei dem derartige Reaktionen nicht bekannt sind, führt die Erschlaffung zu einer Streckunfähigkeit auch im Stehen.

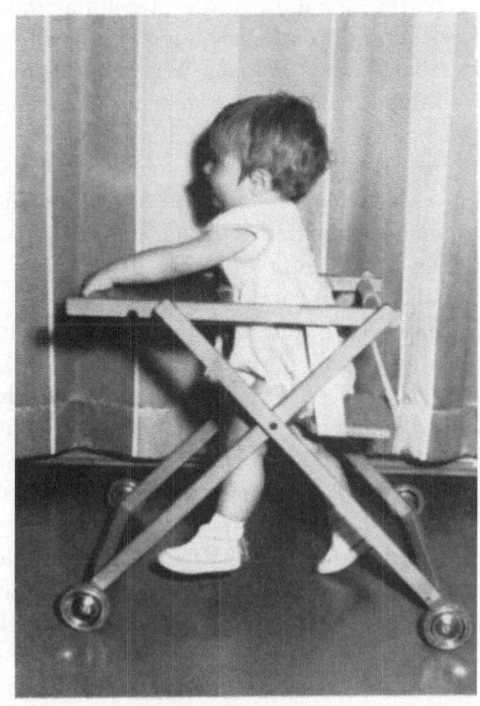

Abb. 99. Sitz-Geh-Stühlchen

IV. Sitzen und Haltungsschäden

Vor allem in der älteren orthopädischen Literatur wird der Haltungsverfall, mitunter sogar die Skoliosenentstehung mit dem Sitzen in direktem Zusammenhang gebracht. So sieht STAFFEL (1889) im Sitzen eine wichtige Ursache für den flachen Rücken. Nach seiner Ansicht kommt er dadurch zustande, daß in der Jugend jene Kräfte überwiegen, die einer ordentlichen Aufrichtung des Beckens und der Einbiegung der Lendenwirbelsäule entgegenstehen. Unter den Faktoren, die ursächlich bedeutungsvoll sind, wird zu frühes Sitzen bei nachgiebiger Wirbelsäule genannt. Vor allem bei mangelnder Muskelkraft wird das Sitzen zur Quelle der Fehlbildungen. Schwache Kinder sitzen viel und kommen weniger in aufrechte Haltung. Je mehr sie aber sitzen, um so stärker wird die Lendenrückbiegung. Im Schneidersitz wird die Lendenwirbelsäule maximal nach hinten herausgedrückt. Bei dieser Haltung der unteren Wirbelsäulenabschnitte wirkt sich dann die Rückneigung, d. h. die Streckung darübergelegener Bezirke, die zum Nadelausziehen notwendig ist, ungünstig aus. So erwerbe sich der Schneider den flachen oder flachhohlen Rücken und gehe darum, als ob er eine Elle verschluckt habe. Weil das Sitzen einen Flachrücken erzeuge, spielt es nach STAFFEL auch in der Ätiologie der Skoliose die allerwichtigste Rolle. Auch das Sitzen mit einem totalrunden Rücken kann zu schweren Schädigungen führen. So meint STAFFEL, daß es den Menschen beim Aufstehen nicht mehr gelinge, den nach vorne zusammengestauchten Rücken aufzurichten. Aus diesem Grunde lassen diese Individuen den Rumpf in den Hüftgelenken hintüberhängen. Die Sitzhaltung führt schließlich zum runden Rücken.

Diese Ansichten finden in der Folgezeit in nahezu allen Diskussionen über den Haltungsverfall ihren Niederschlag. SCHEDE (1954) hat in seinen „Grundlagen der körperlichen Erziehung" gleiche Gedankengänge ausgesprochen. Er kommt schließlich zu der Behauptung: „In der Sitzschädigung müssen wir die wichtigste Ursache des Haltungsverfalles sehen."

GÜNTZ (1957) weist mit Recht in seiner bereits zitierten Monographie über die Kyphose darauf hin, daß im Kindesalter ein im Gipsverband fixiertes gesundes Gelenk sich selbst dann rasch wieder erhole, ohne bleibende Schäden aufzuweisen, wenn es monatelang ruhiggestellt war. Nachdem die Fixation im Sitzen aber keine vollkommene ist, hält er es für unwahrscheinlich, daß ein Kind durch schlechte Haltung eine Wirbelsäulenverbiegung bekommen könne.

In anderem Zusammenhang ist auf die Eigenform der Wirbelsäule hingewiesen worden. Diese wird bedingt durch die Form der Wirbelkörper, die Lage der Bogenfortsätze, die Stellung der Processi articulares und schließlich durch Form und Spannung der Bandscheibe und der Ligamente. Offensichtlich spielen Störungen und Fehlentwicklungen der Bandscheibe beim Zustandekommen des Haltungsbildes eine wichtige Rolle. LINDEMANN (1956) hat das bei den juvenilen Kyphosen deutlich machen können. Schließlich wird die Verankerung der Haltung in der Komposition der anatomischen Struktur durch die Vererbbarkeit bestimmter Haltungstypen unterstrichen.

Neben den Fehlhaltungen und Abweichungen durch anlagebedingte Form- und Entwicklungsstörungen — dazu sind auch die schweren Skoliosen zu rechnen — gibt es ohne Zweifel auch solche, die auf Grund einer muskulären Insuffizienz entstehen. Wird bei der progressiven Muskeldystrophie oder bei der Poliomyelitis die volle Aufrichtung infolge der fehlenden Muskelkraft nicht mehr erreicht, dann entsteht aus der dauernden Ruhehaltung eine zunächst ausgleichbare, später aber fixierte Schädigung. Hier liegt der Ansatzpunkt für die mögliche Beeinflussung der Haltung durch das Sitzen. Das wirbelsäulengesunde Kind, das über ausreichende Muskelkräfte verfügt, entwickelt sich trotz des Sitzzwanges normal. Es schafft sich instinktiv den notwendigen Ausgleich. Anders der asthenische Bindegewebsschwächling. Weil ihm das Gefühl für die Haltung verloren gegangen ist, entwickelt sich im Laufe der Zeit die muskuläre bzw. dystrophische Kontraktur. Daß die Zahl der asthenischen, bindegewebsschwachen Kinder in den letzten Jahrzehnten zugenommen hat, ist mehrfach beschrieben worden. Wir haben bei den Untersuchungen der 1035 Schulkinder in über 50% pathologische Wirbel-

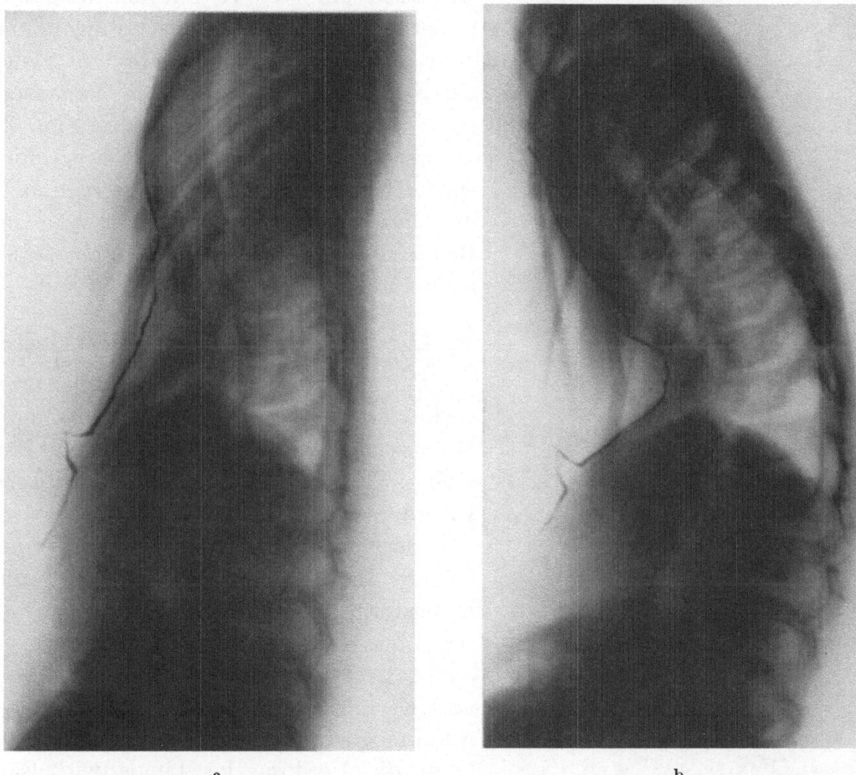

Abb. 100a u. b. Sitzaufnahme eines 10jährigen Trichterbrustpatienten. Knickbildung am lumbalen Übergang

säulenformen gefunden. Diese Zahlen zeigen die Wichtigkeit des Problems. Gerade die Kinder, die gerne und viel sitzen, sind besonders zum Spielen im Freien, zum Laufen und zum Schwimmen anzuhalten, weil sonst aus der Sitzhaltung der Haltungsschaden entsteht. Die angeborene Eigenform der Wirbelsäule stellt das Haltungspotential dar. Die Umwelteinflüsse formen es zum endgültigen Bild.

Es liegt auf der Hand, daß die erschlaffte Sitzposition nicht ohne Rückwirkung auf Thorax und Abdominalorgane bleiben kann. Wie sehr die Rundrückenbildung Einfluß auf die Form des Brustkorbes gewinnt, zeigt eine Gegenüberstellung von Sitzaufnahmen einer schweren Trichterbrust vor der operativen Hebung des ventralen Brustschildes in lockerer und aufrechter Haltung (Abb. 100). Sicher ist die tiefe Inspiration nur bei voller Streckung der Wirbelsäule möglich.

Das ist ja auch der Grund, weshalb der Opernsänger seine Arien nicht in hinterer Sitzlage singt, wenn er überhaupt im Sitzen zum Singen gezwungen wird, sondern eine vordere Sitzhaltung einnimmt. Dabei wird die Anfangsspannung der Bauchmuskulatur durch Vorkippung des Beckens und Zurücksetzen eines Beines unter die Sitzfläche zusätzlich verstärkt. Über die Verschiebung im Zusammenspiel der abdominellen und thorakalen Atemmechanismen im Sitzen sind weitere Untersuchungen erforderlich. Bei unserer Fragestellung können diese Andeutungen genügen. Das gleiche gilt für die Entstehung von Venenstauungen und von Hämorrhoiden. Eine Zusammenhang wird in der Literatur immer wieder behauptet. Exakte Untersuchungen, die über spekulative Betrachtungen und Beobachtungen hinausgehen, stehen indes noch aus.

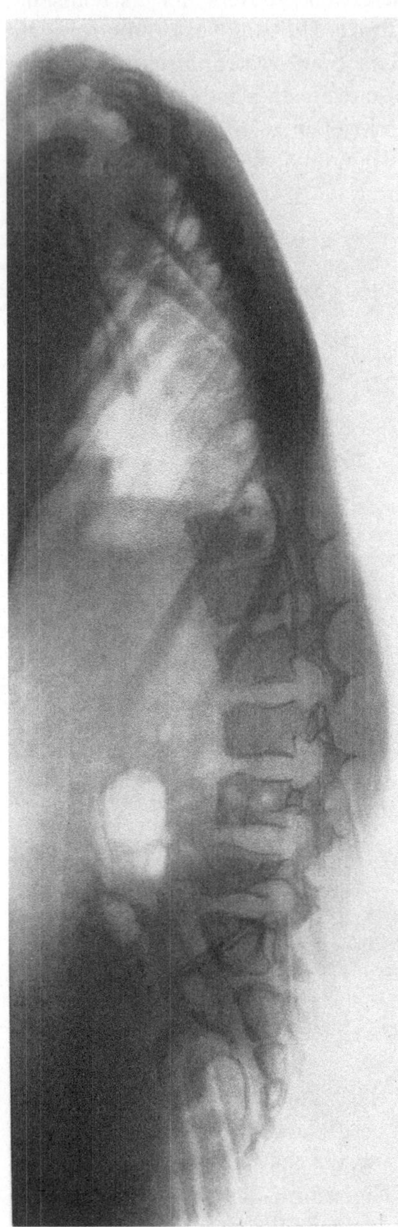

Abb. 101. Streckung der oberen und mittleren Brustwirbelsäule bei erhaltener Kyphose der Lendenwirbelsäule. Unvollkommene Aufrichtung

V. Die Prophylaxe der Sitzschäden

Weit mehr als die stehende Lebensweise verhindert das Sitzen das notwendige Wechselspiel von Entlastung und Belastung. Wegen der besonderen statischen Erfordernisse nimmt die Wirbelsäule eine für das Sitzen charakteristische, einem früheren Entwicklungszustand eigene Krümmungsform an. Die Aufrichtung zur gestreckten Haltung gelingt wegen der besonderen Beckenstellung nur unvollkommen und ist nur mit großem Muskelarbeitsaufwand möglich. Aus der hinteren Sitzhaltung kann die Lordose der Lendenwirbelsäule nur dann erreicht werden, wenn das Becken eine stärkere Rotation um den Drehpunkt, die Tubera ossis ischii, vollführt. Ist sie nicht möglich, z. B. wenn das Gesäß in ein zu weiches Polster sinkt, so streckt sich nur der obere Teil des Achsenskeletes, während die untere Lendenwirbelsäule in der Kyphose der Ruhehaltung verharrt. Auf diese Weise entsteht dann am lumbo-dorsalen Übergang eine Knickbildung in der Rükkenkontur (Abb. 101). Es ist nicht so sehr die augenblickliche Haltung, sondern die Gewöhnung an die mangelnde Aufrichtung, die schließlich zur bleibenden Fehlform führen kann. Darum ist Spitzy

(1926) recht zu geben in der Feststellung, daß eine Schulbank um so besser sei, je weniger das Kind darin sitze.

Die Prophylaxe der Sitzschäden muß in erster Linie den notwendigen Wechsel der Körperhaltung anstreben. In der Kindheit sollte diese Forderung leicht zu erfüllen sein. Durch Wiedereinführung des Turnunterrichtes auch in Landschulen kann dem Haltungsvorfall erfolgreicher gesteuert werden als durch Massenuntersuchungen und durch gut gemeinte Aufklärungsvorträge. Grundsätzlich ist vom orthopädischen Standpunkt an der Einführung der täglichen Turnstunde festzuhalten. Dabei ist es gar nicht so wichtig, ob spezielle Haltungsübungen durchgeführt werden. Das Wesentliche scheint uns zu sein, daß das Kind seinem natürlichen Bewegungsdrang folgt und zur Aufrichtung kommt.

Wesentlich schwieriger stellt sich das Problem indessen beim Erwachsenen dar. Die häufig gleichförmige Erwerbstätigkeit in Fabrik und Büro ist vielfach an die sitzende Haltung gebunden. Es ist völlig unzureichend aus theoretischen Erwägungen heraus gegen das Sitzen zu polemisieren, mögliche Schäden aufzuzeigen und endlich doch vor den alltäglichen Gegebenheiten zu kapitulieren. Gerade dem Orthopäden, dem das „Vorbeugen ist besser als Heilen" seit Anbeginn an vielen Beispielen bekannt ist, obliegt es, sich um eine Verbesserung der Sitzbedingungen zu kümmern. Darum müssen die angestellten Untersuchungen ihren Niederschlag in einer kritischen Sichtung der üblichen Sitzmöbel finden, um auf diese Weise eine möglichst günstige Gebrauchsform zu ermitteln.

G. Die Formgestaltung des Sitzmöbels

I. Vorbemerkungen

Das einfachste Sitzmöbel, das sich dem Ruhesuchenden überall in der Natur anbietet, ist der Baumstamm, der Ast oder der Felsblock. Die Anforderungen, die an den Sitz gestellt werden, sind einfach. Die Sitzfläche muß eben oder nur unwesentlich gewölbt und so groß sein, daß sie die Tubera gut aufnehmen kann. Grundsätzlich ist es zunächst bedeutungslos, wie hoch die zum Sitzen verwendete Unterlage vom Boden entfernt ist. Weil ein Sitzen mit mehr oder weniger stark gestreckten Kniegelenken aber unbequem ist, wird gerne ein Sitz gewählt, der es gestattet, die Beine locker von der Vorderkante nach abwärts hängen zu lassen. Schon beim Primitiven, ja selbst beim Tier, erfolgt die Auswahl der Sitzgelegenheit je nach den Erfordernissen, die der Augenblick gebietet. Grundsätzlich lassen sich durch alle Zeiten, von den primitiven Anfängen bis heute, zwei Stuhlarten unterscheiden:

1. Der Ruhestuhl, auf dem man in wachem Zustande verharren, sich ausruhen oder auch schlafen kann und
2. der Gebrauchs- und Arbeitsstuhl.

Der Ruhestuhl ist immer so beschaffen, daß er eine hintere Sitzlage ermöglicht und auf dem eine mehr liegende Haltung durch einfaches Rückwärtsverlagern des Oberkörpers eingenommen werden kann. Weil dabei sehr rasch die Rumpfschwerlinie aus der Unterstützungsfläche des Rumpfes herausfällt, ist am Ruhestuhl eine Rücklehne, die den Oberkörper abstützt, angebracht. Sie kann aus einem einfachen Brett bestehen, das senkrecht von der Sitzfläche emporsteigt oder das geneigt oder gebogen ist, so daß die Lehne den Oberkörper ganz oder teilweise stützen oder tragen kann. Der Übergang vom Stuhl zur Liege ist kein scharfer, sondern ein fließender, wie der Liegestuhl zeigt.

Der Arbeitsstuhl muß anderen Gesichtspunkten Rechnung tragen. Meistens erfordert die Hinwendung zum Arbeitsplatz vor dem Sitz eine vordere Sitzhaltung. Nur dann sind die Arme auf oder über dem Tisch frei beweglich, so daß der zu bearbeitende Gegenstand ergriffen und gestaltend verändert werden kann. Damit der Körper auf dem Arbeitsstuhl genügend lange und ohne zu ermüden verharren kann, ist er ebenfalls oft mit einer Lehne versehen.

Eine Mittelstellung zwischen beiden Stuhltypen nimmt der Gebrauchsstuhl ein. Er kann zum Arbeitsstuhl werden, sofern er eine vordere Sitzhaltung zuläßt. Das ist nur dann der Fall, wenn die Sitzfläche nicht zu niedrig über dem Boden steht oder nicht zu stark nach dorsal abfällt. Andererseits wird der Gebrauchsstuhl infolge der Abstützmöglichkeit an der Rückenlehne zum Ruhestuhl.

Im folgenden wird zunächst vom Gebrauchsstuhl die Rede sein, weil er wegen seiner vielseitigen Verwendungsmöglichkeiten am weitesten verbreitet ist.

Die Anforderungen, die von jeher an den Stuhl gestellt wurden, sind einfach. Mit der Feststellung, daß die Sitzfläche nicht zu hoch und nicht zu niedrig über dem Boden angebracht sein darf und daß sie flächenmäßig groß genug sein muß, um die unterstützenden Körperpartien aufzunehmen, sind die wesentlichsten Forderungen bereits skizziert. Die Lehne hat die Aufgabe einen zusätzlichen Stützpunkt für den Körper zu schaffen. Wo dieser Punkt gesucht wird, ist bis heute nicht klar umrissen. Physikalisch wäre ein Punkt ausreichend, der zusammen mit den beiden Sitzbeinhöckern eine Fläche definiert, auf der das Körpergewicht balanciert werden kann. Wegen der Elastizität und der Kompressibilität der Haut muß er jedoch in eine Fläche umgewandelt werden, weil sonst der Blut- und Lymphstrom behindert werden könnte. Aus diesem Grunde wird die Rückenlehne häufig den Körperformen weitgehend angepaßt.

In der Praxis ergibt sich außerdem die Notwendigkeit, gewisse ästhetische Forderungen zu berücksichtigen, denn der Stuhl ist nicht nur Sitzgegenstand, nicht nur Mittel zum Zweck, sondern in gleicher Weise seit Anbeginn Kult- und Schmuckgegenstand und als solcher den Einflüssen der Mode unterworfen. Solange sich orthopädische Forderungen mit ästhetischen Wünschen in Einklang bringen lassen, ist dagegen nichts einzuwenden. Bedenklich wird die Situation dagegen, wenn die Formgestaltung die Vorrangstellung einnimmt und medizinische Gesichtspunkte ganz in den Hintergrund treten, wie das leider nur zu oft der Fall ist.

II. Die geschichtliche Entwicklung des Sitzmöbels

Die Geschichte der Möbel beginnt mit der Seßhaftwerdung der Völker und ist eng mit dem Wohnbau verknüpft. Aus dem Kulturkreis der Ägypter stammen die ältesten uns bekannten Sitzmöbel. Am gebräuchlichsten sind niedrige Hocker oder Stühle, die bereits eine Sitzlehne aufweisen. Sie sind aus Brettern gefertigt oder verwenden als Sitz einen mit Binsengeflecht ausgefüllten Holzrahmen. Die Rückenlehnen sind steilgestellt oder leicht nach hinten geneigt (Abb. 102). Neben den Gebrauchsmöbeln finden wir frühzeitig künstlerisch ausgestaltete Sessel, deren Lehnen mit reichem Schnitzwerk geschmückt sind. Trotz allem wirken aber diese Sitze starr. Die Form des Stuhles läßt Rückschlüsse auf die Sitzhaltung der Menschen, die sie benutzten, zu. In ihren eng anliegenden Kleidern saßen die Ägypter gleichsam bandagiert wie in einem Korsett. Die Beine wurden streng nebeneinander gestellt, die Füße auf den Boden aufgesetzt. Diese Haltung findet ihre Stabilisierung in sich. Die Lehne hat nur unwesentlich zu stützen, aber nicht zu tragen. Ihre Konstruktion erfüllt die gestellten Aufgaben. Eine Gegenüberstellung zwischen dem Sessel und einer Darstellung ägyptischer Handwerker aus der 18. Dynastie (1555 bis 1330) zeigt den Unterschied der in Ägypten gebräuchlichen Sitzmöbel mit aller Deutlichkeit. Interessant ist auf der Reliefdarstellung (Abb. 103) die bei den einzelnen Beschäftigungen unterschiedliche Neigung der

Abb. 102. Ägypten 2. Jahrtausend v. Chr. British Museum London. (Aus SCHMITZ 1951.)

Sitzfläche. In richtiger Erkenntnis der jeweils sich ergebenden Arbeitssituation ist der Sitz mehr oder weniger nach vorne geneigt, eine Hinwendung zum Arbeitsplatz also erzwungen.

Die Sitzhaltung auf dem Hocker ist eine grundsätzlich andere als das Sitzen in Gesellschaft oder bei offiziellen Anlässen.

Bei den Assyrern und Persern sind Stühle und Sessel wohl im allgemeinen keine Gebrauchsmöbel wie bei den Ägyptern. Aus diesem Kulturkreis sind uns Steinreliefs von Luxusmöbeln der assyrischen Könige des 8. und 7. Jahrhunderts aus den Palästen Mesopotamiens erhalten. Auffallend sind die hohen Beine der Stühle. Die Lehne steigt senkrecht wie bei den Ägyptern von der Sitzfläche empor. Auch diese Möbel erlauben kein eigentliches Ausruhen, sondern verlangen ein thronen.

Den Griechen erschien das Kauern auf dem Boden als eines freien Mannes unwürdig. Schon Homer unterscheidet drei Stuhltypen:

1. Der Thron (*θρόνος*)

Er ist ein Ehrensitz der Könige und Fürsten, wird aber auch als Weihgeschenk gebraucht.

2. Der Lehnsessel (κλισμός)

Der mit Gold und Elfenbeineinlagen oft reich verziert ist.

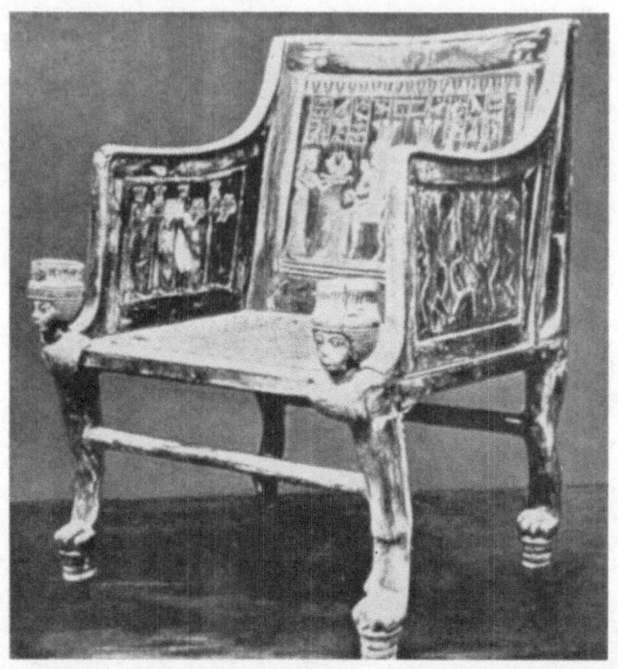

a

b

Abb. 103a u. b. a) Thronstuhl aus Ägypten 2. Jahrtausend v. Chr. (Aus SCHMITZ 1951). b) Ägyptische Handwerker, 18. Dynastie, Florenz. (Aus MÖBIUS 1916.)

3. Der Hocker (δίφρος)
Er dient als Sitz zur Arbeit (Abb. 104).
Eine Schilderung über Gebrauch der Sitzmöbel findet sich zum Beispiel im ersten Gesang der Odyssee.

„Sprachs und ging voran, ihm folgte Pallas Athene.
Wie sie nun aber ins Innere der ragenden Halle getreten,
Nahm er den Speer und stellte ihn gegen die mächtige Säule.
Tief in den glatten Behältern, wo auch noch andere Speere zahlreich standen, die einst dem Dulder Odysseus gehörten.
Sie aber leitete er zum kunstvoll prächtigen Thronsitz,
Breitete drüber ein Linnen, den Füßen diente ein Schemel,
Stellte für sich einen Stuhl, einen bunten, daneben, gesondert
Von den Freiern, damit dem Gast das Lärmen und Schreien nicht das Mahl verleide inmitten so wilder Gesellschaft
Und damit er ihn dort, um des Vaters Verweilen befrage.“

Abb. 104. Griechische Sitzmöbel aus der archäischen Zeit. Szene bei einem Schuhmacher. Vase im „Museum of Fine Arts“ Boston. Griechenland 6. Jahrhundert. (Aus RICHTER 1926.)

Abb. 105. Relief von Tharsos, 1. Hälfte des 5. Jahrhunderts v. Chr. Konstantinopel. (Aus SCHMITZ 1951.)

Die Rechtswinkelkonstruktion kennzeichnet die Sitzmöbel der archäischen Zeit des 6. Jahrhunderts. Hier ist noch ganz die ägyptisch-assyrische Sitzhaltung erhalten. Ein Relief von Tharsos aus der ersten Hälfte des 5. Jahrhunderts zeigt die hohe Stuhlform der Assyrer (Abb. 105). Die Beine des Sitzenden ruhen auf einem Schemel, zur Stützung der Arme ist eine Armlehne vorgesehen. Ein deutlicher Umbruch der Stuhlgestaltung ist auf einem Grabrelief aus der ersten Hälfte

Abb. 106. Grabrelief 1. Hälfte des 4. Jahrhunderts Leningrad. (Aus SCHMITZ 1951.)

des 4. Jahrhunderts, das sich in Leningrad befindet, festzustellen (Abb. 106). Er liegt begründet in der Befreiung des Geistes aus der Gebundenheit orientalischer Lebenshaltung. Die gebogene Rückenlehne schmiegt sich ganz der Ruhekyphose an und gibt dem Sitzenden den Ausdruck des Gelöstseins. Auf diesem Stuhl ist kein starres, feierliches Sitzen mehr möglich. Durch Gebrauch der Lehne kann der Sitzende eine hintere Sitzhaltung einnehmen; die Steilheit der Lehne verbietet jedoch ein Liegen oder Schlafen.

Im Dionysos-Theater (340 bis 330) findet sich die gleiche Form der Sitze (Abb. 107).

Bei den Römern der Kaiserzeit sind Klappstühle und Schemel üblich, aber auch

Abb. 107. Dionysos-Theater in Athen. Stühle für die Würdenträger. (Foto: Frau Hohmann, München.)

Sessel wurden, vor allem bei Senatssitzungen, verwandt. Ein Beispiel dafür ist der Steinsessel aus dem 1. bis 2. nachchristlichen Jahrhundert (Abb. 108). In der Spätgotik trifft man vor allem den aus Flandern sich verbreitenden Scherenstuhl an, der auch in der frühen Renaissance noch üblich ist. Er hat Armlehnen und eine aus einem Querbrett bestehende Rückenstütze, die die untere Lendenwirbelsäule halten kann. Die Stühle der italienischen Hochrenaissance ähneln in Konstruktion und Form den heute noch üblichen Typen. Entsprechend der Strenge der französischen Renaissance werden auch die Möbelformen wieder starr (Abb. 109a und b). Die Etikette spricht aus den hoch aufgerichteten steilen

Abb. 108. Römischer Steinsessel. 1. bis 2. Jahrhundert n. Chr. Rom

a

b

Abb. 109a u. b. Renaissance. a) Italiens Hochrenaissance 16. Jahrhundert. b) Frankreichs Hochrenaissance 2. Hälfte des 16. Jahrhundert. Paris, Privatbesitz

Abb. 110. Deutschlands Frührenaissance. Scherenstuhl aus Süddeutschland. Schloß Berlin. (Aus SCHMITZ 1951.)

Abb. 111. Frankreichs Barock. Lehnenstuhl um 1710 — Versailles. (Aus SCHMITZ 1951.)

Rückenlehnen, die ein bequemes Sitzen unmöglich machen. In der süddeutschen Frührenaissance spielen Brettschemel mit geschnitzten Rückenlehnen eine dominierende Rolle. Scherenstühle und Faltschemel, wie sie übrigens schon in der Bronzezeit Verwendung fanden, tauchen daneben auf (Abb. 110). Die Sessel und Stühle des Barock haben neben der festen Polsterung der Lehne auch eine mehr oder weniger stark gefederte Sitzfläche (Abb. 111). Die ornamentalen Motive sind vor allem auf die Beine und die Armlehnen übergegangen, während die Rückenlehne im allgemeinen davon frei bleibt. Im Rokoko werden häufig Liegen an Stelle von Stühlen verwandt. Die Sessel haben tiefe Sitzflächen und geneigte bequeme Polsterlehnen. Höchste Bequemlichkeit paart sich mit äußerster Eleganz (Abb. 112). Den monumentalen,

Abb. 112. Deutschlands Rokoko, Mitte 18. Jahrhundert. Schloß Berlin. (Aus SCHMITZ 1951.)

Abb. 113. England 2. Hälfte des 18. Jahrhunderts. Chippendale-Stuhl. (Aus SCHMITZ 1951.)

geschweiften Linien machen im Frühklassizismus und im Empirestil wieder klaren und nüchternen Formen Platz. Weite Verbreitung erfahren die von dem englischen Kunsttischler Thomas Chippendale geschaffenen Sitz- und Schreibmöbel (Abb. 113).

Wie die kurze historische Übersicht zeigt, hat sich an den Grundformen des Sitzmöbels seit den ersten Anfängen kaum etwas geändert. Je nach den Erfordernissen ändert sich zwar die Ausstattung der Sitze und Lehnen, in bezug auf Form und Abmessung herrschen aber offensichtlich keine klaren Vorstellungen.

Abb. 114. Kreuzlehnstuhl nach STAFFEL (1884)

Um die Mitte des 19. Jahrhunderts begann man sich wissenschaftlich mit dem Sitzen auseinanderzusetzen. Erst jetzt tauchen von medizinischer Seite konkrete Forderungen hinsichtlich der zweckmäßigen Gestaltung von Sitzmöbeln auf. Es ist kein Wunder, daß man sich dabei vor allem um die möglichen Schäden durch das Stillsitzen speziell in der Schule angenommen hat, zumal man sich um diese Zeit vor allem mit dem Studium der Skoliose und ihren Ursachen beschäftigte. Schon HERMANN VON MEYER (1867), dem wir die ersten grundlegenden Forschungen über das Sitzen in der Mitte des vergangenen Jahrhunderts verdanken, hat seine Arbeit über die Mechanik des Sitzens mit „Besonderer Rücksicht auf die Schulbankfrage“ geschrieben. STAFFEL hat 1884 seine Arbeit „Zur Hygiene des Sitzens“ genannt. Er widmet vor allem der Lehne besondere Aufmerksamkeit. Nach seinen Vorstellungen muß sie die Beckenaufrichtung, d. h. die Rückdrehung verhindern und damit das hohle Kreuz unter allen Umständen erhalten. Um diese gute Stütze zu bekommen, führt er den sog. Kreuzlehnstuhl ein (Abb. 114). Er ist charakterisiert durch die hohe Kreuz- oder Lendenlehne. Sie springt über den hinteren Sitzrand vor und fördert so die aufrechte Haltung. Zur Unterstützung der Füße wird bei den Kindern ein Schemel verwandt, auf den erst im Erwachsenenalter verzichtet wird. Nach STAFFELs Vorstellungen soll die Sitzfläche ausgehöhlt sein, um die Bequemlichkeit zu erhöhen. SCHILDBACH fordert mit STAFFEL eine gewölbte Lehne. SCHULTHESS hat im Handbuch der orthopädischen Chirurgie von Joachimsthal 1905 seine Vorstellungen über das richtige Sitzen und die Konstruktion von zweckmäßigen Möbeln dargelegt. Die Lehne der Schulbank darf nach seiner Ansicht unter keinen Umständen senkrecht stehen. Nur wenn sie deutlich nach rückwärts geneigt ist, wird ein Zurücklehnen des Rumpfes möglich und die Wirbelsäule kann entlastet werden. Im Gegensatz zu STAFFEL weist er darauf hin, daß das Äußerste, was beim guten Sitzen erreicht werden könne, eine abgeflachte Kyphose der Wirbelsäule sei. Eine Lordose dagegen kann man nicht erzielen. Die Lehne soll nach seinen Vorstellungen um 10 bis 15° gegen die Vertikalebene geneigt sein und eine leichte Schweifung in der Frontalebene aufweisen. Das Sitzbrett muß, um das Vorrutschen zu verhüten, um 3 bis 5° nach dorsal abfallen. Eine Aushöhlung wirkt im übrigen dem Ventralschub entgegen. SPITZY (1926) fordert eine bequeme Schulterlehne ohne Lendenbausch, da er die Einkrümmung der Lendenwirbelsäule im Sitzen für unphysiologisch hält. Die Bankhöhe entspricht der Länge der Unterschenkel, die Banktiefe der der Oberschenkel. Die Lehne soll rückwärts geneigt sein und bis zur Mitte der Schulterblät-

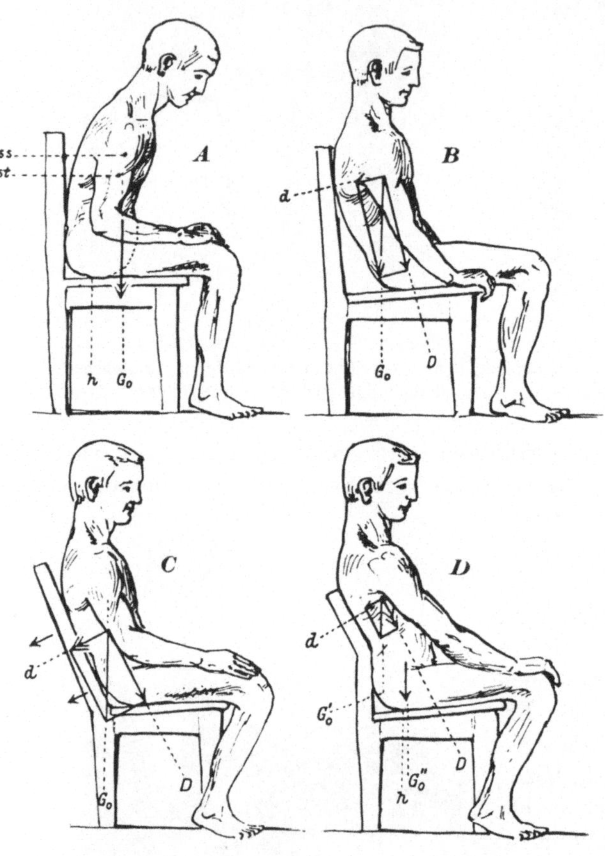

Abb. 115. Lehne mit Lendenknick nach STRASSER (1913)

ter reichen. Von großer Bedeutung ist für SPITZY der Abstand zwischen Tisch und Bank, sowie das Größenverhältnis beider zueinander. Die Tischplatte soll so hoch sein, daß der Schüler die Arme ohne die Schultern anheben zu müssen, auflegen kann. Das Schreibobjekt befindet sich im Abstand von 26 bis 30 cm vor den Augen. Die Tischplatte soll etwa bis 25°, wie das übrigens auch SCHULTHESS angegeben hat, geneigt sein. Die Distanz zwischen Bankvorderkante und Tischplattenrand muß beim Schreiben negativ sein, d. h. der Stuhlrand soll etwas unter die Tischplatte reichen. Bei allen übrigen Beschäftigungen ist die Distanz positiv, entsprechend der aufrechten Blickrichtung. Am besten ist darum nach SPITZY die Trennung von Bank und Tisch.

Abb. 116. Zecher auf einer Situla von Kuffarn (Este-Kreis). (Aus MÖBIUS 1916.)

LORENZ (1914) bekämpft das Schlußresultat längeren Sitzens, die Totalkyphose, durch eine zweiarmige Hebellehne. Sie hat als Charakteristikum in der Mitte eine Drehachse. Lehnt sich der Sitzende mit dem Oberkörper zurück, dann gibt der über dem Drehpunkt gelegene Teil der Lehne nach und kippt nach hinten, während der unter der Drehachse gelegene Teil nach ventral bewegt wird. So bleibt er in Kontakt mit dem Kreuzbein. Ein zu starkes Vorrutschen des Gesäßes wird durch die Arretierung der Lehne bei einer Rückwärtsneigung von 25° verhindert. Beim Schreiben dreht sich die Lehne entsprechend der anderen Haltung in die Vertikale oder sie stellt sich sogar etwas nach vorne geneigt ein, so daß auch hier das Kreuzbein eine gute Stützung erfährt. STRASSER (1913) empfiehlt eine geknickte Lehne, die im unteren Teil nahezu senkrecht steht, im oberen Teil aber nach rückwärts geneigt ist (Abb. 115).

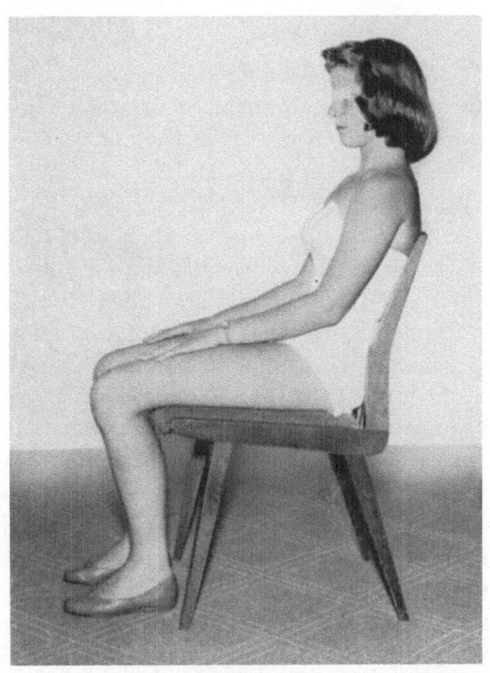

Abb. 117. Akerblom-Knick bei einem modernen Eß-Stuhl

Diese Knickbildung ist keineswegs neu. Wir haben sie auf einer Situla von Kuffarn (Este-Kreis) bereits in ähnlicher Weise gefunden (Abb. 116). Im Prinzip ist dieser Knick auch bei der Rettichbank verwendet worden. Neuerdings ist die gleiche Formgestaltung als Åkerblom-Knick an vielen modernen Sitzmöbeln zu finden (Abb. 117). Åkerblom (1948) kommt auf Grund seiner Untersuchungen zu sehr konkreten Angaben über die Konstruktion von Sitzmöbeln. Was die Sitzhöhe anlangt, so bezieht er sich auf den chinesischen Philosophen Lin Yutang, der glaubt eine Formel für den Bequemlichkeitsgrad des Sitzmöbels gefunden zu haben. Diese Formel lautet wie er selbst sagt: „The lower chair is the more comfortable." Durch eine niedrige Sitzgestaltung wird der Druck der Stuhlvorderkante auf die Oberschenkelrückseite verhindert, der sonst zu Kompression der Blutgefäße und Nerven führen könne. Für praktische Zwecke errechnet Åkerblom eine Sitzhöhe über dem Fußboden von 38 bis 41 cm. Die Tiefe des Sitzes wird durch die Notwendigkeit des Haltungswechsels bestimmt. Sie soll 40 cm nicht wesentlich überschreiten. Den Ventralschub des Beckens beim Anlehnen kann ein Schrägabfall des Sitzes um 3 bis 5° nach dorsal verhindern. Die Lehne ist nach Åkerbloms Vorstellungen um 115 bis 120° gegen den Horizont geneigt und hat einen wenn auch nicht zu starken Lendenwulst.

III. Die gebräuchlichen Stuhlformen

1. Stühle mit gerader, mehr oder weniger nach rückwärts geneigter Lehne

Diese Stühle finden sich häufig in Gasthäusern, Schulen, Vortragssälen aber auch im Hausgebrauch. Sie gestatten je nach ihrer Sitzhöhe eine einwandfreie vordere Sitzhaltung. Das Becken findet, sofern die Sitzfläche nicht zu tief ist, durch die Lehne guten Halt gegen das weitere Nachhintenrutschen, das mit der Vorneigung des Oberkörpers eingeleitet wird. Auf diese Weise ist eine gewisse Fixierung des Beckens möglich. Über diesem nun festgestellten Sockel ist die Wirbelsäule nach vorne bis zum Ende des normalen Bewegungsausschlages im Sinne der Kyphose frei beweglich. Finden die Arme auf einem vor dem Stuhle stehenden Tisch eine Abstützungsmöglichkeit oder wird das Brustbein selbst an die Tischkante gestemmt, dann ist auch ein längerdauerndes Sitzen auf diesen Stühlen möglich. Ihre Verwendbarkeit ist durch eine zu hochgestellte Sitzfläche begrenzt, weil die Stuhlvorderkante dann direkt gegen die Oberschenkelbeugeseite drückt. Auch eine mittlere Sitzhaltung kann ohne Behinderung eingenommen werden. Zum Ausruhen in hinterer Sitzlage dagegen sind diese Stühle schlecht geeignet Abb. 118a—c). Die steile Lehne erlaubt entweder ein Anstemmen des Beckens mit dem Kreuzbein oder sie gewährt der totalkyphotischen Wirbelsäule an ihrem am weitesten dorsal gelegenen Punkt, der etwa in Höhe des zehnten Brustwirbels zu suchen ist, eine Stütze. In diesem Falle muß das Gesäß auf der Sitzfläche nach vorne geschoben werden und damit den Lehnenkontakt verlieren. Nunmehr stützt sich das Becken auf den vorderen Teil des Sitzes und der Scheitel der Brustkyphose an der Lehne ab. Die Folge ist, daß die Wirbelsäule zwischen diesen Stützpunkten bald in eine maximale Kyphose sinkt, was schon Schildbach (1872) klar erkannt hat. Durch diese Haltung geraten die langen Rückenmuskeln zunehmend in den

Zustand starker Dehnung, auf die sie nach kürzerer oder längerer Zeit mit ziehenden Schmerzen antworten. Außerdem muß der Schub, den das Becken nach ventral erfährt, durch Gegendruck der Beine am Boden ausgeglichen werden. Weil dieses Abstemmen im allgemeinen nicht bei gestreckten und damit stabilisierten Kniegelenken ausgeführt werden kann, haben die Beinmuskeln statische Arbeit zu leisten. Das Vorrutschen des Beckens, die Folge des Anstemmens der kyphotischen Wirbelsäule, kann auf verschiedene Weise verhindert werden. Beim Polsterstuhl sinkt die Gegend der stärksten Druckbelastung, nämlich die Umgebung der Tubera ossis ischii in die Sitzfläche ein, wodurch ein Vorwärtsrutschen auf dem Sitz verhindert wird. Damit ist bis zu einem gewissen Grade eine Entspannung der Beinmuskeln und der Hüftbeuger und -strecker möglich. In gleicher Weise wirken

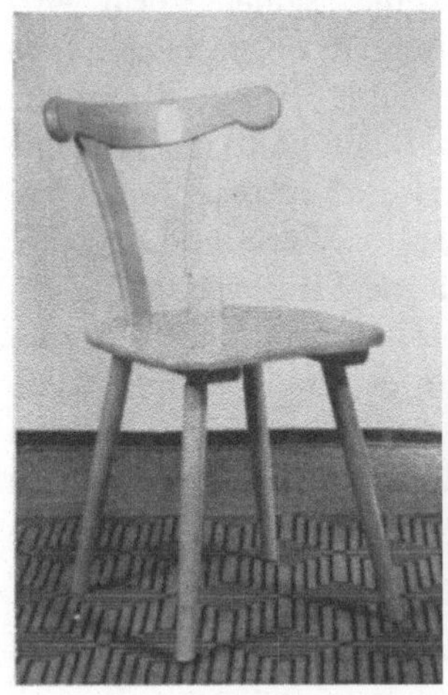

a

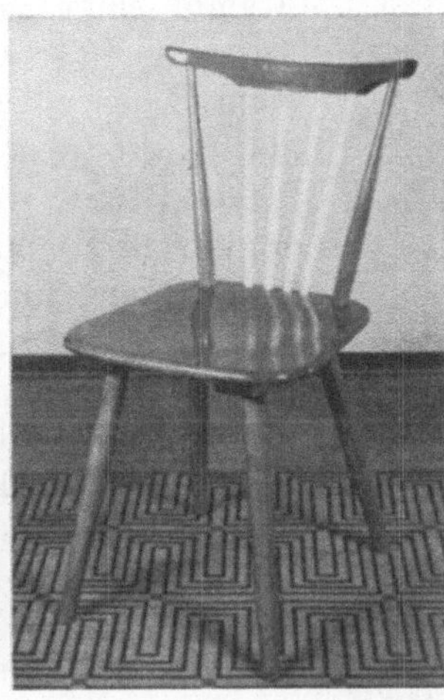

b

c

Abb. 118a—c. Stühle mit gerader, im ganzen nach rückwärts geneigter Lehne. (Gebr. Enslin, Tuttlingen.)

auf die Sitzfläche gelegte Kissen. Auch durch einfachen Bezug der Sitzfläche mit einem rauhen Material, z. B. durch Verwendung von Korbgeflecht, läßt sich der Reibungswiderstand so weit erhöhen, daß ein Vorrutschen erschwert ist. Dies ist um so mehr der Fall, wenn die Sitzfläche zusätzlich etwas nach rückwärts geneigt wird. Bei Verwendung von Azella oder Leder wird der Vorteil der Rückwärtsneigung der Sitzfläche durch das glatte Bezugsmaterial zum Teil aber wieder wettgemacht, wenn nicht zusätzlich eine Polsterung Verwendung findet. Die Neigung der Lehne ist im Prinzip bei diesen Stuhltypen ohne wesentliche Bedeutung, denn in keinem Falle ist eine gerade Lehne in der Lage, beiden, nämlich der Wirbelsäule und dem Becken, den stützenden Halt zu gewähren. Eine in der Frontalebene konkav gebogene Form hat gegenüber den geraden Rückenlehnen den Vorteil, daß die ganze dorsale Fläche des Rumpfes unterstützt wird. Sie bedingt aber ebenso wie die anderen Formen beim Einnehmen der hinteren Sitzhaltung den Schub nach vorne, d. h. das Abrücken des Beckens von der stützenden Lehne.

2. Stühle mit nach ventral konkaver Lehne

Dieser Stuhltyp geht von der Totalkyphose der Wirbelsäule im lockeren Sitzen aus. In dem Gedanken, eine möglichst große Stützfläche für den nach hinten geneigten aber im ganzen runden Rücken zu bekommen, hat man die Lehnenform den Krümmungen des Körpers angepaßt. Dabei ist ohne Bedenken vorausgesetzt, daß alle Strukturen, die an der Konturierung des Rückens beteiligt sind, eine gleichmäßige Unterstützung benötigen. Nicht selten wird auch der Rundung des Gesäßes noch Rechnung getragen, dadurch, daß die Sitzfläche in ihrem dorsalen Teil ausgemuldet wird. Der moderne Schalensessel ist wohl die letzte Konsequenz derartiger Überlegungen. Die Stuhlform ist nach dem Bild der lockeren Ruhehaltung geschaffen. Sie nimmt die Beckenrückdrehung nicht nur in Kauf, sie erzwingt sie zusätzlich durch die Sitzausmuldung und die meist niedrigen Stuhlbeine (Abb. 119). Solange ein derartiger Stuhl oder Sessel nur zum Ausruhen dient, ist die Form in der Tat zweckmäßig. Der erschlaffte Rumpf sinkt in eine, seiner Form entsprechende Vertiefung, das Gefäß findet eine breitflächige gleichmäßige Stütze. Durch die niedrig gehaltenen Beine kann der Sitzende seine unteren Extremitäten von sich strecken und zugleich mit der Verminderung der Kniebeugung auch die Flexion der Hüftgelenke verringern. Der Stuhl wird so zum bequemen Sessel, in den man sich nach dem Essen, am Abend zum Fernsehen oder zum Zeitunglesen flüchtet. Die meisten modernen Polstersessel sind im Prinzip derartige Konstruktionen. Die Sitzgestaltung und die Lehnenform verbieten aber eine vordere Sitzlage. Es fällt, wie man aus Erfahrung weiß, schon schwer, eine aufrechte Haltung, die der mittleren Sitzlage entsprechen würde, einzunehmen, so wie sie die aktive Teilnahme an einer Diskussion erfordert. Das Ergreifen des vor dem Sessel auf einem Tisch stehenden Glases oder gar das Einnehmen einer Mahlzeit bereitet große Anstrengungen. Eine Abendeinladung auf solchen Sitzmöbeln wird zur Qual, wenn man aufrecht der Unterhaltung folgen will, wie es die Etikette auch heute noch verlangt. Wie schwer es ist, die vordere Sitzlage zu erlangen, zeigt übrigens die Mühe, die aufgewandt werden muß, wenn man sich aus einem so niedrigen Sessel erheben will. Häufig muß man, bewußt oder unbewußt, die Hände zu Hilfe nehmen, indem man sich auf den Armlehnen des Sitzmöbels abstützt.

Abb. 119. Stuhl mit nach vorne konkaver Lehne. Ruhesessel

Die schärfste Kritik an derartigen Stühlen und Sesseln kommt trotz der unbestreitbaren Bequemlichkeit in der hinteren Ruhelage vor allem von alten Leuten. Das hat seinen Grund darin, daß die niedrige Sitzhöhe eine starke Hüftbeugung erforderlich macht, die ihrerseits wieder eine maximale Ventriflexion der Wirbelsäule nach sich zieht. Diese ist aber wegen der regressiven Veränderungen, vor allem in den letzten Bewegungssegmenten der Wirbelsäule, häufig behindert, wie das Ansteigen der Ruhelordosen und der Steilstellungen der Lendenwirbelsäulen jenseits des 50. Lebensjahres beweisen. Zudem gleicht das Aufstehen infolge der nicht unerheblichen Senkung des Gesamtschwerpunktes des Körpers unter die Kniegelenkachse einem Erheben aus der „Kniebeuge“. Wegen der Erschwerung des Hinsetzens und des Aufstehens bevorzugen alte Menschen im allgemeinen die höheren Sessel und Stühle, auch wenn diese die gutgemeinte kyphotische Rundung der Lehne vermissen lassen.

Man muß die Stühle mit nach ventral konkaver Lehne aus diesem Grunde unterteilen in solche mit einer Höhe des Sitzes über 40 cm und einer unter 40 cm. Für alte Menschen sollten nur Stühle und Sessel mit einer Höhe des Sitzes über 40 cm Verwendung finden. Die Differenz, die eventuell zwischen der Höhe des Sitzes und der Unterschenkellänge besteht, kann überdies leicht mit einer Fußbank ausgeglichen werden. Zum Abstützen der Arme kann eine Seitenlehne Verwendung finden. Bei der Konstruktion solcher Möbel muß allerdings darauf geachtet werden, daß die Armstützen nicht in zu geringer seitlicher Entfernung voneinander angebracht sind, weil sonst die freie Beweglichkeit der oberen Extremitäten, z. B. beim Handarbeiten, behindert würde. Für reine Ruhestühle in Polsterecken, im Theater, in Verkehrsmitteln und in Warteräumen, also immer dann, wenn von dem Sitzenden keine aktive Leistung verlangt wird, haben die Sessel mit niedrigen Beinen, also mit einer Höhe des Sitzes unter 40 cm, ihre Berechtigung, ja sie verdienen den Vorzug vor allen anderen. Hinsichtlich der Polsterung ist davon auszugehen, daß die Sitzfläche unterschiedlich belastet wird. Im hinteren Abschnitt wird das Hauptgewicht aufgenommen. Will man ein zu tiefes Einsinken in die Polsterung verhindern, was notwendig ist, um das Verschieben des Gesäßes zu ermöglichen, dann muß die Polsterung hinten härter sein als in den vorderen Anteilen der Sitzfläche. Eine Vorstellung von den aufzunehmenden Drucken ergeben die oben mitgeteilten Sitzreliefs.

Die unterschiedliche Behandlung der Sitzpolsterung kann dann die gleichmäßige Auflage gewährleisten und wird bequemer empfunden, als wenn ein zu tiefes Einsinken das Gefühl der festen Stützung unterdrückt.

3. Stühle mit kurzer Kreuzlehne

Sie gehen im Prinzip auf den Staffelschen Kreuzlehnstuhl zurück. Auf eine Unterstützung der Brustwirbelsäule wird bewußt verzichtet, die Lehne soll ausschließlich die unteren Anteile des Rumpfes tragen. Das ist deswegen nicht ganz einfach, weil der Beckenkamm dorsal so weit prominiert, daß er um einige Zentimeter die Dorne des vierten und fünften Lendenwirbels überragt. Im allgemeinen wird von der Kreuzlehne auch gar keine Abstützung der Lendenwirbelsäule erstrebt, sondern lediglich der Beckenkamm gehalten. Nun kommt es beim Sitzen ja weniger auf eine Gewichtsentlastung des Beckens als vielmehr auf seine Fixierung an, die durch die Hüftbeugung weitgehend verlorengegangen ist. Die Feststellung des Beckensockels ist aber ein wesentliches Erfordernis bei der sitzenden Haltung. Das zeigen die mannigfachen Kompensationsversuche, wie das Überkreuzen der Beine, das Einhaken der Füße um die vorderen Stuhlbeine usw., die alle den Sinn haben, die Basis der Wirbelsäule festzustellen. Die Lendenlehne kommt diesem Bedürfnis entgegen, wenn sie das Becken wirklich stützt. Zu diesem Zweck muß das Gesäß nach rückwärts dorsal von der Lehnenebene gebracht werden können (Abb. 120). Nur dann erfüllt die Rückenstütze tatsächlich ihren eigentlichen Zweck, die Fixierung des Beckens und darüber hinaus die Entspannung der Muskulatur. In aufrechter Haltung ist auf den so geschaffenen Stühlen ein Lehnenkontakt erhalten.

Eine auf reine Zweckmäßigkeit abgestimmte Abwandlung hat diese Stuhlform in dem modernen Schreibmaschinenstuhl gefunden (Abb. 121). Die Lehne wird hier von einem federnden Metallbügel getragen, der meist von der Mitte der hinteren Stuhlkante ausgeht. Die Lendenlehne ist in sich in der Frontalebene gebogen und oft auch in der Höhe verstellbar, so daß die individuellen Unterschiede der Sitzgröße ausgeglichen werden können. Meistens ist die Lehne nach rückwärts geneigt, d. h. sie steigt von unten und vorne nach oben und hinten an. Die Folge ist dann, daß der

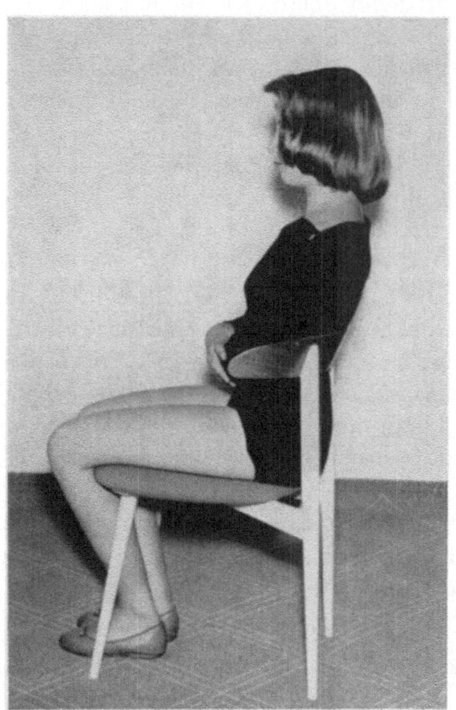

Abb. 120. Stuhl mit kurzer Kreuzlehne

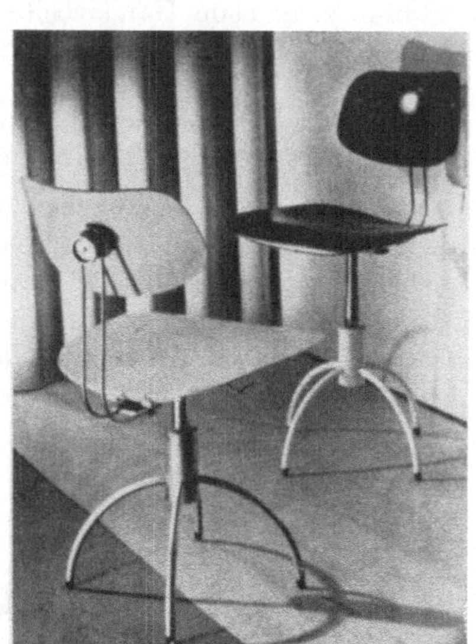

Abb. 121. Moderne Bürostühle mit kurzer Kreuzlehne

Sitzende mit dem Gesäß weit nach vorne rutscht und damit eine Beckenrückdrehung einleitet, aus der er nur durch stärkstes Vorbeugen der Wirbelsäule unter gleichzeitiger Flexion der Hüftgelenke zum Arbeitsplatz kommt. Damit ist der Kreuzlehnstuhl aber de facto zum Stuhl mit steiler Lehne geworden. Weil die Sitzfläche glatt ist, rutscht das Gesäß leicht nach vorne, was nur, wie oben dargestellt, durch einen Gegendruck der Beine am Boden ausgeglichen werden kann. Das Nachvornerutschen wird zusätzlich gefördert durch den gefederten Lehnenstil. Diese Konstruktion geht von der Überlegung aus, daß beim Wechsel von lockerer zu aufrechter Sitzhaltung eine nicht unbeträchtliche Rückverlagerung des Oberkörpers eintritt. Mit der elastischen Gestaltung der Rückenlehne will man dieser Tatsache Rechnung tragen. Der Nutzen ist meist sehr gering. Wie jedes elastische System gibt die Rückenlehne nämlich dem einwirkenden Druck zunächst leicht nach, d. h. sie weicht nach hinten aus, ohne eine wirksame Stützung abzugeben. Steigt die Belastung an, dann wird der Lehnenwiderstand wohl größer, gleichzeitig muß aber die aufgewandte Energie vermehrt werden, damit die Lehne in der notwendigen Position gehalten werden kann. So ist entweder ein Mehraufwand an Muskelarbeit erforderlich, oder der Oberkörper muß weit nach dorsal verlagert werden, um durch seine Schwere die Lehne nach hinten zu drücken. Das muß aber zwangsläufig zu einer Ventralverschiebung des Gesäßes auf der Sitzfläche führen. Besser ist darum eine feste und vor allem nicht zu breite Kreuzlehne, wie sie STAFFEL ursprünglich beschrieben hat. Damit die Ausnützung der dorsalen Stützpunkte möglich wird, muß das Becken hinter die Lehnenebene gebracht werden können. Dies ist nur zu erreichen, wenn die Sitzfläche nicht zu tief ist, weil sonst die Kniekehlen an der vorderen Sitzkante anliegen und eine weitere Dorsalverschiebung des Beckens unmöglich wird.

4. Stühle mit im Lendenteil abgeknickter Lehne

Mit dem vorhergehenden Stuhl mit Kreuzlehne haben sie den Lendenbausch gemeinsam (Abb. 122). Wie schon oben dargelegt, ist die Wirksamkeit einer Lenden-

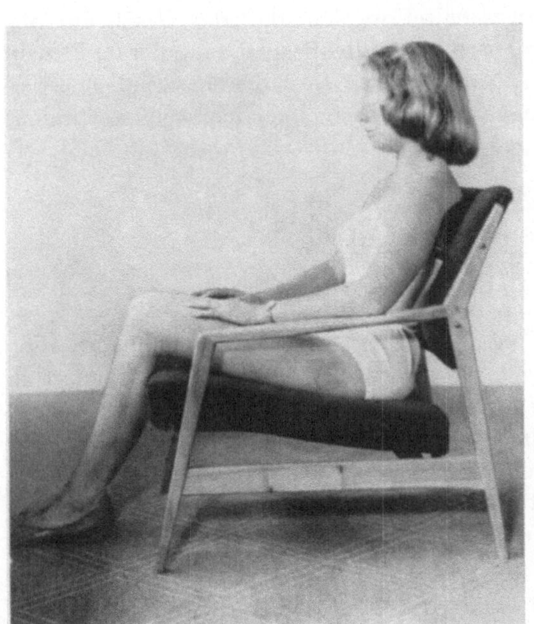
a

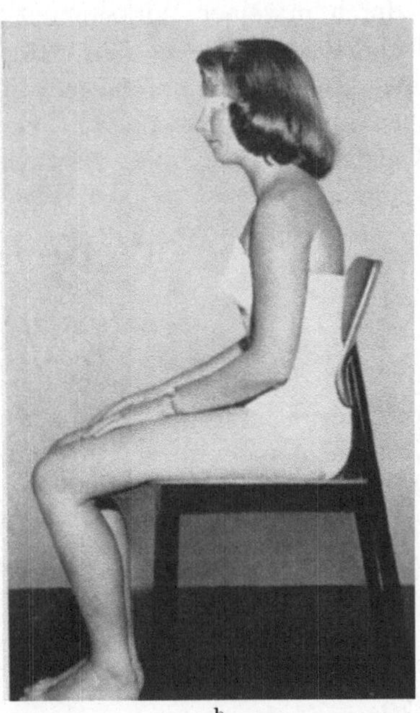
b

Abb. 122a u. b. Stühle mit geknickter Lehne

stütze nur dann gegeben, wenn der Knick tatsächlich über dem Beckenniveau steht, so daß er die knöchernen Strukturen der Lendenwirbelsäule erreichen kann. Liegt der Lendenknick tiefer, dann erfüllt er seinen Sinn nicht. Es ist nun ohne Belang, ob das untere Lehnenstück von der Sitzfläche bis zum Knick steil ansteigt oder ob es nach vorne geneigt ist. Unter der Voraussetzung der adäquaten Sitztiefe kann dann in vorderer Sitzlage ein direkter Lehnenkontakt mit dem Becken erreicht werden. Es liegen prinzipiell die gleichen Verhältnisse vor, wie beim Stuhl mit gerader Lehne. Nur wenn die Vorneigung des unteren Anteiles der Rückenstütze stark ist, kann in der vorderen Sitzhaltung das nach vorne geneigte Becken wirklich eine flächenhafte Stützung vor allem in seinem oberen Anteil erfahren. Auch eine Aufrichtung ist ohne Änderung der Beckenlage möglich. Die Streckung der Wirbelsäule über dem ruhiggestellten Beckensockel, der in genügender Vorneigung steht, führt dann mühelos, unter der Voraussetzung der freien Beweglichkeit der Lendenwirbelsäule, zur Steilstellung oder zur Lordose. Hierin erblicken wir den Hauptvorteil dieser Stuhlart. Er wird noch deutlicher bei genügend hohem Lendenknick. Dieser kann nun geradezu als Hypomochlion zum Lordosieren benützt werden, um den die Umkrümmung der Wirbelsäule vor sich geht.

Jede Sitzhaltung, und mag sie zunächst noch so bequem sein, muß über kurz oder lang zur Ermüdung führen. Es ist darum notwendig, von Zeit zu Zeit die Streckung der Wirbelsäule zu vollziehen. Daß ein derartiges Räkeln als angenehm empfunden wird und offensichtlich in der Lage ist, den dumpfen Ermüdungsschmerz der überbeanspruchten Muskulatur zu mildern, weiß jeder Autofahrer, der nach längerer Zeit aussteigt, um eine Lordosierung über die ins Kreuz gepreßte Faust auszuführen. Diese Dehnung ist auf den Stühlen des eben genannten Typs leicht möglich. In hinterer Ruhehaltung wirkt der Lendenwulst störend. Er kann dadurch in seiner Wirksamkeit ausgeschaltet werden, daß das Gesäß auf der Stuhlfläche vorrutscht. Nun wird der obere Lehnenteil beansprucht, der im Prinzip eine gerade, nach hinten geneigte Rückenlehne ist. Auf diesem Stuhltyp ist in allen Sitzhaltungen also eine Stützung durch die Lehne möglich, wenn bestimmte Konstruktionsprinzipien verwirklicht werden.

IV. Das formgerechte Sitzmöbel

1. Der Gebrauchsstuhl

Nach den bisher angestellten Überlegungen ist ein Allzweckstuhl, der allen Anforderungen in optimaler Weise gerecht wird, nicht denkbar. Ein Arbeitsstuhl wird nach anderen Gesichtspunkten zu konstruieren sein als ein Ruhesessel. Das tägliche Leben mit seinen vielfältigen Erfordernissen und nicht zuletzt die Beschränkung in Wohn- und Arbeitsraum lassen aber eine Form notwendig werden, die möglichst alle gestellten Aufgaben ausreichend erfüllen kann. In unseren Gebrauchsstühlen ist dieser Kompromiß mit mehr oder weniger Erfolg versucht worden. Aus der Tatsache, daß es viele brauchbare und bequeme Modelle gibt, kann der Schluß gezogen werden, daß eine solche Lösung tatsächlich möglich ist.

Grundsätzlich sind von orthopädischer Seite bestimmte Forderungen zu erheben, denen ein guter Stuhl entsprechen muß:

1. Der Stuhl darf keine bestimmte Körperhaltung erzwingen. Weil jede Haltung auf die Dauer ermüdend ist, muß ein Wechsel zwischen den beiden Extremen, der hinteren und der vorderen Sitzhaltung, möglich sein.

2. Zur Einsparung von statischer Muskelarbeit muß das Becken auf der Sitzfläche in seiner jeweiligen Kippung festgestellt werden können. Dies wird bei der europäischen Art zu sitzen nur durch Schaffung einer zusätzlichen Stützfläche möglich sein. Im allgemeinen wird eine Rückenlehne beansprucht. In der

vorderen Sitzhaltung kann sie durch direkte Abstützung des Oberkörpers, durch Auflegen der Arme auf Armlehnen oder auf der Tischplatte bzw. durch Anstemmen des Brustbeines an der Tischkante oder durch eine eigene Brustlehne ersetzt werden.

Neuerdings haben SCHNEIDER und LIPPERT (1961) Lehnenstützen unter anatomischen und physiologischen Aspekten abgelehnt. Sie wollen eine biologische Sicherung der physiologischen Körperform von der Sitzfläche aus erreichen. Aus diesem Grunde empfehlen sie eine Abknickung derselben durch Anheben der hinter den Sitzbeinhöckern liegenden Teile. Dieser Sitzkeil soll die Gesäßmuskulatur, die unteren Kreuzbeinabschnitte und die Ligamenta sacro-tuberalia direkt unterstützen. Tatsächlich läßt sich durch diese Maßnahme die Beckenrückdrehung begrenzen. Bei dem von SCHNEIDER und LIPPERT angegebenen Keilneigungswinkel von 30 bis 35° ist eine hintere Sitzhaltung praktisch nicht mehr zu erreichen. Daß damit aber nun zwangsläufig die Wirbelsäule gestreckt würde und bliebe, ist nicht richtig. Wie unsere Untersuchungen gezeigt haben, ist auch in vorderer Sitzhaltung eine maximale Kyphosierung der Wirbelsäule möglich (vgl. Abb. 78 u. 81).

Ein weiterer wesentlicher Nachteil scheint uns zu sein, daß die Anbringung des Sitzkeiles kein Verrutschen auf den Sitzen gestattet, da er sonst ja unwirksam wird. Die an sich richtige Forderung nach der Begrenzung der Beckenrückdrehung kann man leichter erfüllen, wenn man nicht von der Sitzfläche her, sondern am Beckenkamm mit einer Stütze angreift. Die guten Erfahrungen, die viele Autofahrer mit ihren zusätzlichen Lendenstützen gemacht haben, zeigen das anschaulich. Tatsächlich ist ja das Os coxae ein in sich fester, also nicht beweglicher Knochen, der an allen Punkten, auch von kranial her, festgestellt werden kann. Die Abstützung am Beckenkamm greift zudem an einer Stelle an, wo keine Muskeln liegen, die durch direkten Druck geschädigt werden können.

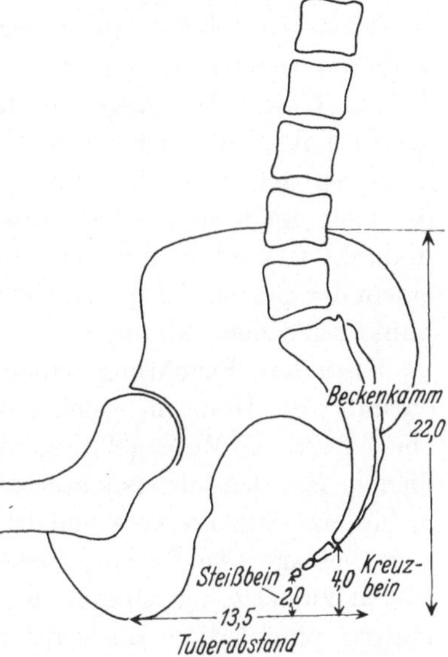

Abb. 123. Entfernung der markanten Skeletstrukturen von der Sitzfläche in cm

Die Stützung durch eine Rückenlehne kann nur dann voll wirksam sein, wenn sie an den Stellen angreift, die einer Stützung bedürfen. Das ist in vorderer Sitzhaltung der obere Beckenrand und in hinterer Sitzhaltung der untere Teil der Totalkyphose, caudal vom Scheitelpunkt der Rundung.

Zur Festlegung der entsprechenden Maße haben wir die Röntgenaufnahmen von 77 Personen in entspannter und aufrechter Sitzhaltung herangezogen. Dabei kam es darauf an, die Abstände der markanten Skeletpunkte vom horizontal gestellten Sitz zu erfassen.

Von Interesse war zunächst die Bestimmung der Lage der Sitzbeinknorren, bezogen auf die dorsalen Weichteilkonturen (Abb. 123). Bekanntlich bilden diese ja die Hauptstützpunkte des Rumpfes beim Sitzen. Wir haben bei 77 Personen über 14 Jahre den Abstand zwischen Sitzbeinhöckern und hinterer Weichteilkontur gemessen. In der hinteren Sitzhaltung, also dann, wenn das Becken stark rückgedreht ist, betrug der Abstand Tubermitte — hintere Weichteilkontur 10 bis

17 cm bei einem rechnerischen Mittelwert von 13,5 cm. Bei der aufrechten Sitzhaltung kann sich der Abstand um 2 bis 4 cm nach rückwärts verschieben. Er kann in extremer vorderer Sitzhaltung sogar auf wenige Zentimeter absinken. Dies ist dann der Fall, wenn sich die Beckenweichteile von der Sitzfläche abzuheben beginnen. Schließlich können beim Aufstehen bzw. beim Sitzen auf einer Stange die Tubera überhaupt nicht mehr die Sitzfläche berühren. Die ganze Körperlast wird entweder von den Füßen oder von der Rückseite der Oberschenkel aufgenommen.

Auf allen Röntgenbildern waren die Sitzbeinhöcker die sitzflächennächsten Skeletpunkte. In keinem Falle haben wir einen direkten Kontakt des Steißbeines oder der Kreuzbeinspitze gesehen, wie er von anderer Seite mehrfach behauptet wurde. Der Abstand Steißbein bis Sitzfläche schwankte in unserem Material zwischen 1 bis 4 cm in der hinteren und bis 9 cm in der aufrechten bzw. vorderen Sitzlage. Der Abstand der Kreuzbeinspitze vom Sitz lag zwischen 2 bis 12 cm. Unsere Messungen bestätigen die Befunde, die ÅKERBLOM (1948) mitgeteilt hat. Ein „sacraler Sitz" im Sinne von STRASSER (1913) ist in keinem Falle beobachtet worden. Nur bei sehr starker Rücklage, etwa im Liegestuhl oder in einem modernen Schalensessel kann die Kreuzbeinrückseite ausnahmsweise in direkten Kontakt mit dem Sitz kommen. Für die landläufige Sitzhaltung auf einem der gewöhnlichen Stühle scheidet das Kreuzbein als dritter Unterstützungspunkt auf jeden Fall aus.

Besondere Beachtung haben wir der Beckenhöhe geschenkt. Wir verstehen darunter die Höhe, in welcher der hintere obere Darmbeinstachel über der Sitzebene liegt. Die Meßergebnisse werden uns als Grundlage für die Lehnengestaltung dienen. Bei den untersuchten Patienten war die Spina iliaca dorsalis cranialis in hinterer Sitzlage zwischen 18 und 25 cm über dem Sitz zu finden; der Mittelwert betrug etwa 21 cm. Dieser Punkt entspricht auf das Wirbelskelet übertragen zumeist der Oberkante des vierten Lendenwirbels. In aufrechter Sitzhaltung nimmt diese Entfernung ebenfalls um einige cm bis zu einem Mittelwert von etwa 24 cm zu. Diese Maße sind nicht im Sinne von absoluten Werten zu verstehen. Im allgemeinen kann man aber sagen, daß bis zu einer Höhe von 20 cm über dem Sitz ein direkter Kontakt der Lehne mit den knöchernen Strukturen der Wirbelsäule nicht möglich ist, weil die prominierenden Abschnitte des Darmbeines die Kreuzbeindorne überragen.

Der Abstand der einzelnen Wirbelkörper von der Sitzfläche ist nur von bedingtem Interesse. Wir haben auf unseren Aufnahmen die Höhe der Oberkante des ersten Lendenwirbels über der Sitzfläche studiert. Der Abstand betrug in aufrechter Sitzhaltung zwischen 35 und 39 cm je nach Körpergröße.

Auf Grund unserer Untersuchungen kommen wir zu bestimmten konkreten Vorstellungen über die Form eines guten Sitzmöbels.

a) Sitzfläche

Am einfachsten ist die Frage der Sitzfläche selbst zu lösen. Sie darf unter keinen Umständen zu tief sein. Die äußerste Grenze wird bestimmt durch die vordere Sitzhaltung; denn auch hier müssen der Lumbo-sacralübergang bzw. die nach dorsal prominierenden Beckenanteile noch einen Kontakt mit der Lehne finden können. Der Abstand zwischen der Stuhlvorderkante und dem ventralsten

Punkt des Lehnenknicks liegt zwischen 42 und 44 cm. Nach dorsal kann die Sitzfläche den Fußpunkt des Lotes vom vordersten Lehnenpunkt zum Sitzbrett um einige Zentimeter überragen. Zum Ausgleich des Vorwärtsschubs, den das Becken in hinterer Sitzhaltung beim Anlehnen erfährt, muß die Sitzfläche nach dorsal geneigt werden. Dem Grad der Neigung werden dadurch Grenzen gesetzt, daß beim Einnehmen der vorderen Sitzlage die Hüftbeugung zunimmt. Die Rückwärtsneigung der Sitzfläche sollte darum 5° nicht überschreiten. Die Ventralverschiebung des Beckens wird außerdem gebremst durch Vermeidung einer glatten Sitzfläche. Das kann erreicht werden durch Verwendung eines angerauhten Bezuges oder durch Polsterung. Letztere darf aber nicht zu weich sein, weil sonst die Rückneigung der Sitzfläche die äußerste Grenze von 5° praktisch überschreiten würde. Eine Aushöhlung der Sitzplatte in den rückwärtigen Partien ist nur von Nutzen, wenn sie den Körper nicht in eine Zwangshaltung bringt.

Für ein bequemes Sitzen spielt die Höhe der Sitzfläche, d. h. der Abstand derselben vom Boden eine Rolle.

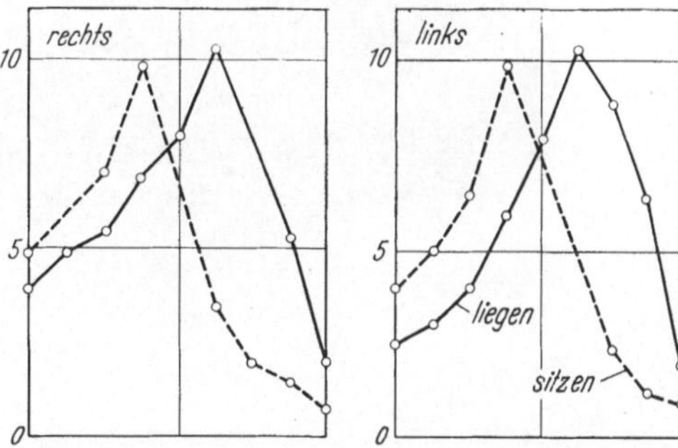

Abb. 124. Oscillogramm im proximalen Unterschenkeldrittel im Sitzen und Liegen. 20jährige Versuchsperson

Bei der Festlegung des Abstandes ist darauf zu achten, daß die Füße in jeder Haltung voll dem Boden aufgesetzt werden können. Gleichzeitig sollen die Oberschenkel dem Sitzbrett horizontal aufliegen, sofern der Sitz nicht nach ventral hin geneigt ist, also nach vorne abfällt. Nur dadurch läßt sich ein Druck gegen die Rückseite der Oberschenkel sicher vermeiden. Geht man vom horizontal gestellten Sitz aus, dann errechnet sich der Bodenabstand aus der Länge der Unterschenkel mit dem Fuß. Exakte Messungen der Tibialänge hat Maresh (1955) an Hand der Röntgenbilder von 1600 Knaben und 1600 Mädchen vorgenommen. Er fand eine durchschnittliche Tibialänge von 43,03 cm bei 18jährigen Knaben (Streuung zwischen 39 und 49 cm) und von 39,5 cm bei 16jährigen Mädchen. (Streuung zwischen 34,8 und 42,0 cm.) Für die Fußhöhe, also die Entfernung der Talusgelenkfläche vom Boden fehlen exakte Angaben. Wir haben bei eigenen Messungen an 21 Röntgenbildern eine durchschnittliche Höhe von 6 bis 7 cm gefunden. Diese Maße sind der Unterschenkellänge zuzurechnen. Die Höhe der Sitzfläche richtet sich aber nicht nach der Länge des Schienbeines mit dem Fuß allein, weil die Kniebeugemuskulatur, die an der dorsalen Unterschenkelseite liegt, unterhalb der Kniegelenksfläche der Tibia ansetzt. Die Entfernung zwischen Ansatz der Kniebeuger am Schienbein und der Tibiagelenksfläche beträgt nach eigenen Messungen etwa 3 cm. Dieses Maß ist von der gefundenen Länge der Tibia mit Fuß wieder abzuziehen. Daraus ergibt sich also eine maximale Höhe von etwa 47 cm. Der Abstand erhöht sich je nach der Absatzhöhe des Schuhes um weitere 2 bis 3 cm. Ist der Sitz höher, kann entweder der Fuß nicht mehr mit seiner ganzen Fläche auf den Boden aufgesetzt werden, oder die vordere Stuhlkante drückt sich in die Weichteile der Oberschenkelrückseite ein. Daß dadurch eine Behinderung der Blutzirkulation eintreten könne, ist mehrfach behauptet worden. Um die Möglichkeit einer direkten Kompression der Arteria femoralis zu prüfen, haben wir bei zehn gesunden erwachsenen Personen oszillographische Untersuchungen angestellt. Zunächst wurden die Amplitudenhöhen im proximalen Unterschenkeldrittel und am Fuß im Liegen bestimmt. Anschließend wurden die Ausschläge im Sitzen geprüft. Dazu haben wir die Versuchspersonen auf einen Tisch mit scharfer Plattenkante gesetzt und sie aufgefordert, das Gesäß möglichst von der Sitzunterlage abzuheben, so daß das ganze Körpergewicht über die Oberschenkelrückseite auf die Tischkante drückte. Bei dieser Versuchsanordnung war eine maximale Kompression der Oberschenkelweichteile gegeben. Der Vergleich der beiden Kurven ergab keine nennenswerten Unterschiede in der Pulsation zwischen Sitzen und Liegen. Die Abweichungen, die bei einzelnen Probanden auftraten,

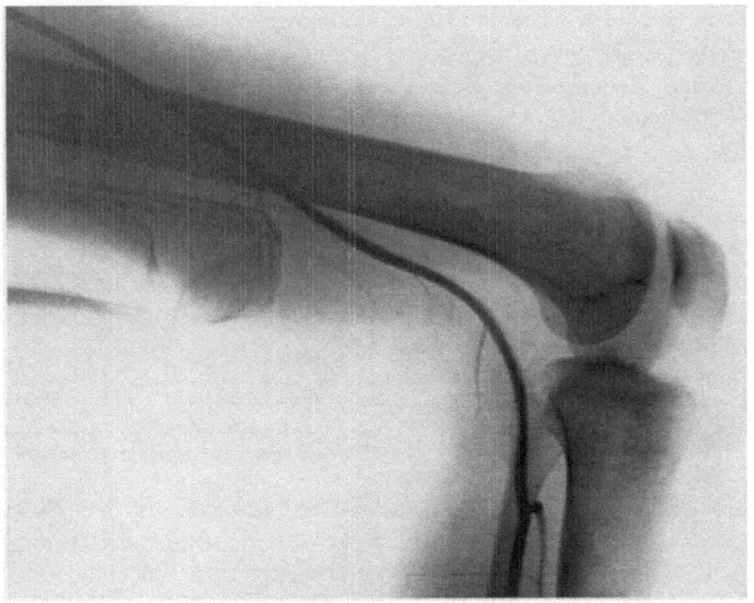

Abb. 125. Aortographie im Sitzen. Trotz maximaler Kompression der Oberschenkelrückseite keine Behinderung der arteriellen Durchblutung

sind wohl auf der unterschiedlichen Muskelanspannung zu erklären (Tab. 22 und Abb. 124). Daß tatsächlich die Arteria femoralis auch durch starken Druck einer Stuhlkante nicht komprimiert werden kann, zeigt die Aortographie eines 18jährigen Patienten, die im Sitzen angefertigt worden ist, deutlich (Abb. 125).

Das Einschlafen der Beine ist demnach nicht auf eine direkte mechanische Kompression der Beinarterien zurückzuführen. Nachdem auch die venösen Abflußgebiete infolge ihrer anatomischen Lage im Sitzen nicht abgedrückt werden können, bleibt zur Erklärung der Parästhesien in den Beinen beim Sitzen auf scharfkantigen Stühlen nur die Annahme eines direkten Nervendruckes. Tatsächlich verläuft der Nervus cutaneus femoris dorsalis subfascial in der Mittellinie der Oberschenkelrückseite bis zum Kniegelenk.

Diese Möglichkeit einer direkten Druckschädigung des Nerven zwingt dazu, die Vorderkante der Sitzfläche abzuschrägen oder die Sitzhöhe entsprechend niedrig zu halten.

Tabelle 22. *Oscillographische Untersuchungen im Liegen und im Sitzen*
Die Abweichung der Amplitudenhöhe ist in % ausgedrückt

	Liegen		Sitzen			
	rechts	links	rechts	%	links	%
1	10,0	9,3	9,2	92	9	97
2	8,3	10,0	8,0	96,5	10,5	105
3	10,1	11,0	9,0	89	8	73
4	12,0	8,5	7,0	58,5	7	82,5
5	10,5	10,5	10,0	95	10	95
6	8,0	11,0	7,5	94	9	82
7	11,7	11,3	9	77	10	88,5
8	11,0	12,0	9,5	86,5	12	100
9	3,2	8,0	3,4	106	8,0	100
10	2,0	7,0	3,8	190	8,6	123
				98,45		94,60
				Mittelwert: 96,5 %		

So wichtig die Åkerblomsche Forderung ist, daß ein direkter Druck auf die Oberschenkelrückseite vermieden werden muß, so bedenklich ist die Forderung von Lin Yutang (1938), daß ein Stuhl um so bequemer sei, je niedriger er ist. Mit der Beugung in den Hüftgelenken hängt unmittelbar die Rückdrehung des Bekkens und damit die Spannung der Rückenstrecker zusammen. Wir haben den Eindruck, daß in der Verkürzung der Stuhlbeine augenblicklich zu viel des Guten getan wird. Bei dem typischen Sitzschaden, wie er oben beschrieben worden ist, bringt die Erhöhung des Stuhles in vielen Fällen bereits eine wesentliche Erleichterung. Auch Schneider und Lippert (1961) weisen in ihrer zitierten Arbeit darauf hin, daß allein die Anbringung des Sitzkeiles, d. h. die Verhütung der hinteren Sitzlage bei vielen Patienten die Schmerzen im Kreuz zum Verschwinden

Abb. 126. Stehstuhl im Gartenhaus Goethes in Weimar

gebracht habe. Daß man auch auf einem hohen Sitz gut arbeiten kann, scheint Goethe gewußt zu haben, der sich in seinem Gartenhaus in Weimar einen reitsitzähnlichen Stuhl aufstellen ließ, dessen Sitzfläche 80 cm über dem Fußboden liegt (Abb. 126). An der ventralen Kante trägt der sattelähnliche Sitz eine Brustlehne. Sie ist 26 cm hoch. Bei Verwendung des Stehstuhles am Arbeitspult, dessen vordere Kante 1,11 m über dem Fußboden liegt, konnte der linke Arm auf der Oberkante der Brustlehne abgestützt werden, so daß der rechte Arm zum Schreiben bequem und ohne Störung durch den linken darüber hinweg geführt werden konnte.

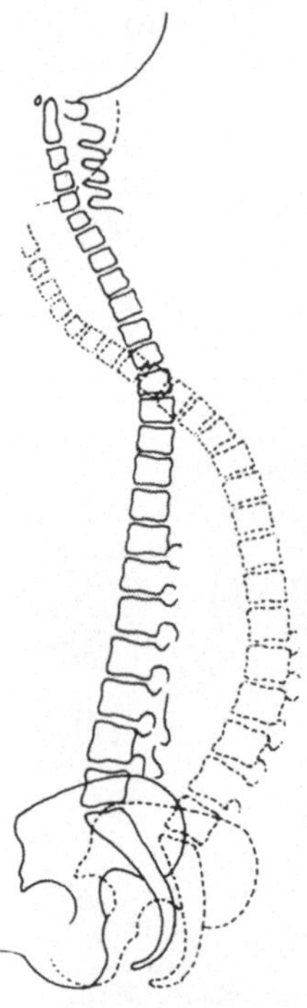

Abb. 127. Röntgenpause der Wirbelsäule beim Wechsel von lockerer zu aufrechter Sitzhaltung

Bei den modernen Arbeitsbedingungen an der Schreibmaschine, beim Zeichnen am Brett oder beim Arbeiten am Fließband ist die Wiedereinführung eines Stehsitzes nicht diskutabel. Die Arbeitsstühle sollte man aber unbedingt so hoch wählen, daß eine zu starke Flexion in den Hüften und die zwangsläufig sich daraus ergebende Beckenrückführung vermieden werden.

Nach diesen Angaben ergibt sich zusammengefaßt: Die Sitzfläche soll je nach Körpergröße 42 bis 47 cm vom Boden entfernt sein. Zur Vermeidung des Horizontalschubs des Beckens ist sie um 5° nach dorsal abfallend gegen den Horizont geneigt. Die Sitzfläche kann im hinteren Teil leicht ausgehöhlt sein. Auf jeden Fall ist darauf zu achten, daß sie nicht zu glatt ist. Die Tiefe der Sitzfläche richtet sich nach der Körpergröße. Nach unseren Messungen und den Angaben von Maresh, Åkerblom u. a. ist der Abstand zwischen Vorderkante des Sitzes und dem ventralsten Lehnenpunkt zwischen 40 und 45 cm anzunehmen.

b) Rückenlehne

Beim Wechsel von der aufrechten zur entspannten Sitzhaltung erfolgt stets eine Drehung des Rumpfes um die Sitzbeinhöcker. Die drehpunktfernen Anteile des Beckens beschreiben schon einen größeren Bogen, der in der Regel die Beckenkämme aus der Neigung nach ventral in die Horizontale treten läßt. Auch das Kreuzbein zeigt diese Verlagerung nach dorsal eindrucksvoll. Mit ihm kommt die Wirbelsäule um mehrere Zentimeter nach hinten. Zu dieser räumlichen Verschiebung nach rückwärts tritt schließlich noch die Ausbuchtung der Wirbelsäule durch die als Ausgleich erfolgende kyphosierende Bewegung. Bei festhaftendem Becken erfolgt also beim Wechsel von der aufrechten zur entspannten hinteren Sitzhaltung eine nicht unbeträchtliche Dorsalverlagerung des Rumpfes im Bereich der Brustwirbelsäule (Abb. 127). Aus dieser Tatsache ergeben sich für die Konstruktion der Lehne zwingende Konsequenzen.

Aus verschiedenen Gründen ist eine Stützung des Rumpfes durch die Lehne in jeder Position wünschenswert. In aufrechter und vorderer Sitzhaltung wird eine Stütze am Becken, als dem dorsalsten Punkt in dieser Position, angestrebt. Eine Lehne, die diesen Aufgaben gerecht wird, kann aber nicht gleichzeitig in der hinteren Sitzhaltung entsprechen, bei der es auf die Unterstützung des totalkyphotischen Bogens der Wirbelsäule ankommt. Ein solcher Gegenhalt ist nur dann gegeben, wenn das Gewicht des Rumpfes von unten her abgefangen wird. Eine wirklich unterstützende Rückenlehne für die Ruhehaltung kann nur konkav nach ventral gestaltet sein. Dabei trägt sie den dorsalsten Punkt des Rückens, die Gegend der unteren Brustwirbelsäule bis zum Scheitelpunkt der Kyphose. Weil in der lockeren hinteren Sitzhaltung aber die untere und mittlere Brustwirbelsäule zum dorsalsten Punkt wird, das Gesäß also ventraler liegt, kann eine Lehne die gerade vom Sitz aufsteigt, nicht allen an sie gestellten Anforderungen gerecht werden. Grundsätzlich sind mehrere Möglichkeiten einer universellen Abstützung des Rumpfes in den verschiedenen Sitzpositionen denkbar.

Die Dorsalverschiebung des Rumpfes beim Wechsel von aufrechter zu lockerer Sitzhaltung wird durch eine elastische Gestaltung der Rückenlehne ermöglicht. Auf die Nachteile, die ein gefederter Lehnenstab mit sich bringt, wurde oben schon eingegangen. Ein anderer Ausweg ist die Polsterung der Rückenlehne. In aufrechter Sitzhaltung bieten die unteren Lehnenpartien dem Becken einen Halt, beim Rücklehnen in lockerer Sitzhaltung nehmen die elastisch nachgebenden oberen Partien der Lehne die nach hinten drängende Wirbelsäule auf. Ist die Lehnenpolsterung hart, dann stützt sie zwar das Becken in vorderer Position gut ab, dem Druck der Wirbelsäule in hinterer erschlaffter Haltung wird aber ein so starker Widerstand entgegengesetzt, daß eine ausgiebige Rundung nicht eintreten kann. Die Folge ist, daß die Lenden- und untere Brustwirbelsäule in eine Streckhaltung geraten, während in den oberen nicht gestützten Abschnitten eine maximale Ventriflexion in Erscheinung tritt. Soll der Kopf geradeaus nach vorne gehalten werden, ist dies nur möglich durch die Kyphosierung der oberen Brustwirbelsäule und eine Lordosierung der Halswirbelsäule. Diese Haltung ist nicht locker, sondern gezwungen. Sie erfordert im Bereich der oberen Wirbelsäulenabschnitte zusätzliche Muskelarbeit und führt zur vorzeitigen Ermüdung. Ist dagegen die Polsterung zu weich, kann der Rumpf in hinterer Sitzhaltung zwar gut einsinken, die Stützung des Beckens in aufrechter Position bleibt aber nur gering, denn jedes wirksame Anstemmen drückt die Lehne auch in ihren unteren Partien zu tief ein. Auch eine härtere Polsterung im unteren und eine weichere im oberen Anteil bringt keine Vorteile, denn am Übergang entstünde ein Knick, der eine Lordosierung im Lendenteil erzwingt.

Einfacher ist es darum der Dorsalverschiebung des Rumpfes dadurch Rechnung zu tragen, daß das Gesäß auf der Sitzfläche selbst verschoben wird. Diese Möglichkeit spielt im praktischen Leben tatsächlich auch die entscheidende Rolle. Damit die Lehne in allen Haltungen zur Abstützung benutzt werden kann, muß sie eine besondere Form aufweisen. In vorderer und aufrechter Sitzhaltung soll das Becken an seinem oberen Rande gestützt werden, damit eine Rückdrehung verhütet wird. Unterhalb einer Linie, die durch die beiden oberen Darmbeinstachel markiert wird, ist eine Abstützung nicht erforderlich, denn das Becken ist ein in sich stabiler Körper, der von kranial her gut erfaßt werden kann. In der hinteren Sitzlage kommt es darauf an, den Scheitelpunkt des totalkyphotischen Bogens, den die Wirbelsäule bildet, und der am weitesten nach dorsal prominiert, zu fassen. Beide Aufgaben lassen sich nur durch eine Lehne erfüllen, die am Übergang vom Becken zur freien Wirbelsäule einen Knick aufweist. In vorderer und mittlerer Sitzhaltung dient der untere, in hinterer der obere Lehnenteil zur Abstützung. Voraussetzung für die volle Wirksamkeit der Lehne ist es, daß die zu unterstützenden Punkte auch wirklich einen Kontakt mit ihr finden. In hinterer Sitzlage ist das verhältnismäßig leicht zu bewerkstelligen. Die Lehne ist im ganzen konvex gekrümmt und nach dorsal ansteigend um 15 bis 20° gegen die Vertikale geneigt. Damit das Becken auch in vorderer Sitzhaltung die Lehne erreicht, muß das Gesäß nach rückwärts gebracht werden. Der zu unterstützende Punkt, nämlich der obere Beckenrand, liegt nun aber ventraler als die hintere Grenze der Gesäßkontur. Darum muß zwischen Lehnenunterkante und Sitzfläche so viel Raum bleiben, daß das Gesäß weit genug nach dorsal ausweichen kann. Dabei

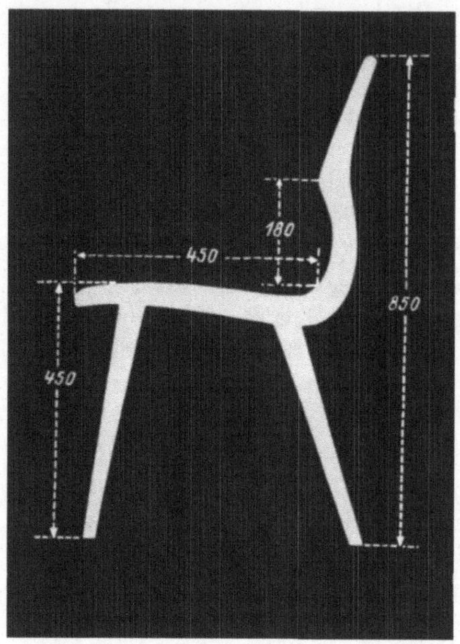

a

b

Abb. 128a u. b. Idealer Gebrauchsstuhl. Der untere Lehnenteil ist ausgespart, so daß das Gesäß in vorderer Sitzhaltung zurückgebracht werden kann

darf die Sitzfläche nicht zu tief sein, denn sonst würden die Kniekehlen an der Stuhlvorderkante anstoßen und damit eine ausreichende Rückverlagerung des Gesäßes verhindern. Unter Berücksichtigung dieser Forderungen ergibt sich für die Lehnenkonstruktion nach unserer Vorstellung folgendes:

Die Lehne ist mit ihrem ventralsten Punkt 40 bis 45 cm von der Vorderkante des Stuhles entfernt und ragt mit ihrem untersten Teil in die Ebene des Sitzbrettes hinein. Sie wird von zwei seitlichen Streben gehalten, die so weit voneinander entfernt sein müssen, daß das Gesäß dazwischen Platz hat. Der Abstand der Knickkante der Lehne von der Sitzfläche beträgt 16 bis 20 cm. Der untere Lehnenteil beschreibt auf einer Distanz von 5 cm einen nach ventral konvexen Bogen, der kontinuierlich in eine nach vorne konkave Krümmung übergeht. Der untere konvexe Bogen ist im ganzen um 5° gegen die Vertikale von hinten unten nach vorne oben ansteigend geneigt, der obere konkave Teil ist umgekehrt von vorne unten nach hinten oben in einem Winkel von 15 bis 20° gegen die

Senkrechte gestellt. Zur besseren und allgemeinen Abstützung ist die Lehne außerdem leicht in der Frontalebene gewölbt (Abb. 128).

2. Der Arbeitsstuhl

Die Höhe des Arbeitsstuhles variiert je nach der Tätigkeit. Entscheidend für die Abmessung ist die Höhe des Arbeitsplatzes. Häufig ist diese Größe gegeben, so daß sich die Stuhlhöhe danach richten muß. Von grundlegender Bedeutung ist, daß dabei die sich ergebende Differenz zwischen Höhe des Sitzes und Boden durch Einschalten eines Schemels ausgeglichen wird. Dieser Schemel muß am Sitzmöbel selbst befestigt sein und darf nicht an der Maschine oder am Arbeitsplatz angebracht werden. Weiter ist wesentlich, daß die Bewegungsfreiheit der Arme nicht behindert wird. Der Schultergürtel darf unter keinen Umständen angehoben werden, weil sonst eine vorzeitige Ermüdung der Schulter-Nackenmuskulatur eintreten würde. Gerade diese führt aber zwangsläufig über kurz oder lang zu einer schmerzhaften Beschäftigungsmyalgie, die zu hartnäckigen Beschwerden Anlaß geben kann. Andererseits ist ein zu großer Abstand zum Tisch nur durch eine vermehrte Kyphosierung der Wirbelsäule auszugleichen. Auch dadurch kommt es, wie unsere elektromyographischen Untersuchungen gezeigt haben, zur vermehrten motorischen Aktivität der Nackenmuskulatur und zu rascher Ermüdung. Bei allen individuellen Schwankungen lassen sich für das richtige Maß doch Annäherungszahlen geben. Wir beziehen uns dabei auf die Maßangaben von C. E. E. Hoffmann, Stuart, Steffenson und Maresh. Nach Hoffmann beträgt die Länge des Rumpfes von siebten Halswirbel bis zum Damm etwa 63% der Stammlänge (Damm bis zum Scheitel). Zum Arbeiten auf dem Tisch soll der Oberarm locker und ohne daß der Schultergürtel angehoben werden muß, am Rumpf herabhängen. Die Längsachse des Oberarmes soll also annähernd in der Vertikalen verlaufen. Die Unterarme sind zum Arbeiten auf dem Tisch im Ellenbogengelenk 15 bis 20° über den rechten Winkel gebeugt. Das proximale Humerusende steht in aufrechter Körperhaltung etwa in Höhe des siebten Hals- bzw. ersten Brustwirbels. Unter diesen Voraussetzungen läßt sich der Abstand zwischen Tischplattenvorderkante und Sitzfläche aus der Länge des Oberarmes errechnen, wobei der Beugewinkel im Ellenbogengelenk berücksichtigt werden muß. Die Tischhöhe über der Sitzfläche beträgt dann: Tischhöhe über dem Sitz (TH) = Rumpflänge (RL) — Oberarmlänge (O) — [(sin Winkel Unterarmachse Horizont (α) · Unterarmlänge (U)].

$$TH = RL - O - [\sin \alpha \cdot U].$$

Der Rumpf mißt bei einer Stammlänge von 94 cm etwa 59 cm. Die Länge des Oberarmes nimmt man bei Erwachsenen mit 31 bis 32 cm an. Als Unterarmlänge kann die Länge des Radius Verwendung finden, die im Durchschnitt 23 bis 24 cm beträgt. Als mittleren Winkel zwischen der Unterarmachse und dem Horizont haben wir einen Winkel von 17° angenommen. Setzt man diese Zahlen in die Gleichung ein, dann ergibt sich

$$TH = 59 - (32 - 0{,}292 \cdot 24)$$
$$TH = 59 - (32 - 7{,}0)$$
$$TH = 34\ \text{cm}$$

Die entsprechenden Maßangaben für die Körpergrößen zwischen 110 und 180 cm enthält die Tab. 23.

Die Arbeit an der Schreibmaschine oder am Tisch erfordert eine Hinwendung zum Arbeitsplatz. Sie kann nur aus der mittleren Sitzhaltung geleistet werden. Ist der Stuhl zu niedrig, dann muß die notwendigerweise eintretende Rückdrehung des Beckens durch eine starke Kyphose ausgeglichen werden. Um die optimale Sitzhaltung zu gewährleisten, sollte darum an einer Stuhlhöhe zwischen 45 und 48 cm festgehalten werden. Der Arbeitstisch bzw. die Tastatur der Schreibmaschine muß dann eine Höhe von etwa 80 cm vom Fußboden aus haben. Das Sitzbrett darf auch beim Arbeitsstuhl nicht zu glatt sein. Das gilt besonders dann, wenn es horizontal oder wie neuerdings wieder von SCHLEGEL (1956) vorgeschlagen wird, sogar nach ventral abfallend angebracht ist. Aus diesem Grunde sollte eine leicht kompressible Unterlage, z. B. ein bezogenes Schaumgummipolster Verwendung finden. Auch am Arbeitsstuhl soll, im Gegensatz zu den Ansichten von LEHMANN (1953), eine Lehne angebracht sein. Damit sie wirklich beansprucht wird, muß sie eine bestimmte Form haben. Sie entspricht nach unserer Vorstellung, der beim Gebrauchsstuhl beschriebenen. Damit diese Lehne in jeder Sitzhaltung erreicht werden kann, darf das Sitzbrett eine Tiefe von 42 cm nicht überschreiten, eher wird man in Anbetracht der mittleren Sitzhaltung mit Abmessungen um 40 cm auszukommen trachten.

Tabelle 23. *Abmessung des Abstandes Sitzfläche/Tischplatte bei verschiedenen Körpergrößen*

Körpergröße	Stammlänge	Rumpflänge	Oberarmlänge	Unterarmlänge	sin 17° Unterarmlänge (a)	Oberarmlänge (a)	Abstand Sitz/Tisch	Abstand in % Körpergröße
110	61	38	20	14	4,1	15,9	22,1	20
120	67	42	22	15	4,4	17,6	24,4	20
130	70	44	24	17	5,0	19,0	25,0	19
140	74	47	26	19	5,5	20,5	26,5	19
150	77	48,5	28	21	6,1	21,9	26,6	18
160	82	52	30	22	6,4	23,6	28,4	18
170	88	55,5	31	23	6,8	24,2	31,3	18,5
180	94	59	32	24	7,0	25,0	34,0	19

3. Die Schulbank

Die Gestaltung der Schulbänke hat in gleicher Weise medizinische und pädagogische Gesichtspunkte zu berücksichtigen. Dabei geht es vor allem um die Frage, ob man an der althergebrachten Einheit von Bank und Pult festhält oder ob man Stühlen und Tischen den Vorrang geben soll. Die Trennung ist vor allem aus praktischen Gründen sehr zweckmäßig. Das Aufstehen des Schülers ist nicht durch die negative Distanz von Pult und Bank behindert. Durch Veränderung des Abstandes Stuhl bis Tisch kann man auch unterschiedliche Körpergrößen der Schüler ausgleichen. Die wechselnde Gruppierung der Schüler im Raum, wie sie der moderne Arbeitsunterricht verlangt, ist nur bei beweglichen Möbeln denkbar. Schließlich kann der Schulraum ohne Schwierigkeiten gesäubert werden.

Daß aber auf einem Stuhl die Wirbelsäulenhaltung automatisch besser sei, ist ein Wunschtraum. Es ist für die Lehrkraft unmöglich, den Abstand zum Tisch im einzelnen zu kontrollieren. Ist der Stuhl aber zu weit vom Arbeitplatz entfernt, dann bedingt die Hinwendung zum Schreibobjekt stets eine vordere Sitzhaltung. Daß dabei meistens die Wirbelsäule total kyphosiert wird, zeigt die tägliche Erfahrung. In der Hörhaltung verführt der bewegliche Stuhl zur Einnahme einer faulen, hinteren Sitzlage. Auch reizen Stühle manche Schüler geradezu unwiderstehlich zum Schaukeln, sofern nicht besondere Vorkehrungen dies verhindern (Kufen, Gummistutzen usw.). Die flache, d. h. die horizontal gestellte Tischplatte erzwingt im übrigen die vollkommene Rundung des Rückens. Überblickt man die umfangreiche Literatur über das Schulbankproblem, dann gewinnt man sehr rasch die Überzeugung, daß keine der vorgeschlagenen Lösungen ideal ist. So muß man auch heute noch an der Erkenntnis von SPITZY (1926) festhalten, daß eine Schulbank um so besser sei, je weniger das Kind darin sitze. Nachdem der Wunschtraum des durch tägliche Turnstunden aufgelockerten Unterrichts nicht realisierbar zu sein scheint, muß man eine Kompromißlösung anstreben.

Nach unserer Meinung ist es letzten Endes ziemlich gleichgültig. ob das Kind auf einer Bank oder einem Stuhl sitzt. Durch zweckmäßige Konstruktion lassen sich in beiden Fällen gute Lösungen finden. Für das Sitzmöbel in der Schule gelten im übrigen die gleichen Forderungen wie für den Gebrauchsstuhl des Erwachsenen. Die Sitzhöhe muß ausreichend sein, weil bei zu geringem Abstand vom Boden eine starke Beckenrückdrehung erzwungen würde. Die im Einzelfall notwendigen Abmessungen ergeben sich aus der Länge des Unterschenkels.

Die Rückenlehne entspricht in ihrer Form der beim Gebrauchsstuhl. Damit auch in vorderer Sitzhaltung eine Stützung am Beckenkamm ermöglicht wird, darf der Sitz nicht zu tief sein. Die Entfernung des Lotes von der ventralen Lehnenkante richtet sich nach der Femurlänge. Von dieser ist die Stärke des Unterschenkels, d. h. die Entfernung von der Tuberositas tibiae zur dorsalen Wadenkontur abzuziehen. Als Näherungswert ergibt sich nach eigenen Messungen eine Sitztiefe von etwa 20 bis 22% der Körpergröße.

Der Beckenstützung, d. h. die Unterkante der Lehne, ist $^{1}/_{10}$ Körpergröße vom Sitz entfernt. Die Lehnenhöhe schließlich errechnet sich aus der Stammlänge, d. h. der Entfernung zwischen Damm und Scheitel. Die Oberkante der Rückenlehne soll in aufrechter Sitzhaltung den unteren Schulterblattwinkel erreichen. Er liegt beim aufrecht sitzenden Menschen etwas caudal vom Mittelpunkt der Stammlänge. Bezogen auf die Körpergröße entspricht die Stuhlhöhe etwa 49% der Gesamtlänge des stehenden Menschen.

Von gleicher Bedeutung wie die Stuhl- oder Bankgestaltung ist für die angestrebte Rumpfhaltung die Konstruktion des Tisches oder des Pultes. Der Abstand zwischen Sitzfläche und Tischvorderkante errechnet sich wie oben ausführlich dargelegt, aus der Länge des Oberarmes. Um die Tischplatte erreichen zu können, ist eine Beugung in den Ellenbogengelenken um etwa 20° über die Horizontale hinaus notwendig. Aus diesen Verhältnissen ergibt sich die Tischkonstruktion von selbst. Die horizontale Schreibplatte macht jeden noch so günstigen Konstruktionsversuch der Schulbank illusorisch. Beobachtet man Schüler, die an solchen Tischen sitzen, dann fällt auf, daß viele das Schreibheft schräg legen und den Oberkörper gegen das Becken verdrehen. Der linke Arm hält nicht selten den oberen Rand der Tafel oder des Blattes, die Wirbelsäule ist total kyphosiert und torquiert. Die aufrechte Sitzhaltung läßt sich auf die Dauer nur erreichen, wenn die Schreibfläche um 10 bis 15° auf den Sitzenden zu geneigt ist. Der Abfall gegen die Horizontale birgt allerdings den Nachteil in sich, daß die auf dem Tisch gelegenen Gegenstände abrutschen. Um das zu vermeiden, sollte die eigentliche Schreibunterlage nicht zu glatt sein, damit man auf eine Leiste am Tischrand verzichten kann, die unter Umständen gegen die Unterarmweichteile drückt. Zum Schreiben ist es notwendig, den Stuhl etwas unter den Tisch zu schieben, so daß die Vorderkante des Sitzes 2 bis 3 cm unter die Tischkante gelangt. Unter diesen Voraussetzungen ist dann ohne weiteres auch zum Schreiben und Lesen eine aufrechte Körperhaltung möglich. Über die Abmessungen von Stuhl- und Tischhöhe orientiert die Tab. 24.

Tabelle 24. *Durchschnittliche Abmessungen für Schulgestühl und Tisch in cm*

Körpergröße	Sitzhöhe	Sitztiefe	Lehnen-unterbank	Stuhlhöhe	Abstand Tisch/Stuhl	Tischhöhe
110	28,5	24	11	54	22	50,5
120	31	36	12	59	24	55
130	34	29	13	64	25	59
140	36,5	31	14	69	26,5	63
150	39	33	15	73,5	27	66
160	42	35	16	78,5	28	70
170	44	37	17	83	31	75
180	47	40	18	89	34	81

Muß aus irgendwelchen Gründen der Sitz unbeweglich am Boden fixiert sein, z. B. in Hörsälen, wo darüber hinaus eine stufenförmige Anordnung geboten ist, dann soll der Sitz um eine Achse aufklappbar sein, damit die Schreibdistanz erreicht werden kann. Im übrigen gelten auch hierbei die dargelegten Konstruktionsprinzipien.

4. Der Ruhestuhl

Der Ruhestuhl weicht in einigen wesentlichen Punkten vom Gebrauchsstuhl ab. Er wird im allgemeinen nur zum Entspannen, zur Erholung benutzt. Die bevorzugte Haltung, die dabei eingenommen wird, ist die hintere Sitzlage. Sie zeichnet sich, wie mehrfach festgestellt, durch eine starke Rückdrehung des Beckens und die starke Kyphose der ganzen Wirbelsäule aus. Um einer Verspannung der Rückenmuskulatur zu entgehen, muß auch hier die maximale Beckendrehung durch eine ausreichende Unterstützung abgefangen werden. Voraussetzung dafür ist, daß das Becken direkten Lehnenkontakt bekommt. Betrachtet man die zahlreichen Sessel, die in den Möbelgeschäften angeboten werden, muß man nur allzuoft die zu große Sitztiefe kritisieren. Die in derartigen Stühlen Sitzenden sind sich oft der Ursache der mangelnden Bequemlichkeit gar nicht bewußt. Sie suchen aber mehr instinktiv nach einem Ausgleich und stopfen sich dann Sitzkissen zwischen Gesäß und Lehne. De facto gestalten sie damit die Rückenstütze nach ihren Erfordernissen um. Es ist nun nicht einzusehen, warum man diesem Streben nach universeller Stützung nicht von vorneherein Rechnung trägt. Die Rückenlehne hat im Ruhestuhl den ganzen Oberkörper abzustützen. Weil die Wirbelsäule total kyphotisch gebogen ist, muß auch die Lehne konkav gestaltet werden. Es versteht sich von selbst, daß der Fußpunkt der Lehne ventraler liegt als der Stützpunkt der mittleren Brustwirbelsäule, der am stärksten nach dorsal ausladenden Partie. Gerade unterhalb des Scheitelpunktes der Totalkyphose etwa dem zehnten oder elften Brustwirbel entsprechend, ist ja eine ausreichende Stützung notwendig. Zur Entlastung der Beine neigt der Sitzende den Oberkörper so weit nach hinten, daß ein möglichst kleiner Gewichtsanteil auf den Füßen ruht. Die bequeme Ruhehaltung stellt bereits einen Übergang zum Liegen dar. Darum ist die Lehne beim Ruhestuhl stärker nach hinten geneigt als beim Gebrauchsstuhl (Abb. 129). Mit der umfassenden Unterstützung hängt unmittelbar die Möglichkeit zur weitgehenden muskulären Entspannung zusammen. Sie allein bedingt aber das angenehme Gefühl der erholsamen Ruhehaltung. Weil die Wirbelsäule in der hinteren Sitzposition an sich schon stark kyphotisch und synchron das Becken zurückgedreht ist, kann auch die Sitzhöhe sehr gering sein. Bei der Abmessung ist allerdings zu bedenken, daß das Aufstehen dann erschwert ist, wenn die Kniegelenke zu stark flektiert sind. Nun ist die Situation deswegen leichter, weil am Ruhestuhl in der Regel zum Abstützen der Arme eigene Armlehnen angebracht sind. Sie erhöhen auf jeden Fall wegen der Möglichkeit zur Entspannung der Schulter-Nackenmuskulatur das Gefühl der Bequemlichkeit. Gerade bei Patienten mit Beschäftigungsmyalgien oder osteochondrotischen Beschwerden im Bereich des Schulter-Nackens werden solche Armstützen als sehr angenehm und wohltuend empfunden. Schließlich kann man die Armstützen auch zum Aufstehen benützen, indem man sich auf ihnen hochdrückt. Fehlen sie, so muß die Sitzhöhe eines Ruhestuhles etwas höher sein.

Abb. 129. Beispiel für einen bequemen Ruhesessel. Die Wirbelsäule findet an der Lehne eine universelle Abstützung

5. Der Autositz

Die Sitze in den modernen Verkehrsmitteln sind aus dem Ruhestuhl entwickelt. Solange sie nur den mitreisenden Passagier aufzunehmen haben, ist nichts dagegen einzuwenden. Schwierigkeiten bereitet aber die Formgestaltung des Fahrersitzes. Wie aus den zahlreichen Publikationen der jüngsten Zeit zu entnehmen, sind hier noch viele Probleme offen. Die Diskussionen um den Sitz im Personenkraftwagen werden ausgelöst durch die Klagen vieler Autofahrer über Schmerzen und Steifheitsgefühl im Kreuz. Dabei ist die Beurteilung der verschiedenen Sitztypen in den einzelnen Fahrzeugen nicht einheitlich. Sicher kann das Problem des Autositzes vom Mediziner allein nicht hinreichend gelöst werden. Dem stehen technische Schwierigkeiten verschiedenster Art entgegen. Außerdem spielen die Anforderungen des Straßenverkehrs eine nicht zu unterschätzende Rolle. Die dauernde psychische Anspannung gestattet keine muskuläre Entspannung beim Sitzen. Dazu kommt vor allem im Stadtverkehr und beim Überholen auf der Landstraße, daß sich der Fahrer oft krampfhaft nach vorne beugt, um so die Verkehrssituation richtig beurteilen zu können. Das Autofahren ist heute keine Erholung mehr, sondern oft genug konzentrationsreiche Arbeit.

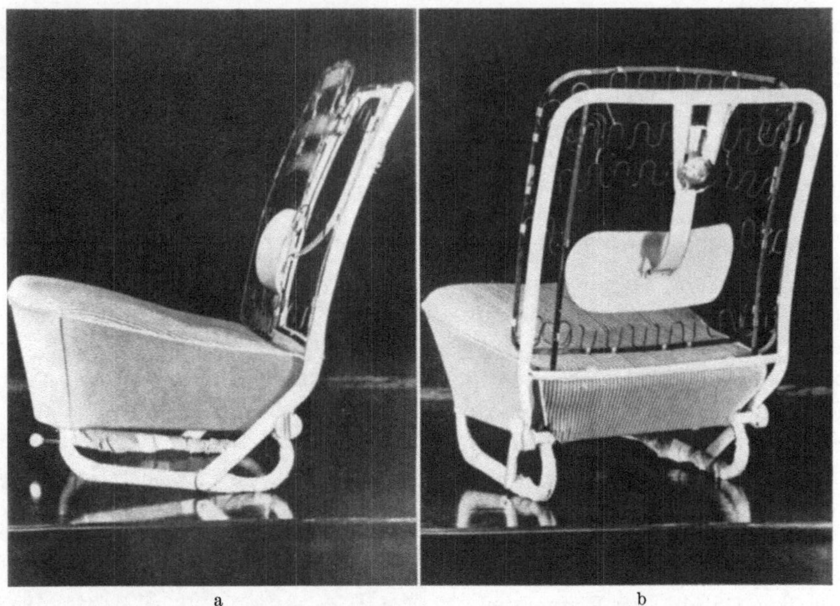

a b

Abb. 130a u. b. „Snap Bandscheibenwiege" in die Rückenlehne eines Autositzes eingebaut

Diesem Umstand sollte die Autoindustrie in der Sitzkonstruktion Rechnung tragen. Betrachtet man die einzelnen Sitze kritisch, so zeigen sie bei allen Unterschieden ein gemeinsames Merkmal: Sie sind möglichst bequeme Ruhesessel. Von besonderem Nachteil scheint mir dabei die zu geringe Sitzhöhe. Wir haben den Abstand der vorderen Sitzhöhe vom Fahrzeugboden aus gemessen. Bei den gebräuchlichen Fahrzeugtypen wird eine Höhe von 33 cm in keinem Falle überschritten. Die Sitztiefe schwankt zwischen 44 und 50 cm.

Bei allen Typen ist also der Sitz sehr niedrig. Er zwingt den Fahrer von vorneherein in hintere Sitzhaltung mit totaler Kyphose der Lendenwirbelsäule, wenn nicht besondere Mechanismen angebracht sind, die das verhüten. Die Last des Körpers ruht weitgehend auf den Sitzbeinknochen, denn die Beine müssen zur Bedienung von Kupplung, Bremse und Gaspedal gut beweglich bleiben. Damit fehlt dem Beckensockel die Stütze durch den vorderen Pfeiler. Die Oberschenkel liegen zwar dem Sitz meist ausreichend auf, die Flexion in den Hüftgelenken muß aber durch vermehrte Anspannung der Gesäßmuskulatur fixiert werden. Eine

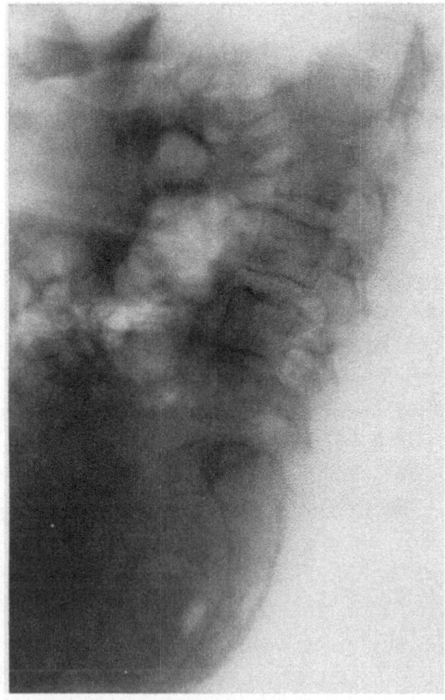

a

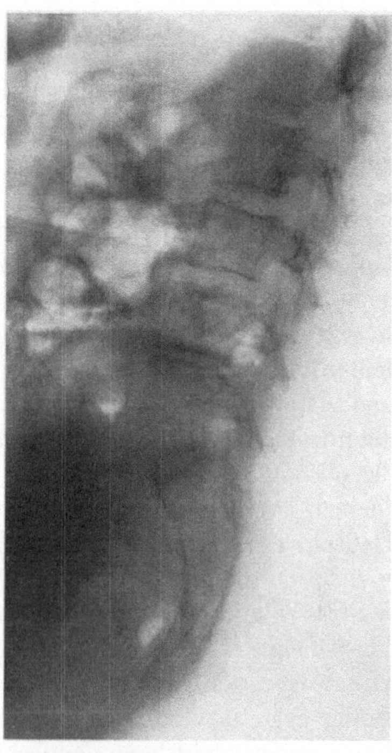

b

Abb. 131a—c. Form der Lendenwirbelsäule beim Sitzen auf Stühlen mit einem Sitzbrettabstand vom Boden von a) 40 cm, b) 35 cm, c) 30 cm

weitere Stützung des Beckens wird schließlich durch die Wirbelsäule erreicht, die an der Rückenlehne Halt findet. Daß dabei der Lumbo-sacralübergang besonders beansprucht wird, ist mehrfach begründet worden. Die Abstützung erfolgt bei den meisten Lehnen nicht am Becken selbst, sondern in Höhe des Scheitelpunktes der Brustkyphose. Die Folge der Dehnungsbeanspruchung in der längeren Rückenmuskulatur ist ein Ermüdungsschmerz im Kreuz. Wie beim Gebrauchsstuhl liegt das Problem in einer Abstützung des Beckensockels in jeder praktisch vorkommenden Sitzhaltung. Weil in den meisten Fällen die Polsterung der Rückenlehne zu weich ist und das federnde Nachgeben eher eine Muskelanspannung erzeugt, als eine Entspannung bewirkt, greift der Fahrer zum Hilfsmittel. Die verschiedenen Rückenstützen, die dem Autofahrer angeboten werden, bewirken mehr oder weniger vollkommen die unbewußt erstrebte

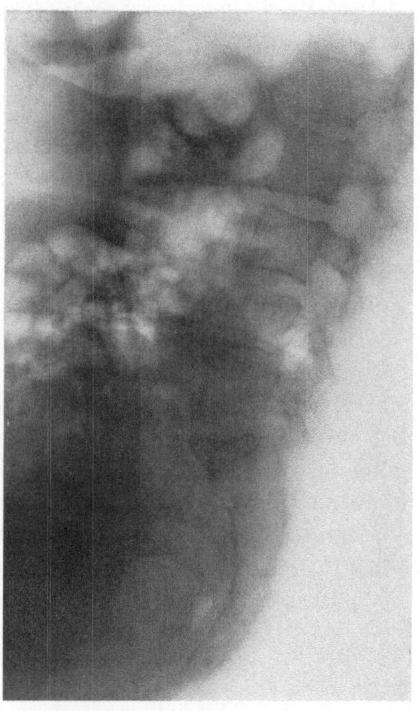

c

Beckenstützung. In jüngster Zeit wurde eine Rückenstütze für den Autositz konstruiert, die ebenfalls die Beckenrückdrehung hemmen kann. Es handelt sich um eine Metallpelotte, die schwenkbar und sowohl in der Höhe als auch in der ventralen Vorbuckelung verstellbar an der Lehne des Sitzes angebracht wird. Die Einstellung erfolgt über einen Drehknopf nach dem jeweiligen Bedürfnis (Abb. 130).

Bei der niedrigen Sitzhöhe ist eine Lordose im allgemeinen nicht möglich. Die Lendenlordose ist ja wie oben mitgeteilt, von einer bestimmten Kreuzbeindeckplattenneigung abhängig. Diese ist bei den niedrigen Autositzen (Abb. 131) nur durch extreme Flexion in den Hüftgelenken zu erreichen. Die Annahme der Lendenlordose beim Autositz ist rein hypothetisch und gründet sich auf den äußeren Aspekt der Rückenkontur. Diese ist aber durch das Prominieren der Gesäßkontur auch in hinterer Sitzhaltung so unterbrochen, daß selbst bei einer Totalkyphose der visuelle Eindruck eines Hohlkreuzes entsteht.

Für den guten Sitz gelten grundsätzlich die gleichen Forderungen wie sie für den Gebrauchsstuhl erhoben worden sind. Der Sitzhöhe sind jedoch Grenzen gesetzt. Sie sind bedingt durch die Erfordernisse der Belastung der Karosserie, durch Straßenlage und Fahrsicherheit trotz hoher Geschwindigkeit. Aus diesem Grunde ist eine Höhe über 35 cm zur Zeit kaum zu erreichen. Weil die Unterschenkel wegen der Notwendigkeit, die Pedale zu bedienen, nicht senkrecht auf den Boden gestellt werden können, müssen die Oberschenkel gut aufliegen. Der Sitz kann darum nicht hart, sondern muß weich gepolstert sein. Unter dem Gesäß, dort also, wo die Hauptbelastung liegt, soll die Polsterung fester, d. h. härter, werden. Dazu kann die Federung des Wagens an sich nicht unberücksichtigt bleiben. Sie muß einen Teil der Schwingungen zersplittern, die zwangsläufig beim Fahren auftreten, die sonst vertikal die Wirbelsäule voll treffen würden. Die Lehne soll den total gerundeten Rücken gut aufnehmen. Das kann sie nur, wenn sie nach ventral konkav ist. Auch beim Autositz halten wir aber eine im ganzen abgeknickte Lehne für zweckmäßig. Nur dann bleibt der geforderte Lehnenkontakt in allen Sitzhaltungen gewährleistet. Die Maße entsprechen denen des Gebrauchsstuhles. Ob man den unteren Lehnenteil ebenfalls aussparen will oder nicht, ist im wesentlichen Geschmacksache. Auf jeden Fall muß das Gesäß in mittlerer Sitzhaltung so weit nach dorsal gebracht werden können, daß das Becken selbst eine genügende Abstützung erfährt.

Der Sitz für den Mitfahrer kann ganz nach den Prinzipien des Ruhesessels gestaltet werden. Grundsätzlich ist sowohl beim Fahrer als auch beim Mitfahrersitz die hintere Sitzhaltung erwünscht, weil sie alleine die notwendige Sicherheit bei plötzlicher Geschwindigkeitsdrosselung gibt. Nur dann wird die Beschleunigung der Körpermasse bei raschem Abbremsen teilweise noch abgefangen werden können, während bei vorderer Sitzhaltung relativ leicht der Vorwärtsschub zu Verletzungen am Steuerrad bzw. am Armaturenbrett und der Windschutzscheibe führt, sofern sich der Fahrer nicht zur Verwendung eines Sicherheitsgurtes entschließen kann.

H. Zusammenfassung

Das Sitzen ist keine Neuerwerbung des Menschen, sondern eine Rückkehr zu einer älteren, bereits im Tierreich verankerten Ruhehaltung. Vom Hocken des Tieres ist es dadurch unterschieden, daß die Rumpflast ohne Vermittlung der Hüftgelenke direkt über die Sitzbeinhöcker auf die Unterlage übertragen wird. Beim Sitzen werden die dem Menschen eigenen Attribute der aufrechten Haltung, die Streckung in den Hüftgelenken und die Lordose der Lendenwirbelsäule, aufgegeben und die phylogenetisch alte Totalkyphose der Wirbelsäule wieder eingenommen. Durch die Beugung in den Hüftgelenken ist eine Rückdrehung des Beckens, d. h. eine Flachstellung der Beckeneingangsebene bedingt, die durch eine Ventriflexion der Wirbelsäule ausgeglichen werden muß. Je stärker das Becken zurückgedreht wird, um so stärker muß auch die Ventriflexion sein. Der Bewegungsumfang hängt letzten Endes von statischen Erfordernissen ab, denn es muß in jeder Position eine stabile Gleichgewichtslage erreicht werden.

Die größten Bewegungsausschläge beim Übergang vom Stehen zum Sitzen finden sich in den unteren Bewegungssegmenten. Sie betragen im Durchschnitt bei 25 untersuchten Personen in den Segmenten L 3/L 4, L 4/L 5 und L 5/S 1 beim Wechsel von lockerer Stehhaltung zur lockeren Sitzhaltung 30,4°.

Die Wirbelsäule zeigt im Sitzen eine grundsätzlich andere Form als im Stehen. Zur objektiven Feststellung der tatsächlichen Wirbelsäulenform in aufrechter und erschlaffter Sitzhaltung sind verschiedene Untersuchungen durchgeführt worden. Von 1035 Schulkindern (516 Knaben und 519 Mädchen) im Alter von 6 bis 14 Jahren standen photographische Aufnahmen, in erschlaffter und aufrechter Sitzhaltung, zur Auswertung zur Verfügung. Dazu war die Rückenkontur zu einem Sitzdiagramm auf Millimeterpapier aufgetragen worden. In erschlaffter Sitzhaltung fand sich immer eine Kyphose der Wirbelsäule. Während sich 64% um einen Mittelwert gruppieren, der durch einen Krümmungsindex definiert ist, zeigte sich bei 11% eine flachere und bei 25% eine deutlich stärkere Rundung. Diese Rundrückenbildung war in den Altersgruppen unter 10 Jahren fast doppelt so häufig anzutreffen, als bei den älteren Kindern. Bei der aufrechten Sitzhaltung ließen nur 30,5% eine lordotische Einziehung der Lendenwirbelsäule erkennen. 19,4% behielten auch bei Aufrichtung eine Kyphose der Lendenwirbelsäule.

Der Vergleich von zwölf Wirbelsäulenganzaufnahmen bei sechs jugendlichen wirbelsäulengesunden Individuen ergab völlige Übereinstimmung zwischen der Form der Brust- und oberen Lendenwirbelsäule und der Weichteilkontur des Rückens. Zur Überprüfung der Lendenwirbelsäulenkrümmung wurde unter gleichen Bedingungen wie bei den Photoaufnahmen, von 100 Personen aller Altersklassen ein Röntgenbild in entspannter und eine Aufnahme in aufrechter Haltung angefertigt. Ausgewertet wurden die auf Transparentpapier gezeichneten Röntgenpausen. In lockerer Sitzhaltung zeigten 57 Personen eine Kyphose der Lendenwirbelsäule, während elf über 15jährige Individuen auch hier eine Lordose hatten. Bei der Aufrichtung zur angespannten Sitzhaltung wurde bei 32 Personen eine Lendenlordose gefunden, 16 (davon zehn Kinder unter 15 Jahren) behielten eine Lendenkyphose auch in aufrechter Haltung, bei dem Rest trat eine Steilstellung ein.

Außer von der Beweglichkeit der Wirbelsäule selbst wird die Form des Rückens von zwei Faktoren entscheidend mitbestimmt. Einmal spielt die Stellung des

Beckens auf dem Sitzbrett eine maßgebende Rolle. Sie kann exakt definiert werden durch eine Tangente, die an den aufsteigenden Sitzbeinast gelegt wird, und den Winkel, den diese ventral mit der Horizontalen bildet. Zur Erreichung einer Lordose war immer eine Winkelbildung von über 84° erforderlich, d. h. der aufsteigende Sitzbeinast mußte in die Vertikale gedreht werden; in den meisten Fällen (30 von 32) war er von kranial — ventral nach caudal — dorsal abfallend eingestellt. Noch eindrucksvoller war der Zusammenhang zwischen der Neigung der Kreuzbeindeckplatte gegen den Horizont und der Wirbelsäulenform. Die Deckplattenneigung wurde bestimmt durch einen Winkel, den die Tangente an die Kreuzbeindeckplatte ventral mit der Horizontalen bildet. War der Winkel kleiner als 16°, dann war niemals, weder in aufrechter noch in entspannter Sitzhaltung, eine Lordose zu beobachten. Weil es sich gezeigt hat, daß die gleiche Winkelbildung bei unterschiedlicher Beckenstellung erreicht werden konnte, mußte die Einkrümmung des Kreuzbeines in den Beckenring von Bedeutung sein. Man kann den Grad der Kreuzbeineinkrümmung in das Becken definieren durch einen Winkel, den die Sitzbeintangente ventral mit der Kreuzbeindeckplattentangente bildet (SK-Winkel). Er ändert sich im Laufe des Lebens und hängt mit der Ventral- und Caudalverlagerung des ersten Kreuzbeinwirbels, die im Laufe der postnatalen Entwicklung eintritt, zusammen. Das Kreuzbein läßt erst gegen das Ende des 1. Lebensjahrzehntes eine stärkere Krümmung erkennen. Nach Abschluß der Pubertät bleibt die Form des Kreuzbeines bei 150 untersuchten Personen nahezu gleich, jenseits des 40. Lebensjahres tritt nochmals ein Krümmungsschub auf. Mit der Zunahme der Kreuzbeinkrümmung wird der SK-Winkel im Laufe des Lebens kleiner. Die Form der Lendenwirbelsäule im aufrechten Sitzen hängt von der Größe des SK-Winkels ab. Bei den Lordosen wurde durchschnittlich ein SK-Winkel von 64° beobachtet, bei den Aufrichtungskyphosen ein solcher von 76°. Durch Bewegung der Lendenwirbelsäule und die vermehrte Drehung des Beckens um die Sitzbeinhöcker kann ein ungünstiger, d. h. infantiler SK-Winkel teilweise ausgeglichen werden. Beim Wechsel von lockerer zur aufrechten Sitzhaltung wurde bei $^3/_4$ aller 100 untersuchten Personen ein Gesamtbewegungsausschlag der Lendenwirbelsäule von 10 bis 30° gefunden. Bei elf Individuen war er größer. Fünf Personen, die aus einer Ruhekyphose eine Aufrichtungslordose erreichten, hatten eine Beweglichkeit von über 33°. Zwischen Beckenkippung und Wirbelsäulenbewegung besteht ein direkter Zusammenhang.

Zur Aufrechterhaltung der Sitzposition ist in allen Fällen und bei jeder Haltung eine bestimmte Muskelarbeit notwendig. Das Sitzen in völlig entspanntem Zustand ist, wie der Schlafende und Narkotisierte zeigen, ohne zusätzliche Stützung nicht möglich. Elektromyographische Untersuchungen an 36 Personen in verschiedenen Sitzhaltungen beweisen, daß die motorische Aktivität der Lenden- und Nackenmuskulatur von der betreffenden Sitzposition abhängig ist. Die Lendenmuskulatur zeigt bei aufrechter Sitzhaltung in Lordose die stärkste Innervation, während die Nackenmuskulatur dann die größte Aktivität aufweist, wenn der Kopf wie zum Lesen und Schreiben gesenkt wird. Auf Grund der erhobenen Befunde muß die gestreckte, aufrechte Sitzlage mit gerade gehaltenem Kopf, etwa der mittleren Sitzhaltung entsprechend als die Position angesehen werden, die mit der geringsten Muskelarbeit aufrecht erhalten werden kann.

Sofern die Füße auf den Fußboden aufgesetzt sind und die Unterschenkel senkrecht stehen, ruht das Körpergewicht auf einer Unterstützungsfläche, die von der hinteren Begrenzung des Beckens bis zu den Fußspitzen reicht. Der größte Teil, nämlich das ganze Rumpfgewicht und je nach der Sitzhaltung wesentliche Anteile des Oberschenkelgewichtes werden direkt von der Sitzfläche aufgenommen. Die stärkere Belastung erfolgt innerhalb eines Viereckes, das seitlich von den Sitzbeinhöckern und den sie umgebenden Weichteilen begrenzt wird. Es hat eine Ausdehnung von ventral nach dorsal von 10 bis 15 cm und von 16 bis 25 cm von rechts nach links. Ein direkter Kontakt des Steißbeines oder des Sacrums mit dem Sitzbrett konnte bei 50 untersuchten Personen nicht beobachtet werden, ein Befund, der sich bei 250 seitlichen Röntgenaufnahmen in den verschiedenen Sitzhaltungen bestätigte. Über die Füße wird in Abhängigkeit von der Sitzhaltung nur das Gewicht der Unterschenkel und ein Teil des Oberschenkelgewichtes aufgenommen. Nur in extremer Vorneigung des Oberkörpers wird ein geringer Teil des Rumpfgewichtes auch über die Füße übertragen. Unter den 50 untersuchten Personen belasteten auch in symmetrischer Sitzhaltung nur $^1/_{10}$ beide Gesäßhälften gleichmäßig, rund $^2/_3$ legten ihr Körpergewicht mehr auf die linke Seite. Nach dem hydraulischen Prinzip wurden bei 50 Personen Sitzdruckkurven aufgenommen. Aus den dabei gefundenen Partialdrucken, die auf 42 mit Wasser gefüllten Gummibällchen ruhten, kann man den Schwerpunkt des Rumpfes nach den Kräftegleichungen bestimmen. Weil das Becken beim Wechsel der Sitzhaltungen um eine Achse gedreht wird, die durch beide Sitzbeinhöcker geht, wurde die Tuberlinie als Beziehungslinie gewählt. Liegt der Rumpfschwerpunkt genau über dieser Linie, dann wird von einer mittleren, liegt er davor, von einer vorderen, und liegt er dahinter, von einer hinteren Sitzhaltung gesprochen. Die jeweilige Sitzhaltung kann exakt definiert werden nach dem Gewicht, das auf einer Waage, auf der die Füße stehen, abgelesen wird. Rechnerisch ergibt sich, daß bei einer Belastung von rund $^1/_4$ des Gesamtkörpergewichtes G ($0{,}23 \times G$) eine mittlere Sitzhaltung eingenommen ist. Wird die Gewichtsbelastung der Füße größer, dann fällt der Fußpunkt der Rumpfschwerlinie vor die Tuberlinie; ist er kleiner, liegt er dahinter. Bei zehn Personen wurde der Fußpunkt der Rumpfschwerlinie in vorderer, mittlerer und hinterer Sitzhaltung sowie beim Sitzen mit übergeschlagenem rechten, bzw. linken Bein bestimmt. Die stärkste beobachtete seitliche Abweichung von der Mittellinie betrug bei den symmetrischen Sitzhaltungen 2,2 cm, bei den asymmetrischen mit übergeschlagenen Beinen 3,3 cm. Die Verschiebung nach dorsal oder ventral hängt von der Vor- bzw. Rückneigung des Rumpfes ab. Der äußerste Grenzfall nach ventral ist erreicht, wenn das ganze Rumpfgewicht auf den Füßen liegt, der äußerste Grenzfall nach dorsal, wenn bei auf der Waage stehenden Füßen die Gewichtsbelastung auf den Füßen 0 ist.

Das Sitzen ist eine Ruhehaltung, die an sich weder gut noch schlecht ist. Zur Vermeidung von Schäden ist auf den Wechsel zwischen den einzelnen Sitzpositionen und auf die Unterbrechung der Körperhaltung durch Stehen, Gehen und Liegen zu achten. Bei einseitiger Bevorzugung der sitzenden Lebensweise können typische Schäden am Haltungs- und Bewegungsapparat auftreten. Sie werden durch eine vorzeitige Ermüdung der nur schlecht zur statischen Haltearbeit befähigten Skeletmuskulatur ausgelöst. Die Überdehnung der Rückenmuskeln, die im

Gefolge der Kyphosierung der Wirbelsäule eintritt, führt zu dumpfem Ermüdungsschmerz am Rücken. Am Ursprung des Erektor trunci, am hinteren oberen Darmbeinstachel, können Muskelzusatzschmerzen auftreten, die von einer sich dort entwickelnden Periostose unterhalten werden. Die Patienten klagen dabei in typischer Weise beim Arbeiten in halbgebückter Stellung, aber auch bei längerem Sitzen oder Liegen über Beschwerden im Kreuz, die zu den Außenseiten der Oberschenkel ausstrahlen können. Bei Spondylarthrosen werden ähnliche Schmerzen beobachtet. Sie sind häufig mit dem arthrotischen Startschmerz verknüpft, d. h. mit Beschwerden beim Wechsel vom Sitzen zum Stehen.

Für die Entwicklung der normalen Wirbelsäulenkrümmungen ist die ausreichende Bewegung des Individuums notwendig. Ob bei einem Mißverhältnis zwischen Tragfähigkeit des Wirbelkörpers und geforderter Beanspruchung, z. B. durch das langdauernde Sitzen, ein fixierter Sitzbuckel entstehen kann, ist nicht sicher bewiesen. Bei fünf Erwachsenen wurde ein sog. rachitischer Sitzbuckel bei der klinischen Untersuchung gefunden. Die Lendenkyphose war in allen Fällen mit einem abnorm großen SK-Winkel verbunden (stets über 82°). Anamnestisch gaben alle Patienten Steifheit im Kreuz, die teilweise trotz intensiver sportlicher Betätigung vorhanden war, an, objektiv fand sich stets eine geringe Beweglichkeit der Lendenwirbelsäule. Zum Vergleich wurden die Röntgenaufnahmen von drei Kleinkindern im 2. Lebensjahr herangezogen, die klinisch einen „rachitischen“ Sitzbuckel zeigten. Stets fand sich eine starke Knickbildung am Übergang von der Brustwirbelsäule zur Lendenwirbelsäule. Letztere zeigte dagegen eine Steilstellung, während sie beim gesunden Kleinkind in die Totalkyphose mit einbezogen ist. Diese Veränderungen finden sich in ähnlicher Weise bei schweren Trichterbrustfällen, bei denen die rachitische Genese mit Sicherheit abgelehnt werden kann. Aus diesem Grunde wird auch für den Sitzbuckel die rachitische Genese in Zweifel gezogen. Aus verschiedenen Gründen scheint dagegen die Annahme einer angeborenen Entwicklungsstörung der Lendenwirbelsäule als Ursache für die Kyphose gerechtfertigt.

Bei der Formgestaltung der Sitzmöbel ist vom geplanten Verwendungszweck auszugehen, denn ein Allzweckstuhl, der sämtlichen Anforderungen gerecht werden kann, ist praktisch nicht denkbar. Grundsätzlich ist beim Bau eines Sitzmöbels zu beachten, daß

1. keine bestimmte Körperhaltung auf ihm erzwungen wird, sondern ein Wechsel zwischen den verschiedenen Sitzpositionen möglich bleibt und

2. daß das Becken in jeder Körperstellung durch den Gebrauch einer zweckmäßigen Rückenlehne fixiert werden kann.

Die Sitzfläche soll beim Arbeits- und Gebrauchsstuhl nicht über 45 cm tief sein, weil sonst ein wirksames Anstemmen des Beckens in vorderer Sitzhaltung unmöglich wäre. Zum Ausgleich des Vorwärtsschubs, der beim Anlehnen entsteht, ist entweder eine Anrauhung der Sitzfläche durch Bezug mit rauhem Material oder durch Polsterung notwendig. Den gleichen Sinn hat die Neigung nach rückwärts, die etwa 5° beträgt. Der Abstand vom Boden bestimmt den Grad der Beckenrückdrehung. Um eine zu starke Kyphose zu unterbinden, wird eine Höhe unter 42 cm für den Gebrauchsstuhl verworfen. Die vordere Sitzkante soll abgeschrägt sein, damit kein direkter Druck auf die Nerven der Oberschenkelrückseite vermieden wird. Wie oscillographische Untersuchungen gezeigt haben, tritt eine direkte Kompression der Beinarterie auch bei hohem Sitz und scharfer Vorderkante nicht auf. Die Rückenlehne soll in vorderer Sitzlage die Funktion einer Kreuzlehne, in hinterer Lage die einer Rückenlehne erfüllen können. Sie ist aus diesem Grunde abgeknickt. Weil das Becken aber ein in sich unbeweglicher Körper ist, genügt es, seinen Oberrand zu stützen. Die Lehne beginnt erst 14 cm über dem Sitzbrett. In den entstehenden Hohlraum zwischen dem Sitzbrett und der Lehnenunterkante kann in vorderer Sitzhaltung das Gesäß zurückgeschoben werden. Der untere Lehnenanteil ist nach ventral leicht konvex gebogen. 16 bis 20 cm über dem Sitzbrett zeigt die Lehne einen Knick. Von da aus steigt sie nach dorsal und kranial in einem nach ventral konkaven Bogen an. Dieser Lehnenteil ist um 15 bis 20° gegen die Vertikale geneigt.

Beim Arbeitsstuhl richtet sich die Höhe der Sitzfläche nach dem Arbeitsplatz. Grundsätzlich ist der Abstand zwischen Sitz und Tischplatte so zu bemessen, daß in aufrechter Haltung die Oberarme locker am Körper herabhängen und die Unterarme, etwa 70° im Ellenbogengelenk gebeugt, dem Tisch aufliegen können. Diese Forderung ist erfüllt, wenn der Abstand Sitzfläche bis Tischplatte ja nach Körpergröße 31 bis 33 cm beträgt. Kann man den Arbeitsplatz, wie z. B. im Büro variieren, so sollte der Stuhl nicht niedriger als 45 cm sein. Die Tischplatte oder die Tastatur der Schreibmaschine befinden sich dann etwa 78 cm über dem Fußboden. Die Gestaltung der Schulbänke hat medizinische und pädagogische Gesichtspunkte zu berücksichtigen. Wichtiger als die Trennung von Bank und Pult ist die zweckmäßige Konstruktion des Tisches. Eine aufrechte Sitzhaltung ist nur dann gewährleistet, wenn die Schreibfläche um 10 bis 15° auf den Sitzenden zu geneigt ist. Der Abstand zwischen Sitzfläche und Tischkante richtet sich nach der Körpergröße. Für die Form von Stuhl oder Bank gelten die gleichen Forderungen, wie sie für den Arbeitsstuhl erhoben wurden.

Am Ruhestuhl werden zweckmäßigerweise Armlehnen angebracht. Sie gestatten nicht nur die direkte Gewichtsentlastung der Nackenmuskeln durch Auflegen der Arme, sondern erleichtern auch das Aufstehen aus den häufig sehr niedrigen Sesseln, indem sie die Möglichkeit zum Abstemmen geben. Fehlen Armlehnen, sollten die Sitze mindestens 40 cm hoch sein. Die Rückenlehne kann am Ruhestuhl totalkyphotisch sein. Auf eine direkte Beckenstützung ist aber auch hier zu achten.

Der Autositz muß aus Gründen der guten Fahreigenschaft des Fahrzeuges niedrig sein. Bei den gebräuchlichen Fahrzeugtypen ist die Vorderkante unter 35 cm vom Boden des Fahrzeuges entfernt. Dadurch wird zwangsläufig eine starke Beckenrückdrehung und eine erhebliche Kyphose erzwungen. Gerade beim Autositz hat die gute Beckenstütze besondere Bedeutung. Sie liegt wie beim Gebrauchsstuhl 18 bis 20 cm über dem Sitz. Die Polsterung soll nicht zu weich sein, damit nicht zusätzliche Muskelanspannungen zur Gleichgewichtssicherung des Rumpfes notwendig werden.

Literatur

Aho, A., O. Vartiainen and O. Salo: Segmentary Mobility of the Lumbar Spine in Antero-Posterior Flexion. Ann. Med. intern. Fenn. **44**, 275—285 (1955).

— — — Segmentary Antero-Posterior Mobility of the Cervical Spine. Ann. Med. intern. Fenn. **44**, 287—299 (1955).

Åkerblom, B.: Ein neuer Sitzstuhl. In Störungen in der Entwicklung und Leistungsfähigkeit der Wirbelsäule, S. 94—97. Stuttgart: Hippokrates-Verlag 1958.
— Standing and Sitting Posture. Stockholm: A. B. Nordiska Bokhandeln 1948.
Albrecht, H.: Die Beziehungen zwischen Gynäkologie und Orthopädie. Zbl. Gynäk. **56**, 2691—2703 (1932).
— Die Bedeutung des Ileosacralgelenkes für die Entstehung der statischen Kreuzschmerzen. Arch. Gynäk. **134**, 439—460 (1928).
Albrecht, K.: Die Fehlstellung des präsacralen Wirbels und ihre Bedeutung bei der Diagnose des Bandscheibenprolapses. Fortschr. Röntgenstr. **79**, 461—468 (1953).
Arndt, H.: Konstitution und Sitzschäden im Schulzeitalter des Kindes. Inaug. Diss. Univ. Freiburg i. Br. 1938.
v. Arx: Körperbau und Menschwerdung. Leipzig: Verl. Ernst Bircher 1922.

Bachmann, R.: Über die osteoarthrotischen Formveränderungen an den Dornfortsätzen der Lendenwirbelsäule. Arch. orthop. Unfallchir. **48**, 171—179 (1956).
Baeyer, H. Ritter von: Über Bewegung des Menschen. Zur Lehre von der Synhapsis. Z. Anat. Entwickl.-Gesch. **110**, 645—708 (1940).
Bahls, G.: Die Epicondylitis humeri lateralis. Arch. orthop. Unfallchir. **46**, 474—481 (1954).
Bakke, S. N.: Röntgenologische Beobachtungen über die Bewegungen der Wirbelsäule. Acta radiol. (Stockh.) Suppl. XIII. (1931).
Balandin, I.: Klinische Vorträge aus dem Gebiet der Geburtshilfe und Gynäkologie. St. Petersburg: Richter 1883.
Bardeen: In Keibel — Mall. Handbuch d. Entwicklungsgeschichte des Menschen. Leipzig: Verl. Hirzel 1910.
von Bardeleben, K.: Handbuch der Anatomie des Menschen, Bd. I. Jena: Gust. Fischer 1896—1909.
Basler, A.: Zur Physiologie des Hockens. Z. Biol. **88**, 523—530 (1929).
— Über die Ausdehnung und Belastung der Sohlenstützpunkte beim Stehen. Z. orthop. Chir. **48**, 98—124 (1927).
Bauereisen, E.: Probleme der peripheren Muskelermüdung. Sportärztetagung 1953 in Leipzig, S. 273—278. Berlin: Verl. Volk u. Gesundheit 1954.
Bayer, Hans: Mit welchen Kräften wirken die Rückenstrecker auf die Lendenwirbelsäule ein? Z. Orthop. **84**, 607—615 (1954).
— Das rheumatische Muskelsymptom. Dtsch. med. Wschr. **74**, 917—918 (1949).
— u. G. Ihlenfeldt: Ein Beitrag zur Definition des Begriffes „Skeletmuskeltonus". Dtsch. med. Wschr. **74**, 1375—1377 (1949).
Bayer, Heinrich: Entwicklungsgeschichte und Anatomie des weiblichen Genitalapparates. Straßburg: Schlesier u. Scheikhardt 1908.
Becker, F.: Beitrag zur Klinik der Kreuzschmerzen. Z. Orthop. **61**, 348—355 (1934).
Beeck, L. A.: Der Einfluß der Körperhaltung auf die Lage der inneren Organe unter normalen Bedingungen im Röntgenbild. Inaug. Diss. Univ. Leipzig 1915.
Benninghoff, A.: (neu bearbeitet von Goerttler, K.) Lehrbuch der Anatomie des Menschen. 1. Bd. V. Aufl. München-Berlin: Urban u. Schwarzenberg 1954.
Blencke, A.: Sonderturnen für Rückenschwächlinge an den Schulen. Verh. dtsch. orthop. Ges., 21. Kongr. Beilageh. Z. Orthop. **48**, 42—72 (1927).
— Die Fehlhaltungen und ihre Beziehungen zur Schule. Verh. d. Tagung zur Klärung der Frage des sog. orthop. Schulturnens in Magdeburg. Beih. Z. orthop. Chir. **50**, 33—47 (1929).
Blumensaat, C.: Beitrag zur Vorbeugung und Behandlung lumbaler Bandscheibenschäden und ihrer Folgen. Medizinische. **1955**, 1035—1037.
Bode, W.: Praktisches gegen die sitzende Lebensweise. Bl. Volksgesundh.-Dienst, 2. Jahrg. **1902** 190—1902.
Brack, E.: Über das Kreuzbein. Virchows Arch. path. Anat. **272**, 295—304 (1929).
Bradford, K. F., u. G. R. Spurling: Die Bandscheibe. Stuttgart: Ferdinand Enke 1950.
Brandes, M.: Zum Rückenschwächlingsproblem. Verh. dtsch. orthop. Ges., 21. Kongr., Beilageh. Z. Orthop. 48, 92—101 (1927).

BRAUNE, W., u. O. FISCHER: Über den Schwerpunkt des menschlichen Körpers mit Rücksicht auf die Ausrüstung des deutschen Infanteristen. Abh. math.-phys. Cl. Kg. sächs. Ges. Wiss. **15**, 561—672 (1890).

BRAUS, H., fortges. von K. ELZE: Anatomie des Menschen. 1. Bd, Bewegungsapparat, 3. Aufl. Berlin-Göttingen-Heidelberg: Springer 1954.

BRIDGMANN, C. F., and W. S. CORNWELL: Radiography of the Sacroiliac Articulation. Med. Radiogr. **29**, 78—90 (1953).

BROCHER, J. E. W.: Die Prognose der Wirbelsäulenleiden. Stuttgart: Thieme 1957.

BROEK, A. J. P. v. D.: Studien zur Morphologie des Primatenbeckens. Morph. Jb. **49**, 1—118 (1915).

BUCHOLZ, C. H.: Betrachtungen über das Haltungsproblem. Leibesübungen, 2. Jahrg., **1926**, 86—89.

BÜCHNER, H.: Die Knochenmessungen für Chirurgie und Orthopädie, ein röntgenologisches Problem? Chirurg **30**, 454—460 (1959).

BURDZIK, G.: Die Ermüdungsfraktur als Ausdruck mechanischer und biologischer Kräfte. Arch. orthop. Unfall-Chir. **45**, 334—342 (1952).

BUSCH, F.: Allgemeine Orthopädie, Gymnastik und Massage. II. Bd., II. Teil des Handb. der allgem. Therapie v. H. von Ziemssen. Leipzig: Verl. F. C. W. Vogel 1882.

BUYTENDIJK, F. J. J.: Allgemeine Theorie der menschlichen Haltung und Bewegung. Berlin-Göttingen-Heidelberg: Springer 1956.

CHLUMSKY, V.: Über die Behandlung der habituellen (Schul)Skoliose. Z. orthop. Chir. **25**, 619—625 (1910).

CRAMER, A.: Funktionelle Merkmale statischer Störungen im Röntgenbild der Wirbelsäule. In Röntgenkunde und Klinik vertebragener Krankheiten, hrsg. v. H. Junghanns, 73—82. Stuttgart: Hippokrates-Verlag 1956.

— Funktionelle Merkmale von Störungen der Wirbelsäulenstatik. In Störungen in der Entwicklung und Leistungsfähigkeit der Wirbelsäule, 84—93. Stuttgart: Hippokrates-Verlag 1958.

DEBRUNNER, H.: Lumbalgien. Bern: Med. Verl. Hans Huber 1948.

DITTMAR, O.: Röntgenstudien zur Mechanologie der Wirbelsäule. Z. orthop. Chir. **55**, 321—351, 509—548 (1931).

— Beobachtungen an den Gelenkfortsätzen der Lendenwirbel bei sagittal und lateral-flexorischer Bewegung. Z. Anat. Entwickl.-Gesch. **93**, 477—483 (1930).

DITTRICH, R.: Die Atembewegungen der Norm und Fehlform. Beilageh. Z. Orthop., Bd. 65. Stuttgart: Ferdinand Enke 1937.

DRESCHER, C. W.: Arbeitssitz und Arbeitsplatz. Reichsarbeitsbl. Teil III, Arbeitsschutz **1929**, 159—175.

DUBOIS, M.: Prinzipielle Fragen aus der Pathologie und Therapie der sagittalen und frontalen Verkrümmungen der Wirbelsäule. Schweiz. med. Wschr. **1925**, 867—873, 890—896.

DURIG, A.: Die Theorie der Ermüdung. In Körper und Arbeit. Handb. f. Arbeitsphysiol., hrsg. v. Edgar Atzler, S. 196—328. Leipzig: Thieme 1927.

EISLER, P.: Die Muskeln des Stammes, 2. Abt., 1. T. Handb. der Anatomie des Menschen, hrsg. v. von Bardeleben. Jena: Gustav Fischer 1912.

ELLENBERGER-BAUM: Handbuch der vergleichenden Anatomie der Haustiere, 18. Aufl. Berlin: Springer 1943.

ELMER, W. H., and G. WEINGARTNER: Oblique Lateroposterior Radiography of the Lumbosacral Junction. Med. Radiogr. **29**, 91—92 (1953).

ENGELHARD, W.: Die Haltung, Form und Beweglichkeit der Wirbelsäule in der sagittalen Ebene. Z. orthop. Chir. **27**, 1—16 (1910).

ERDMANN, H.: Verspannung des Wirbelsäulensockels im Beckenring. In Röntgenkunde und Klinik vertebragener Krankheiten, hrsg. v. H. Junghanns, S. 51—62. Stuttgart: Hippokrates-Verlag 1956.

— Endogene Ursachen bei der Wirbelsäulenosteochondrose des Lendenabschnittes. Arch. orthop. Unfall-Chir. **45**, 415—436 (1953).

EUFINGER, H.: Chronische Erkrankungen der Sehnen, der Sehnenscheiden, des Sehnengleitgewebes und der Sehnensätze. Med. Klin., 52. Jahrg., **1957**, 1101—1104.

EXNER, G.: Pathologisch-anatomische und röntgenologische Vorbemerkungen zur Wirbelsäulenpathologie. Verh. dtsch. orthop. Ges., 43. Kongr., Beilageh. Z. Orthop. **87**, 203—208 (1956).

FEHLING, H.: Die Form des Beckens beim Fötus und Neugeborenen. Arch. Gynäk. **10**, 1—80 (1876).

FEULNER, A.: Kunstgeschichte des Möbels, 3. Aufl. Berlin: Propyläen-Verlag 1927.

FICK, R.: Handb. der Anatomie und Mechanik der Gelenke, 1.—3. Teil. Jena: Gustav Fischer 1911.

FISCHER, E.: Rassenphysiologie. In Handwörterbuch der Naturwissenschaften, Bd. 8, S. 116—120. Jena: Gustav Fischer 1913.

FISCHER, K. W.: Die Lehre von der Physiologie der Haltung und des Ganges in der Kritik und ihre Bedeutung für die biologische Bekämpfung der Sitzschäden. Dtsch. med. Wschr., 61. Jahrg., **1935**, 1273—1276, 1311—1313.

FITZHUGH, M.: Some Effects of Early Sitting on the Body. Mechanics of Infancy and Childhood. Phys. Ther. Rev. **23**, 8—13 (1943).

FLECKENSTEIN, A.: Elementarprozesse der Muskelkontraktion. In Ergebnisse der medizinischen Grundlagenforschung, hrsg. v. K. Fr. Bauer, S. 259—290. Stuttgart: Thieme 1956.

FRENKEL, F.: Beiträge zur anatomischen Kenntnis des Kreuzbeines der Säugetiere. Z. med. Naturw. **7**, 391—437 (1873).

FRIEDEBOLD, G.: Die Aktivität normaler Rückenstreckmuskulatur im Elektromyogramm unter verschiedenen Haltungsbedingungen; eine Studie zur Skeletmuskelmechanik. Z. Orthop. **90**, 1—18 (1958).

GELBRICH, H.: Arbeitsstühle für Werkstätten. Reichsarbeitsbl. Teil III, Arbeitsschutz, Jahrg. 1928, 168—173.

GLOGOWSKY, G., u. J. WALLRAFF: Ein Beitrag zur Klinik und Histologie der Muskelhärten (Myogelosen). Z. Orthop. **80**, 237—268 (1951).

GOTTLIEB, H.: Die Antiklinie der Wirbelsäule der Säugetiere. Morph. Jb. **49**, 179—220 (1915).

GRAF, U. u., H. J. HENNING: Formen und Tabellen der Mathematischen Statistik. Berlin-Göttingen-Heidelberg: Springer 1958.

GÜNTZ, E.: Schmerzen und Leistungsstörungen bei Erkrankungen der Wirbelsäule. Beilageh. Z. Orthop., Bd. 67. Stuttgart: Enke 1937.

— Rückenschmerzen in ihren Beziehungen zu Haltungsveränderungen der Wirbelsäule. Verh. dtsch. orthop. Ges., 31. Kongr. Beilageh. Orthop. **66**, 245—257 (1937).

— Die Kyphosen, ihre klinischen Erscheinungen und therapeutischen Gesichtspunkte: Störungen in der Entwicklung und Leistungsfähigkeit der Wirbelsäule, S. 65—77. Stuttgart: Hippokrates-Verlag 1958.

— Die Kyphose im Jugendalter, Bd. 2 der Reihe: Die Wirbelsäule in Forschung und Praxis. Stuttgart: Hippokrates-Verlag 1957.

HACKENBROCH, M.: Grundlagen der Orthopädie. In Handb. der Orthop. Bd. I, hrsg. v. Hohmann-Hackenbroch-Lindemann. Stuttgart: Thieme 1957.

HAGLUND, P.: Über die Wirbelsäulenverkrümmung in einer Volksschule und über die Möglichkeit, Behandlung für dieselben anzuordnen. Z. orthop. Chir. **25**, 649—715 (1910).

— Prinzipien der Orthopädie. Jena: G. Fischer 1923.

HARLESS: Die statischen Momente der menschlichen Gliedmaßen. Abh. d. kgl. bayer. Akad. d. W. München 1857.

HASSELWANDER, A.: Bewegungssystem. In Handb. d. Anatomie des Kindes, hrsg. v. P. K. Wetzel, G. u. F. Heiderich, Bd. 2, 403—589. München: J. F. Bergmann 1931—1938.

HEIDENHOFER, J.: Ursächliches zum Lumbagoproblem. Z. Orthop. **78**, 279—292 (1949).

HEINE, K. H.: Über Bewegungs- und Haltungseinstellungen der Wirbelsäule, S. 33—58. In Zur funktionellen Pathologie und Therapie der Wirbelsäule, 1. Bd., hrsg. v. K. H. Heine. Berlin: Verl. für prakt. Medizin 1957.

HENKE, W.: Der Raum der Bauchhöhle des Menschen und die Verteilung der Eingeweide in demselben. Arch. Anat. (Anat. Abt.) **1891**, 89—106.

— Handbuch der Kinderkrankheiten. Tübingen: 1881.

HEPP, O.: Sitzschaden und Schulgestühl. Z. Orthop. **85**, 633—635 (1955).

HEUER, F.: Die menschlichen Haltungstypen und ihre Beziehung zu den Rückgratverkrümmungen. Arch. orthop. Unfall-Chir. **28**, 249—276 (1930).

HIRSCH, M.: Beckenbildung und Berufsarbeit. Arch. Frauenk. Konstit.-Forsch. **13**, 393—437 (1927).

HOHMANN, G.: Arbeitssitz und Arbeitstisch. Westdeutsche Ärztezeitung **1932**, 380—381.

HOFBAUER, L.: Atmungspathologie und Therapie. Berlin: Springer 1921.

HOFFMANN, H.: Studie über die Bauchmuskulatur. Z. orthop. Chir. **62**, 129—149 (1935).

HOMER: Odyssee, 1. Ges., 125—135, Verdeutscht v. Thassilo von Scheffer, Samml. Dietrich, Bd. 14. Leipzig: Dietrichsche Verlagsbuchhandlung 1938.

HUSSER, F.: Studien über Bewegungen der Brust- und Lendenwirbelsäule bei der Ausübung verschiedener Berufe unter Berücksichtigung der Berufsfürsorge für Körperbehinderte. Arch. orthop. Unfall-Chir. **44**, 473—487 (1951).

IHLENFELDT, G.: Skeleterkrankung und Muskelhärte. Z. Orthop. **80**, 627—639 (1951).

ILLI, F. W. H.: Wirbelsäule, Becken und Chiropraktik. Saulgau: Karl F. Haug-Verlag 1953.

IMHÄUSER, G.: Bewegungen im Iliosacralgelenk bei doppelseitiger Hüftversteifung. Z. Orthop. **75**, 288—295 (1945).

JANSEN, M.: Der Einfluß der respiratorischen Kräfte auf die Form der Wirbelsäule. Z. orthop. Chir. **25**, 734—774 (1910).

JANTZEN, P. M.: Über das Sitzen im Kraftwagen. Med. Klin. 53. Jahrg., **1958**, 175—177.

— Vom Sitzen hinter dem Steuer. ADAC-Motorenw. 11. Jahrg., **1958**, 100—101.

JENTSCHURA, G.: Zur Pathogenese der Säuglingsskoliose. Arch. orthop. Unfall-Chir. **48**, 582—603 (1956).

— u. E. MARQUARDT: Ursachen und Bedeutung lockerer Haltungsfehler im Kindesalter. Dtsch. med. Wschr. 82. Jahrg., **1957**, 1991—1995.

JUNGE, H.: Osteochondrosis vertebrae, hinterer Bandscheibenvorfall und Lumbago-Ischias-Syndrom. Ergebn. Chir. Orthop. **36**, 223—360 (1950).

JUNGHANNS, H.: Die funktionelle Pathologie der Zwischenwirbelscheiben als Grundlage für klinische Betrachtungen. 67. Chirurgenkongreß 1950. Arch. klin. Chir. **267**, 393—417 (1951).

— Die anatomischen Besonderheiten des fünften Lendenwirbels und der letzten Lendenbandscheibe. Arch. orthop. Unfall-Chir. **33**, 260—278 (1933).

— Die Verletzungen der Zwischenwirbelscheiben und ihre Folgen. Mschr. Unfallheilk. 54. Jahrg., **1951**, 97—108.

KAEBISCH, W.: Über das Hinsetzen, Sitzen und Aufstehen. Inaug. Diss. Univ. Breslau 1938.

KAISER, G.: Die Statik der Wirbelsäule und ihre Beachtung bei der Korsettbehandlung der Spondylitis-Tbc. Z. Orthop. **83**, 424—430 (1953).

KEIBEL, F., u. F. P. MALL: Handbuch der Entwicklungsgeschichte des Menschen, 1. Bd. Leipzig: S. Hirzel 1910.

KELLER, G.: Die Bedeutung der Veränderungen an den kleinen Wirbelgelenken als Ursache des lokalen Rückenschmerzes. Z. Orthop. **83**, 219—228, 517—547 (1953).

— Kritische Betrachtungen zum Rückenschmerzproblem. Münch. med. Wschr. 100. Jahrg., **1958**, 1833—1838.

KEMSIES, F., u. L. HIRSCHLAFF: Arbeits- und Ruhehaltungen in der Schulbank. Z. Schulgesd.-pfl., 25. Jahrg., **1912**, 409—424, 497—510.

KIRCHHOFF, H.: Das lange Becken. Stuttgart: Thieme 1949.

— Die postnatale Entwicklung des weiblichen Beckens. Zbl. Gynäk. 71. Jahrg., 1051—1060.

KIRSCH, E.: Zur Frage der Insufficientia vertebrae (SCHANZ). Arch. klin. Chir. **113**, 699—711 (1920).

KLAPP, R.: Der Erwerb der aufrechten Körperhaltung und seine Bedeutung für die Entstehung orthogenetischer Erkrankungen. Münch. med. Wschr., 57. Jahrg., **1910**, 564—567, 644—647.

KLOPFER, F.: Zur Ätiologie und operativen Therapie der Osgood-Schlatterschen Tibiaapophysenstörung. Arch. orthop. Unfall.-Chir. **45**, 39—52 (1952).

KNAUER, S.: Ursachen und Folgen des aufrechten Ganges des Menschen. Ergebn. Anat. Entwickl.-Gesch. **22**, 1—155 (1914).

KNESE, K.-H.: Über physikalische und elektromyographische Untersuchungen am Bewegungsapparat. Verh. anat. Ges. (Jena). Anat. Anz. **100**, 301—318 (1954).

— Kopfgelenk, Kopfhaltung und Kopfbewegung des Menschen. Z. Anat. Entwickl.-Gesch. **114**, 67—107 (1949/50).

— Allgemeine Bemerkungen über Belastungsuntersuchungen des Knochens sowie spezielle Untersuchungen am Oberschenkel unter der Annahme einer Krankonstruktion. Anat. Anz. **101**, 186—203 (1954/55).

KNUPFER, H.: Zur konservativen Behandlung paralytischer Skoliosen. Z. Orthop. 88, 304—315 (1957).

KÖHLER, A., u. E. A. ZIMMER: Grenzen des Normalen und Anfänge des Pathologischen im Röntgenbilde des Skeletes. 9. Aufl. Stuttgart: Thieme 1953.

KOETSCHAU, H.-J.:Hamburg „Von der Schulbank zum Schulgestühl". Städtehygiene 7/1952. Jahrg. 2/1952, 192—195.

— Die Sitzschäden in der Schule und ihre Vermeidung. Gesundheitsfürsorge, 2. Jahrg., **1953** 190—192.

KOHLRAUSCH, W., u. H. LEUBE: Hockergymnastik. Stuttgart: Piscator-Verlag 1953.

KOPITS, I.: Beiträge zur Definition, Differentialdiagnostik und Therapie „rheumatischer Erkrankungen". Arch. orthop. Unfall-Chir. **31**, 7—41 (1932).

KRAATZ, H.: Einleitende Ausführungen zu den heutigen Anschauungen über die Schmerzleitung. Dtsch. med. J., 8. Jahrg., **1957**, 1—2.

KRUKENBERG, H.: Beiträge zur normalen und pathologischen Mechanik und Statik des Beckens. Beilageh. Z. orthop. Chir. **47**, 140—152 (1926).

LANGE, F.: Das Münchener Sonderturnen und andere Wege zur körperlichen Ertüchtigung. München: J. F. Lehmann-Verlag 1928.

— Die Bedeutung der Muskelhärten in der Orthopädie. Z. orthop. Chir. **50**, 405—415 (1929).

LANGE, M.: Die Muskelhärten (Myogelosen), München: J. F. Lehmann-Verlag 1931.

— Grundlagen der Beurteilung von Wirbelsäulenverletzungen und -erkrankungen. Hefte Unfallheilk., H. 41. Berlin-Göttingen-Heidelberg: Springer 1951.

LANGMAACK, B.: Druck- und Schlagversuche an Leichenlendenwirbelsäulen. Z. Anat. Entwickl.-Gesch. **118**, 20—27 (1954).

LAY, W. E., and L. C. FISHER: Riding Comfort and Cushions. SAE-J (Transactions). **47**, 482—496 (1940).

LAZARUS, J.: Der Einfluß der sitzenden Lebensweise auf die Gesundheit. Bl. Volksgesd.-pfl., 2. Jahrg., **1902**, 145—153.

LEGER, W.: Die Form der Wirbelsäule mit Untersuchungen über ihre Beziehung zum Becken und die Statik der aufrechten Haltung. Beilage Z. Orthop., Bd. 91, Stuttgart: Enke 1959.

— Röntgenologische Bewegungsstudien an der Lendenwirbelsäule. Verh. dtsch. orthop. Ges., 43. Kongr., Beilageh. Z. Orthop. **87**, 211—215 (1956).

— Schwerpunkte, Wirbelsäule und Becken auf Röntgenganzaufnahmen. Verh. dtsch. orthop. Ges., 44. Kongr., Beilageh. Z. Orthop. **88**, 446—451 (1957).

LEHMANN, G.: Praktische Arbeitsphysiologie, S. 111—114. Stuttgart: Thieme 1953.

LEUBNER, H.: Die Arthritis deformans der kleinen Wirbelgelenke. Z. Orthop. **65**, 42—52 (1936).

LINDEMANN, K., u. H. KUHLENDAHL: Die Erkrankungen der Wirbelsäule. Stuttgart: Enke 1953.

— u. F. W. RATHKE: Kongenitale Formstörungen bei juvenilen Kyphosen. Arch. orthop. Unfall-Chir. **48**, 422—432 (1956).

LIN YUTANG: The importance of living. London-Toronto: William Heinemann LTP. 1938.

LORENZ, A.: Die zweiarmige Hebellehne. Z. orthop. Chir. **33**, 182—187 (1914).

LOWETT, R. W.: Die Mechanik der normalen Wirbelsäule und ihr Verhältnis zur Skoliose. Z. orthop. Chir. **14**, 399—445 (1905).

— u. ED. REYNOLDS: Schwerpunkt des Körpers. Seine Lage in bezug auf gewisse Knochenpunkte und seine Beziehungen zum Rückenschmerz. Z. orthop. Chir. **26**, 579—617 (1910).

LÜBKE, P.: Das Kreuzbein und die Lumbosacralgegend. Arch. klin. Chir. **163**, 707—727 (1931).

LUNDERVOLD, A. H. S.: Electromyographic investigations of position and manner of working in typewriting. Acta physiol. scand. **24**, Suppl. 84, (1951) Oslo.

LUSTED, LEE B., and TH. E. KEATS: Atlas of Roentgenographic Measurement. Chicago: The Year Book Publishers Inc. 1959.

MANEKE, M.: Trichterbrust, Hühnerbrust, Glockenbrust, Harrisonfurche. Dtsch. med. Wschr. **84**, 504—509 (1959).
MARESH, M. M.: A.M.A.J. Dis. Child. **89**, 725 (1955).
MARTIN, E.: Das jugendliche menschliche Becken. Anat. Anz. **97**, 196—208 (1949/50).
— Statik und Form des menschlichen Beckens. Anat. Anz. **97**, 226—242 (1949/50).
MARTIN, R.: Lehrbuch der Anthropologie. 3. umgearb. u. erw. Aufl. v. Karl Saller. Stuttgart: Gustav Fischer-Verlag 1956—1958.
MARTINI, P.: Methodenlehre der therapeutisch klinischen Forschung. Berlin-Göttingen-Heidelberg: Springer 1947.
MARTIUS, H.: Umbauformen und andere Anomalien der unteren Wirbelsäule und ihre pathogenetische Bedeutung. Arch. Gynäk. **139**, 581—613 (1930).
MATEEFF, D.: Über die Muskelermüdung. Sportärzte-Tagung 1953 in Leipzig, S. 279—284. Berlin: Verl. Volk und Gesundheit 1954.
MATTIASH, H.-H.: Arbeitshaltung und Bandscheibenbelastung. Arch. orthop. Unfall-Chir. **48**, 147—153 (1956).
MATZNER, R.: Die Röntgenfunktionsdiagnostik der Brust- und Lendenwirbelsäule. Z. Orthop. **90**, 317—324 (1958).
MAU, H.: Wesen und Bedeutung der enchondralen Dysostosen. Stuttgart: Thieme 1958.
MAYER, E.: Wirbelsäulenverkrümmung und Schule. Z. Schulgesd.pfl. **27**, 554—562 (1914).
VON MEYER, H.: Die Mechanik des Sitzens, mit besonderer Rücksicht auf die Schulbankfrage. Arch. path. Anat. **38**, 15—30 (1867).
— Die Statik und Mechanik des menschlichen Knochengerüstes. Leipzig: W. Engelmann 1873.
— Die wechselnde Lage des Schwerpunktes in dem menschlichen Körper. Leipzig: W. Engelmann 1863.
— Das menschliche Knochengerüst verglichen mit demjenigen der Vierfüßler. Arch. Anat., Anat. Abt. **1891**, 292—310.
— Das Sitzen mit gekreuzten Oberschenkeln und dessen mögliche Folgen. Arch. Anat. Entwickl.-Gesch. **1890**, 204—208.
MÖBIUS, H.: Über Form und Bedeutung der sitzenden Gestalt in der Kunst des Orients und der Griechen. Mitt. dtsch. archäol. Inst., Athen, Abt. **41**, 119—219 (1916).
MÖHRING, P.: Die Bedeutung des Kopfes als Schwerpunkt für die Körperhaltung und eine darauf aufgebaute Übungsbehandlung. Arch. orthop. Unfall-Chir. **28**, 322—328 (1930).
MOLLIER, S.: Plastische Anatomie. München: J. F. Bergmann 1938.
MOLLISON, TH.: Phylogenie des Menschen. Bd. III, Handbuch der Vererbungswissenschaften von Baur, E., u. M. Hartmann. Berlin: Verl. Gebr. Bornträger 1933.
MOMMSEN, F.: Untersuchungen über die Statik bei Bauch- und Rückenmuskellähmungen. Z. Orthop. **65**, 155—183 (1936).
MORDEJA, J.: Ein Beitrag zur Genese der Epicondylitis humeri und anderer Überlastungsschäden der Arme. Z. Orthop. **86**, 58—69 (1955).
MÜLLER, E.: Wie sollen Stühle gebaut sein? Medizinische **1955**, 1778—1779.
MÜLLER, F.: Untersuchungen über die Topographie der Rumpfeingeweide bei verschiedenen Stellungen des Körpers. Z. Anat. Entwickl.-Gesch. **67**, 1—189 (1923).
MÜLLER, W.: Pathologische Physiologie der Wirbelsäule. Leipzig: Joh. Ambrosius Barth 1932.
— u. H. G. ZWERG: Röntgenologisch-metrische Untersuchungen über Form und Stellung des Kreuzbeines mit Beobachtungen über die Entstehung der Spondylolisthesis. Bruns' Beitr. klin. Chir.**149**, 155—170 (1930).
MUSKAT, G.: Orthopädie und Schule. Verh. dtsch. Ges. Chir., 8. Kongreß, Beilageh. Z. orthop. Chir. **24**, 483—502 (1909).

NÖCKER, J.: Die Ernährung des Sportlers. Sportärzte-Tagung 1953 in Leipzig, S. 285—305. Berlin: Verl. Volk und Gesundheit 1954.
NOTHHELFER, K.: Das Sitzmöbel. Ravensburg: Otto Maier 1948.

OEHLER, G.: Der Arbeitsstuhl. Reichsarbeitsbl., Teil III, Arbeitsschutz **1929**, 81—84.
OLLEFS, H.: Zur Orthopädie des Sitzens. Z. Orthop. **80**, 573—596 (1951).
OTT, A.: Quellungsversuche mit operativ entferntem Bandscheibengewebe. Z. Orthop. **84**, 577—591 (1954).
OTTOW, B.: Geburtshilfliche Gegenüberstellung der Becken des Menschen und der Anthropoiden. Zbl. Gynäk., 73. Jahrg., **1951**, 588—599.

PAUWELS, F.: Beitrag zur Klärung der Beanspruchung des Beckens, insbesondere der Beckenfugen. Z. Anat. Entwickl.-Gesch. **114**, 167—180 (1949/50).
PAYR, E.: Analyse des Begriffes „Insufficientia vertebrae“ (SCHANZ); Konstitutionspathologie der Wirbelsäule, zur Mechanik des Wirbelsäulentraumas. Arch. klin. Chir. **113**, 645—698 (1920.)
PEYER, B.: Geschichte der Tierwelt. Stuttgart: Europa-Verlag 1949.
PITZEN, P.: Zur körperlichen Erziehung unserer Jugend. Verh. dtsch. orthop. Ges., 32. Kongr., Beilageh. Z. Orthop. **67**, 50—56 (1938).
POSPISCHIL, H.: Wie und seit wann sitzen die Menschen? Der getreue Eckart, 11. Jahrg., 655—658.
PUSCH, G.: Betrachtungen zur Mechanik der Wirbelsäule mit Ausblick auf einen neuen Gesichtspunkt zum Mechanismus der Skoliose. Z. orthop. Chir. **46**, 385—398 (1925).
— Grundgedanken zu einer Dynamik von Wirbelsäule und Skoliose. Z. orthop. Chir. **43**, 183—201 (1922).
— Innere Dynamik der Wirbelsäule und Skoliose. Z. orthop. Chir. **50**, 1—72 (1929).

RADLAUER, C.: Beiträge zur Anthropologie des Kreuzbeines. Gegenbaurs morph. Jb. **38**, 323—447 (1908).
RANKE, K. E., u. CHR. C. SILBERHORN: Tägliche Schulfreiübungen. München: Verl. d. ärztl. Rundschau Otto Gmelin 1925.
RASPE, R., u. K. H. HEINE: Form und Haltung der Wirbelsäule auf Röntgenganzaufnahmen. In: Zur funktionellen Pathologie und Therapie der Wirbelsäule, 1. Bd., 59—104, hrsg. v. K. H. Heine. Berlin: Verlag für praktische Medizin 1957.
RAUBER-KOPSCH: Lehrbuch und Atlas der Anatomie des Menschen Bd. 1, 15. Aufl. Leipzig: Georg Thieme 1939.
REIN, H.: Einführung in die Physiologie des Menschen, 5. u. 6. Aufl. Berlin: Springer 1941.
REISCHAUER, F.: Lumbago, Ischialgie und Brachialgie in ihrer Beziehung zur Bandscheibe. Arch. klin. Chir. (Kongreßbericht) **267**, 418—437 (1951). Langenbecks Arch. klin. Chir.
RETTIG, H.: Patho-Physiologie angeborener Fehlbildungen der Lendenwirbelsäule und des Lendenwirbelsäulen-Kreuzbeinüberganges. Beilageh. Z. Orthop. Bd. 91. Stuttgart: Enke-Verlag 1959.
RICHTER, G. M. A.: Ancient Furniture, At the Oxford: Clarendon Press, 1926.
ROAF, R.: Rotation Movements of the spine with special reference to scoliosis. J. Bone Jt. Surg. B **40**, 312—332 (1958).
RÖSSLER, H.: Über knöcherne Veränderungen im Lumbosacralabschnitt der Wirbelsäule und ihre röntgenologische Darstellung. Arch. orthop. Unfall-Chir. **44**, 633—644 (1951).
ROHLEDERER, O.: Das entwicklungsmechanische Geschehen der sog. angeborenen Hüftgelenkverrenkung. Verh. dtsch. orthop. Ges., 37. Kongr. Beilageh. Z. Orthop. **79**, 58—67 (1950).
ROLLHÄUSER, H.: Funktionelle Anpassung der Sehnenfasern im submikroskopischen Bereich. Verh. Anat. Ges. Anat. Anz. **100**, 318—322 (1954).
ROSENBERG, E.: Die verschiedenen Formen der Wirbelsäule des Menschen und ihre Bedeutung. Jena: Fischer 1920.
— Über die Entwicklung der Wirbelsäule und das Centrale carpi des Menschen. Morph. Jb. I, 83—197 (1876).
RUGE, G.: Die Körperformen des Menschen in ihrer gegenseitigen Abhängigkeit und ihrem Bedingtsein durch den aufrechten Gang. Leipzig: Verl. Wilhelm Engelmann 1918.

SCHANZ, A.: Krankheit und pathologische Anatomie. Z. Orthop. **53**, 433—453 (1931).
— Der Bauch als Hilfstrageorgan der Wirbelsäule. Arch. orthop. Unfall-Chir. **29**, 245—254 (1931).
— Objektive Symptome der Insufficientia vertebrae. Arch. klin. Chir. **107**, 286—308 (1916).
SCHEDE, F.: Die Haltungsschwäche. Gesundh. u. Erziehg., 48. Jahrg., 353—359 (1935).
— Grundlagen der körperlichen Erziehung. 3. Aufl. Stuttgart: Enke 1954.
SCHERB, R.: Spondylolisthesis (Spondylolisthesis imminens), Sacrum acutum, Sacrum arcuatum, Regio lumbosacralis fixa als häufige Ursachen von Kreuzschmerzen. Z. orthop. Chir. **50**, 304—320 (1929).

SCHILDBACH, C. H.: Die Skoliose. Leipzig: Verl. Veit u. Comp. 1872.

SCHLEGEL, K. F.: Sitzschäden und deren Vermeidung durch eine neuartige Sitzkonstruktion. Med. Klin., 51. Jahrg., **1956**, 1940—1942.

— Die Wirbelsäulenganzaufnahme, Technik, Erfahrungen, Möglichkeiten. Verh. dtsch. Orthop. Ges., 43. Kongr., Beilageh. Z. Orthop. **87**, 288—291 (1956).

— u. M. DIERKS: Haltungsforschung im Röntgenbild. Z. Orthop. 88, 451—462 (1957).

SCHMIDT, F. A.: Haltungsfehler und Schule. Leibesübungen, 2. Jahrg., 81—85 (1926).

SCHMIDT, M. B.: Rachitis und Osteomalacie. In Handbuch der speziellen pathologischen Anatomie und Histologie, v. Henke-Lubarsch, Bd. IX/1, S. 1—165. Berlin: Springer 1929.

SCHMITZ, H.: Das Möbelwerk. Tübingen: Ernst Wasmuth 1951.

SCHMORL, G., u. H. JUNGHANNS: Die gesunde und die kranke Wirbelsäule in Röntgenbild und Klinik. 3. Aufl. Stuttgart: Thieme 1953.

SCHNEIDER, H., u. P. F. GRILLI: Die Ätiologie und Pathogenese der Achillodynie. Z. Orthop. **86**, 595—612 (1955).

— u. F. GSCHNITZER: Die sog. Styloiditis radii — eine Tendopathie des M. brachio radialis. Z. Orthop. **86**, 386—396 (1955).

— u. G. SASSOLI: Zur Pathologie und Klinik der sog. Peritendinitis in der Gegend des Troch. major. Bruns' Beitr. klin. Chir. **190**, 149—168 (1955).

— u. V. CORRADINI: Aufbrauchsveränderungen in sehr beanspruchten Sehnen der oberen Extremität und ihre klinische Bedeutung. Z. Orthop. **84**, 278—296, 333—352 (1954).

— u. H. LIPPERT: Das Sitzproblem in funktionell-anatomischer Sicht. Med. Klin., 56. Jahrg., **1961**, 1164—1168.

SCHOBERTH, H.: Fehlstellungen des Kreuzbeines, röntgenologische und klinische Studien. Verh. dtsch. orthop. Ges. 43.Kongr., Beilageh. Z. Orthop. **87**, 216—218 (1956).

SCHÖRNER, R.: Orthopädische Rückenstütze. Münch. med. Wschr. 98. Jahrg., **1956**, 1728—1730.

SCHRADER, E.: Der Bau der Zwischenwirbelscheibe in seinen Beziehungen zur Beanspruchung. Z. orthop. Chir. **53**, 6—42 (1931).

— Neuere Erkenntnisse im Aufbau und in der Funktion der Zwischenwirbelscheiben. Verh. dtsch. orthop. Ges., Beilageh. Z. Orthop. **58**, 148—154 (1933).

VON SCHUBERT, E.: Röntgenuntersuchungen des knöchernen Beckens im Profilbild. Exakte Messung der Beckenneigung beim Lebenden. Z. Geburtsh. Gynäk. 53. Jahrg., **1929**, 1064—1068.

SCHULTHESS, W.: Schule und Rückgratverkrümmung. Z. Schulgesd.-pfl. 15. Jahrg., **1902**, 11—26, 71—92.

— Zur normalen und pathologischen Anatomie der jugendlichen Wirbelsäule. Z. orthop. Chir. **6**, 399—434 (1899).

— Die Pathologie und Therapie der Rückgratsverkrümmungen. Handb. d. orthop. Chirurgie v. G. Joachimsthal, Bd. 1, 2. Abt., 1. Hälfte, S. 487—1224, Jena: G. Fischer 1905—1907.

SCHWABE, R.: Untersuchungen über die Rückbildung der Bandscheiben im menschlichen Kreuzbein. Virchows Arch. path. Anat. **287**, 651—713 (1933).

SETZERMAN, P.: Wirtschaftliches Arbeiten im Sitzen. Reichsarbeitsbl., Teil III, Arbeitsschutz **1929**, 156—158.

DE SNOO, K.: Das Problem der Menschwerdung im Lichte der vergleichenden Geburtshilfe. Jena: Gustav Fischer 1942.

SORIAU, P.: L'Estétique du mouvement. Paris: T. Alcan 1889.

SPERANSKY, A. D.: Über die lumbosacrale Abteilung der Primatenwirbelsäule. Z. Anat. Entwickl.-Gesch. **78**, 111—135 (1926).

SPITZY, H.: Die körperliche Erziehung des Kindes. 2. Aufl. Wien: Springer 1926.

SPRUNG, H. B.: Pathophysiologie der Zwischenwirbellöcher. Zbl. Chir., 81. Jahrg., **1956**, 1720—1732.

STAFFEL, F.: Zur Hygiene des Sitzens. Zbl. allg. Gesd.pfl. 3. Jahrg., **1884**, 403—421.

— Die menschlichen Haltungstypen und ihre Beziehungen zu den Rückgratverkrümmungen. Wiesbaden: J. F. Bergmann 1889.

STAHNKE, E.: Über das Verhalten des menschlichen Blutdruckes in verschiedenen Körperlagen. Mitt. Grenzgeb. Med. Chir. **38**, 592—604 (1925).

STEHR, L.: Lendenlordose und Kreuzschmerzen. Arch. orthop. Unfall-Chir. **38**, 514—528 (1938).

STEINDLER, A.: Kinesiologie of the human body. Springfield, Ill., USA: Charles C. Thomas Publisher 1955.

STRACKER, O. A.: Hyper- und Hypolordose der Lendenwirbelsäule. Z. Orthop. **78**, 265—278 (1949).

STRASSER, H.: Lehrbuch der Muskel- und Gelenkmechanik. II. Bd. Berlin: Springer 1913.

STUART and STEVENSON. In Nelson, W. E.: Mitchell-Nelson Textbook of Pediatrics. 5. Aufl., p 59. Philadelphia: 1950.

TANZ, ST. S.: Motion of the lumbar spine. Amer. J. Roentgenol. **69**, 399—412 (1953).

THOMA, E.: Die Zwischenwirbellöcher im Röntgenbild, ihre normale und pathologische Anatomie. Z. orthop. Chir. **55**, 115—136 (1931).

THOMSEN, W.: Über den Tennisarm (Epicondylitis humeri) usw. Münch. med. Wschr. 82. Jahrg., **1935**, 1804—1806.

— Die statischen Anomalien der Wirbelsäule und ihre Behandlung. Regensburg. Jb. ärztl. Fortbild. **IV**, 240—248 (1955).

— Über die Bedeutung der Rumpfmuskulatur für die Statik und Mechanik der Hüftgelenke. Z. orthop. Chir. **62**, 21—64 (1935).

— Über die Bedeutung der Bauchmuskeln für den Aufbau der Körperhaltung. Arch. orthop. Unfall-Chir. **28**, 376—384 (1930).

— Ein vereinfachtes Kyrtometer. Arch. orthop. Unfall-Chir. **33**, 168—172 (1933).

— Orthopädische Voraussetzungen für die Gestaltung von Autositzen. Wagen u. Karosserieb. Techn. 10. Jahrg., **9**, 8—12 (1957).

TÖNDURY, G.: Entwicklungsgeschichte und Fehlbildungen der Wirbelsäule. Die Wirbelsäule in Forschung und Praxis, Bd. 7. Stuttgart: Hippokrates-Verlag 1958.

— Beitrag zur Kenntnis der kleinen Wirbelgelenke. Z. Anat. Entwickl.-Gesch. **110**, 568—575 (1940).

UEBERMUTH, H.: Das lumbale Syndrom. Arch, orthop. Unfall-Chir. **48**, 89—96 (1956).

VEIT, E.: Eine modifizierte Rettig-Bank. Z. Schulgesd.-pfl. 15. Jahrg., **1902**, 547—572.

VERAGUTH, O., u. C. BRAENDLI-WYSS: Der Rücken des Menschen, die Erkennung und Behandlung seiner Erkrankungen. Bern: Hans Huber 1940.

VIRCHOW, H.: Die Eigenform der menschlichen Wirbelsäule. Verh. anat. Ges. 157—164 (1909).

WACHOLDER, K.: Willkürliche Haltung und Bewegung. Ergebn. Physiol. **26**, 568—775 (1928).

WALDEYER, W.: Das Becken. Bonn: Verl. Friedrich Cohen 1899.

WARNER, F.: Der fünfte Lendenwirbel. Arch. orthop. Unfall-Chir. **33**, 279—306 (1933).

WEBER, E.: Der strenge Vergleich von Häufigkeitsziffern. Med. Klin. 46. Jahrg., **1951**, 496—500.

WEBER, H. H.: Röntgendiagnostik des lumbalen Bandscheibenrisses und seiner Folgen. Basel: Verlag S. Karger 1957.

WEIDENREICH, F.: Über das Hüftbein und das Becken der Primaten und ihre Umformung durch den aufrechten Gang. Anat. Anz. **44**, 497—513 (1913).

WEITNAUER, H.: Wirbelsäulenverkrümmungen im Schulalter. Landarzt, Stuttgart, 35. Jahrg., S. 40—44 (1959).

WERTHMANN, H.: Die Überlastungsschäden des Skeletsystems. Bern: Hans Huber 1948.

WILHELM, R.: Der Kreuzschmerz, seine Ursachen und Behandlung. Ergebn. Chir. **28**, 197—236 (1935).

WISSER, P.: Untersuchungen über die Beschaffenheit der Wirbelsäule bei Schulkindern. Inaug. Diss. Univ. Würzburg 1891.

WÜRTELE, A.: Die Kreuzschmerzen der Frau als ein Symptom der statischen Insuffizienz vom gynäkologischen Standpunkt gesehen. Dtsch. med. J., 8. Jahrg., **1957**, 6—9.

WYSS, TH., u. S. P. ULRICH: Festigkeitsuntersuchungen und gezielte Extensionsbehandlung der Lendenwirbelsäule unter Berücksichtigung des Bandscheibenvorfalles. Vjschr. naturforsch. Ges. Zürich, 99. Jahrg., Beiheft 3/4 (1954).

ZETTLER, F.: Die Statik des knöchernen Beckens. Bruns' Beitr. klin. Chir. **184**, 257—270 (1952).

ZUCKSCHWERDT, L., E. EMMINGER, F. BIEDERMANN und H. ZETTEL: Wirbelgelenk und Bandscheibe. Stuttgart: Hippokrates-Verlag 1955.

Namenverzeichnis

Die *kursiv* gedruckten Seitenzahlen beziehen sich auf die Literatur

Sachverzeichnis